区块链书系

Hyperledger 区块链开发实战

利用 Hyperledger Fabric 和 Composer 构建去中心化的应用

[美] 尼廷·高尔（Nitin Gaur）
[英] 卢克·德罗斯（Luc Desrosiers）
[英] 彼得·诺沃特尼（Petr Novotny）
[美] 文卡特拉曼·罗摩克里希纳（Venkatraman Ramakrishna） 著
[英] 安东尼·奥多德（Anthony O'Dowd）
[美] 萨尔曼·A. 贝斯特（Salman A. Baset）

陈鹏飞　马丹丹　郑子彬　齐赛宇　窦　晖　李晓芸
王培培　黄梓程　杨梦媛　陈彩琳　郑伟林　译

机械工业出版社
CHINA MACHINE PRESS

区块链和 Hyperledger 技术是当今的热门话题。Hyperledger Fabric 和 Hyperledger Composer 是开源项目，能够帮助组织机构创建私有的许可区块链网络，它们在金融、银行、供应链和物联网等领域都有应用。本书将是使用 Hyperledger 技术探索和创建区块链网络的简单参考。本书首先概述了区块链的演变过程，包括相关区块链技术的总览。你将学习如何配置 Hyperledger Fabric，并熟悉其体系结构组件。使用这些组件，你将学习构建私有区块链网络，以及连接到这些网络的应用。首先从原理开始，你将学习设计和启动一个网络，在链码中实现智能合约等。在本书的结尾，你将能够构建和部署自己的去中心化应用程序，解决区块链生命周期中遇到的关键痛点。

本书适合 IT 技术人员、区块链开发人员以及高等院校区块链工程、信息安全、物联网工程等专业师生阅读。

图书在版编目（CIP）数据

Hyperledger 区块链开发实战：利用 Hyperledger Fabric 和 Composer 构建去中心化的应用 /（美）尼廷·高尔（Nitin Gaur）等著；陈鹏飞等译 . —北京：机械工业出版社，2023.5
（区块链书系）
书名原文：Hands-on Blockchain with Hyperledger：Building decentralized applications with Hyperledger Fabric and Composer

ISBN 978-7-111-72756-9

Ⅰ.①H… Ⅱ.①尼…②陈… Ⅲ.①区块链技术 – 程序设计 Ⅳ.① TP311.135.9

中国国家版本馆 CIP 数据核字（2023）第 039126 号

机械工业出版社（北京市百万庄大街 22 号　邮政编码 100037）
策划编辑：刘星宁　　　　　　责任编辑：刘星宁　朱　林
责任校对：丁梦卓　张　薇　　封面设计：马精明
责任印制：单爱军
北京虎彩文化传播有限公司印刷
2023 年 5 月第 1 版第 1 次印刷
184mm×240mm · 18.5 印张 · 421 千字
标准书号：ISBN 978-7-111-72756-9
定价：139.00 元

电话服务　　　　　　　　　网络服务
客服电话：010-88361066　机 工 官 网：www.cmpbook.com
　　　　　010-88379833　机 工 官 博：weibo.com/cmp1952
　　　　　010-68326294　金 书 网：www.golden-book.com
封底无防伪标均为盗版　机工教育服务网：www.cmpedu.com

原书序

作为 Hyperledger 技术指导委员会主席，我开始意识到围绕区块链的巨大炒作与对区块链技术的深度理解之间存在巨大鸿沟，这些深度理解包括区块链技术如何运作、区块链在技术成熟曲线上的位置、区块链该如何在企业环境中应用等。

大多数炒作都与公共的、无许可的区块链加密货币方面有关——ICO 作为更传统 IPO 的替代品，是破坏传统银行、保险、证券等系统的潜在力量。颠覆的潜力和可能产生的不对称利润促使许多人探索如何利用区块链让一家公司在特定领域比其他企业更有优势。然而，许多人发现区块链是一项团队项目，要使区块链在企业中取得成功，它需要前所未有的行业协作程度。

本书为你了解技术领域的状态（包括 Hyperledger 正在开发的活跃和孵化中项目）奠定了坚实的基础；为你提供了一个框架，用于选择正确的技术平台、设计你的解决方案以及与现有系统集成；还解释了用于建立和运营区块链业务网络的各种治理模型。

如果你是负责为你的企业或行业开发区块链解决方案的企业架构师或开发人员，那么本书是必读的。

Christopher Ferris

IBM 杰出工程师，开源技术部门 CTO

IBM 数字商业集团开源技术部门

原书前言

感谢读者花时间阅读本书，本书汇聚了我们在区块链开发过程中获得的实践、经验和知识。写作本书的动机是希望能够为区块链技术的发展做出贡献。当然，我们也缺乏一个全面的指南，来解决各种需要考虑的因素，包括但不限于技术设计选择、架构选择、业务考虑和治理模型。本书的作者具备独特和多样化的技能，这在深入浅出地介绍本书内容方面可见一斑。我们共同关注本书的组织和流程，以确保不仅是易于遵循和自然的流程，而且确保主题模块化。

本书的内容旨在面向不同的受众，从商业领袖到区块链开发人员，以及任何想从本书中所描述的从业者经验中得到启发的人。我们相信，本书不仅能让读者从中得到个人和专业的享受和利益，而且还可以作为参考资料，帮助他们做出明智的设计决策。在编写本书的过程中，遇到了各种各样的挑战，包括我们自己要求的严格的日程安排，以确保在内容发布时提供最新的信息。区块链技术格局在不断变化，跟上发展和创新是一个挑战。我们试图提炼一个模式，帮助读者创建一个框架，有条不紊地消化区块链相关的知识更新，并建立在本书提出的基础之上。我们在解决业务设计和由此产生的技术设计选择方面也花费了大量精力，因为与其他纯技术平台相比，**区块链**（驱动业务网络）是一个面向特定业务和以技术为中心的学科。我们希望从业者的发现和记录的注意事项能够帮助商业领袖和技术经理做出明智的决策，并尽量减少作者所经历的失败。

本书所涵盖的技术内容，旨在为各种各样的技能提供坚实的基础，以满足IT技术人员、区块链新手和高级区块链开发人员的需求。以真实世界的案例为模型，应用程序开发穿插于从基础设施创建到DevOps模型以及模型驱动开发等各个步骤，涵盖了各种企业级技术管理挑战，重点放在应用程序部署对以区块链网络为中心的影响。本书已经为安全和性能设计提供了一个框架，希望读者能够发现该框架的有用之处并建立一个坚实的基础作为技术设计考虑。

本书将以务实的眼光来看待各种挑战和机遇，并呼吁读者勇敢面对挑战，从机遇中获得回报。虽然本书关注并聚焦于Hyperledger项目，但还是希望本书中涵盖的核心主题能够普遍适用于区块链技术。真诚地希望作者在时间和才智上的付出能够得到读者的好评，并为他们提供坚实的基础，为推动区块链创新发展做出有意义的贡献。

读者对象

本书有益于商业领袖，因为它提供了一个关于区块链业务模型、治理结构和区块链解决方案的业务设计考虑因素的全面视图。技术领导者将从书中围绕技术前景、技术设计和架构注意事项的详细讨论中获益匪浅。通过模型驱动的应用程序开发，本书将加深区块链应用程序开发人员的理解和原型开发。简单且组织良好的内容将使新手能够轻松掌握区块链概念和结构。

主要内容

第 1 章，区块链——企业和行业视角，你已经听说过区块链并且想知道区块链到底有什么可大惊小怪的？在本章中，将探讨区块链为什么会改变游戏规则，它带来了怎样的创新，以及技术前景是什么。

第 2 章，探索 Hyperledger Fabric，在理解区块链前景的前提下，本书将注意力转向 Hyperledger Fabric。本章的目的是在介绍和构建 Fabric 体系架构的同时，指导读者完成 Hyperledger Fabric 的每个组件的部署。

第 3 章，为商业场景做准备，描述一个业务案例，以帮助读者重点理解从需求到设计阶段利用区块链创建良好业务网络的过程。

第 4 章，利用 Golang 设计一个数据和交易模型，旨在定义 Hyperledger Fabric 中智能合约的组成。这一章还将介绍有关智能合约的一些术语，并让读者体验使用 Go 语言开发链码的过程。

第 5 章，公开网络资产和交易，利用前一章中编写的智能合约，本章介绍应用程序集成到网络的过程。引导读者完成配置通道、安装和调用链码的过程，并考虑可能使用的各种集成模式。

第 6 章，业务网络，旨在介绍和揭示建立业务网络模型所需的技术和工具。在更高级别的抽象层上，本章介绍的基础、工具和框架将为读者提供一种快速建模、设计和部署完整的端到端业务网络的方法。

第 7 章，一个业务网络实例，将第 6 章的概念付诸实践，本章将介绍从终端用户应用到智能合约的完整业务网络部署的步骤。

第 8 章，区块链网络中的敏捷性，本章重点介绍保持区块链网络中敏捷性所需的技术。通过应用 DevOps 的概念，读者可以看到一个持续集成 / 连续交付的流水线。

第 9 章，区块链网络中的生活，旨在提高读者对组织和团体在采用分布式账本解决方案时可能面临的关键活动和挑战的认识，这些活动和挑战包括应用程序变化管理和保持适当的性能水平等。一个成功的网络部署将有望看到许多组织加入其中，交易的数量也会增加。

第 10 章，治理——管制行业不可避免的弊端，治理是管制行业不可避免的弊端，但治理不仅仅是面向管制行业使用场景的业务网络所必需的，而且是确保业务网络的寿命和可扩展性的良好做法。本章探讨由创始人主导的区块链网络的生产准备所需要的关键考虑因素。

第 11 章，Hyperledger Fabric 的安全性，为区块链网络的安全设计奠定了基础。本章讨论了各种安全结构，并详细说明 Hyperledger Fabric 的安全性。这是了解安全设计注意事项的关键章节。

第 12 章，区块链的未来和挑战，展望并讨论未来的挑战和机遇。本章通过使用开放技术，邀请读者参与并推动区块链创新。

下载样例代码文件

本书的代码包托管在 GitHub 上，可通过网址 https:// github. com/PacktPublishing/.

Handson- Blockchain-Development- with- Hyperledger 访问。

使用约定

本书使用了大量的文本约定。

CodeInText（文本代码）：表示文本中的代码单词、数据库表名、文件夹名、文件名、文件扩展名、路径名、虚拟 URL、用户输入和 Twitter 句柄。举一个例子：“订单属于它自己的组织称为 TradeOrdereOrg”。

一段代码展示如下：

```
- &ExporterOrg
  Name: ExporterOrgMSP
  ID: ExporterOrgMSP
  MSPDir: crypto-config/peerOrganizations/exporterorg.trade.com/msp
  AnchorPeers:
    - Host: peer0.exporterorg.trade.com
      Port: 7051
```

任何命令行的输入和输出写成如下形式：

```
CONTAINER ID     IMAGE        COMMAND       CREATED      STATUS      PORTS       NAMES
4e636f0054fc     hyperledger/fabric-peer:latest       "peer node start"     3
minutes ago     Up 3 minutes       0.0.0.0:9051->7051/tcp,
0.0.0.0:9053->7053/tcp      peer0.carrierorg.trade.com
28c18b76dbe8     hyperledger/fabric-peer:latest       "peer node start"     3
minutes ago     Up 3 minutes       0.0.0.0:8051->7051/tcp,
0.0.0.0:8053->7053/tcp      peer0.importerorg.trade.com
9308ad203362     hyperledger/fabric-ca:latest    "sh -c 'fabric-ca-se..."
3 minutes ago     Up 3 minutes       0.0.0.0:7054->7054/tcp
ca_peerExporterOrg
```

黑体：表示新术语、重要单词或你在屏幕上看到的单词。例如，菜单或对话框中的单词会像这样出现在文本中。举一个例子：“你可以通过单击“**Apply**”（**应用**）按钮来申请信用证。”

警告或者重要说明如图所示。

提示或技巧如图所示。

作者简介

Nitin Gaur 是 IBM 公司区块链实验室主任，负责围绕区块链技术和行业特定应用建立知识体系和组织化的理解。他坚忍不拔且以客户为中心，以分析机会和创造符合运营需求的技术、快速上升的盈利能力和显著改善客户体验的能力而闻名。他还是 IBM 公司杰出工程师。

Luc Desrosiers 是 IBM 公司认证的 IT 架构师，拥有 20 多年的经验。在他的整个职业生涯中，担任过不同的角色：开发人员、顾问和售前架构师。他最近从加拿大搬到英国，在一个很棒的实验室工作：IBM Hursley。这是他有机会加入 IBM 公司区块链团队的地方。他现在与多个行业的客户合作，帮助他们探索区块链技术如何实现变革性的用途并提供解决方案。

Venkatraman Ramakrishna 是拥有 10 年经验的 IBM 公司研究员。在获得印度理工学院克勒格布尔分校的技术学士学位和加州大学洛杉矶分校的博士学位之后，他在微软公司的 Bing 基础架构团队工作，构建可靠的应用程序部署软件。在加入区块链团队之前，他在 IBM 公司研究院从事移动计算和安全方面的工作。他开发了贸易和监管应用程序，现在致力于提高 Hyperledger 平台的性能和隐私保护特性。

Petr Novotny 是 IBM 公司研究院的研究科学家，在软件系统工程和研究方面拥有超过 15 年的经验。他获得了伦敦大学学院的理学硕士学位和伦敦帝国理工学院的博士学位，同时也是一名博士后研究员。他是美国陆军研究实验室的访问科学家。在 IBM 公司，他致力于区块链技术的创新工作，并领导区块链解决方案和分析工具的开发。

Salman A. Baset 博士是 IBM 公司区块链解决方案的安全 CTO。他负责监督 IBM 公司与沃尔玛和马士基等合作伙伴合作构建的区块链解决方案的安全性和合规性，并就区块链解决方案及其安全性与客户进行交流。他推动了针对基于区块链的解决方案的通用数据保护条例的实施。他还建立了身份管理系统，供参与全球贸易数字化的财富 500 强公司使用，并开发 IBM Food Trust 区块链解决方案。

Anthony O'Dowd 在 IBM 公司区块链团队工作。他常驻欧洲，是全球团队的一员，该团队帮助用户构建受益于区块链技术的解决方案。Anthony 拥有中后台系统方面的背景，并领导了企业消息传递和集成领域关键 IBM 中间件的开发。他喜欢在不同的行业工作，以了解他们如何利用中间件来构建更高效的集成业务系统。

目　录

第1章
区块链 —— 企业和行业视角

区块链有望根本性地解决时间和信任问题，从而解决金融服务、供应链、物流和医疗等行业的低效率和高成本问题。区块链的关键特征包括不可篡改性和共享账本，其事务的更新是由一个共识驱动的信任系统执行，这有助于形成一个真正的多方参与的数字交互系统。

这个数字交互系统不仅受到系统性信任的约束，而且保证交易记录的源头维护不可篡改的多方之间的交易追踪记录。正是这种特点让区块链系统具有可追责性和不可篡改性，激励公平交易。利用区块链系统设计思想，正在尝试建立一个信任赋能的系统。这种信任系统能够降低风险，而且衍生出了各种应用技术，例如，密码学、加密技术、智能合约和共识协议等。这些关键技术不仅降低了交易系统的风险，而且增加了安全性。

本章的讨论将会涉及区块链以下几个方面的内容：

1）定义区块链；

2）区块链解决方案的构建模块；

3）安全事务处理协议的基础；

4）区块链应用；

5）区块链在企业里的应用；

6）企业级区块链的设计原则；

7）选择区块链框架的商业考虑；

8）选择区块链框架的其他考虑。

1.1 定义名词——什么是区块链

在技术层面，区块链可以定义为一个用于记录交易的不可篡改的账本，该账本由彼此互不信任的节点组成的分布式网络共同维护。网络中的每一个节点维护账本的一个副本。节点通过执行共识协议来验证交易，打包区块，并利用区块链构建哈希链。这个过程通过对交易排序构建账本，这对于维护交易的一致性是十分必要的。区块链伴随着比特币的产生而产生，被普遍认为是在数字世界驱动可信交易的有前景的技术。

一个支持数字货币的区块链是公共的、不需要许可认证的，也就是任何人都可以参与到系统中而不需要特定的身份。这样的区块链系统通常采用基于工作量证明（Proof of Work，PoW）的共识协议和经济激励。相反，许可区块链（也叫私有链）已经演化为另一种运行区块链的方式，这种区块链构建在一组已知、可识别的参与者的基础上。许可链提供一种在具有共同目标而又不完全受信的实体之间进行安全交互的方式，例如交换基金、商品和信息等业务。许可区块链依赖于参与节点的身份，因此，可采用传统的拜占庭容错（Byzantine-Fault Tolerant，BFT）方法作为共识协议，BFT 是一种被广泛用于在 IT 解决方案中针对网络中出现错误节点状态时达成共识的协议。该协议基于拜占庭将军问题，即几个将军需要对他们的策略达成一致但是其中一位将军可能是叛徒。

区块链能够以智能合约的形式执行任意可编程的事务逻辑，以以太坊（Ethereum）为代表，比特币中的脚本是这类概念的先驱。智能合约实际体现为可信的分布式应用，通过节点之间的共识协议和区块链系统保障安全性。

从一个无许可区块链（公有链）中洞察出许可的重要性对于企业选择利用区块链平台至关重要。区块链的使用场景支配了技术的选型，需要考虑共识系统、治理模型和数据结构等。利用许可区块链，可以将当前做的事情做得更好，这显然具有重要的意义。从图 1-1中，可以看到一个银行联盟如何利用超级账本（Hyperledger）——一种许可区块链，在不依赖于中央结算机构的情况下进行清算和结算。

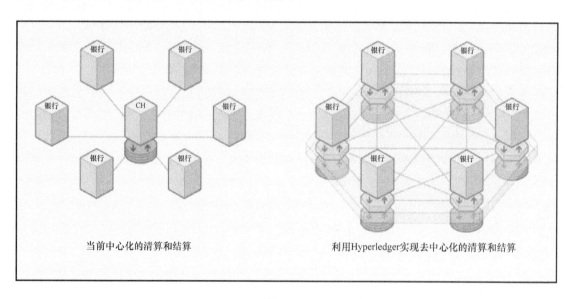

当前中心化的清算和结算   利用Hyperledger实现去中心化的清算和结算

图　1-1

结算机构被创造出来，是因为银行之间以及交易的中介之间并不完全互信，这降低了参与方不遵守条款的风险，但却导致了围绕许可区块链和无许可区块链的无休止的争论。虽然本章并不会解决这一争论，但是区块链的确成为一种变革和颠覆当前商业和商业模式的方式。监管行业的大部分用户开始着手于许可区块链模型的应用。

这归因于监管要求和交易处理的经济可行性。虽然，无许可区块链为新的商业模式如点对点（P2P）交易提供了平台和去中介化模型。但是，由定义可知，无许可区块链的架构依赖于计算密集型模型来确保交易的完整性。忽略区块链的模式选择问题，区块链技术提供了很多变革和颠覆的可能性。

区块链作为一个技术平台具有非凡的潜力。在企业中，区块链能够提供：

1）一种保存与商业逻辑密切相关的交易数据、数值和状态的设计方法；

2）区块链的核心能力即促进可信和鲁棒交易过程的安全流程，包含商业交易的安全执行、通过社区验证交易等；

3）一种可选方案，基于许可的技术与已有监管系统一致。

> 区块链有望解决工业界长期关注的问题——这也是发挥其潜力的地方，例如现代化金融和交易系统、加速安全性和交易结算等。

1.2 区块链框架的 4 个核心构建模块

区块链框架通常包含以下 4 个构建模块：

- 共享账本：该共享账本只是附加分布式交易记录。比特币区块链设计的主要意图是民主化可视性，然而，即使利用区块链，消费者的数据也需要认真对待。利用正确配置的 SQL 或者 NoSQL 分布式数据库能够实现不可篡改和只允许附加操作的语义。

- 密码学：区块链中的密码学确保了身份认证和可验证的交易。区块链设计包含这一必要模块是出于计算困难的假设，同时让加密措施难以被敌手破解。这对于比特币区块链来讲是一个有趣的挑战，主要是由其经济激励和系统设计造成的。当处于一个缺少民主或者需要许可的商业账本网络中时，关于密码学的考虑将会发生变化。

- 信任系统或者共识：信任系统是指利用网络的力量验证交易。从作者的角度看，信任系统是区块链系统的核心，它们是区块链应用的心脏。而且，我们相信信任系统是超过共识系统的首选项，因为并不是所有的验证都可以通过共识完成。这一信任的根本要素支配了区块链基础设施的整体设计和投入。随着每一个新的参与者进入区块链系统，信任系统被修改了，形成针对特定区块链应用场景的各种各样的系统。信任、贸易和所有权是区块链技术的主要构架。对于公司之间的事务，信任系统支配参与公司之间的贸易事务。为了给特定的用例设计最佳的信任系统，还需要做很多工作，例如基于 B2B 模型的 P2P 业务和共享经济模型。

- 商业规则或者智能合约：智能合约是嵌入在区块链事务数据库中的商业条款，并以事务的形式执行。智能合约也可以理解为区块链解决方案的规则组件，需要定义每一个事务处理的价值流和状态流。

图 1-2 清楚地展示了上述几个概念。

这 4 个构建模块在区块链出现之前已经存在了几十年，现在得到了人们的普遍接受和透彻理解。共享账本是一个革命性的变化，可与基于计算机的电子表格引起的工作方式变迁相媲美，但是，基础业务规则没有发生变化。

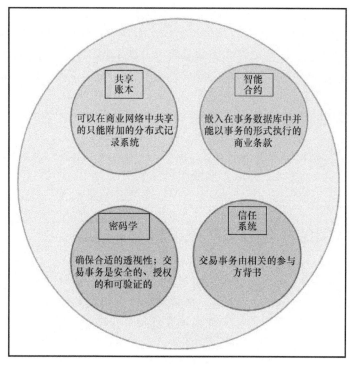

图　1-2

1.2.1　需要考虑的其他能力

还有哪些能力需要包含在企业级区块链的提案里面呢？这里列出了部分其他需要考虑的能力：

1）审计和记录的能力：在区块链解决方案中包含审计和记录的能力有助于解决不可抵赖、技术根因分析、欺诈分析和其他企业需求的监管问题。

2）企业级集成的能力：如何将解决方案与企业集成也是值得考虑的问题：

• 与现存的记录系统（System of Record，SoR）集成：这里的目的是确保区块链解决方案支持现存的系统（例如 CRM、商业智能、报表和分析等）；

• 以事务处理系统的形式集成：如果需要保留记录系统作为采用区块链的临时方案，那么以事务处理系统的形式集成区块链是可行的方案；

• 旨在包含区块链的设计：对现存系统干扰最小的实施路径将加速区块链的企业级应用。

3）监控的能力：监控是解决监管问题以及保障高可用性、容量规划、模式识别和故障识别的重要能力。

4）报表和法规要求：准备好解决法规问题也非常重要，即使对于采用区块链作为事务处理系统的临时方案也同样重要。在区块链具有企业意识或者在企业级软件具有区块链意识之前，建议先建立区块链与现有 SoR 之间的纽带，然后逐步从 SoR 卸载报表和法规要求到区块链上。

5）企业级认证、授权和核算要求：在基于许可的企业环境中（与无许可比特币区块链不同），所有区块链网络的参与者都应该被识别和追踪。如果它们在区块链生态中起一定的作用，那么它们的角色需要被明确地定义。

1.3 安全事务处理协议的基础

本书在前面提到密码学是构建区块链解决方案的核心组件之一。比特币区块链最基本的安全是账本中所有主要节点之间优雅的密码学连接。特别强调一点，交易事务是通过Merkle树相互连接的。Merkle树是基于树形数据结构的概念构建的，该树形结构中的每一个叶节点存放了由节点数据库计算得到的哈希值，每一个非叶节点存放了其所有子节点的哈希值。这种方法不仅提供了一种保障数据完整性的方法，而且提供了隐私特性，允许删除被视为私有但离开哈希结构的叶节点，由此保证树形结构的完整性。Merkle树的树根包含在区块头部，区块头部还包含了之前的区块头部的引用。

由密码学增强的节点之间的相互连接促进了分布式账本的稳定性和安全性。在任何时候，如果任意两个节点之间的连接断开，那么它们就会容易受恶性攻击，如图1-3所示。

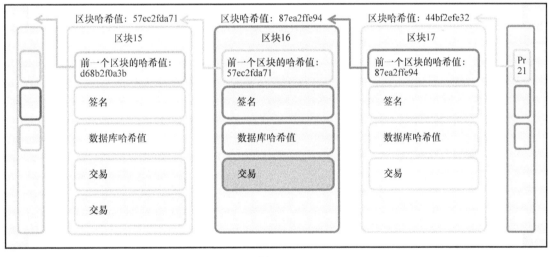

图 1-3

交易事务也是加密后通过Merkle树连接到区块链结构的其他部分上。区块中的交易一旦被修改，而其他部分保持不变，那么该区块中的所有交易之间的连接以及区块头部都将被破坏，如图1-4所示。

那么新产生的Merkle树根与区块头部已经存在的树根不匹配，因此，与区块链其他部分的链接也会断开。如果我们着手改变位于区块头部的Merkle树根，那么我们将破坏区块头的链式结构，同时区块链自身的安全模型也将被破坏。因此，如果我们只改变一个区块的内容，区块链其他部分会保持稳定和安全，特别是当区块头部通过在下一个区块头部中包含前一个区块头部的哈希散列来提供连接时。

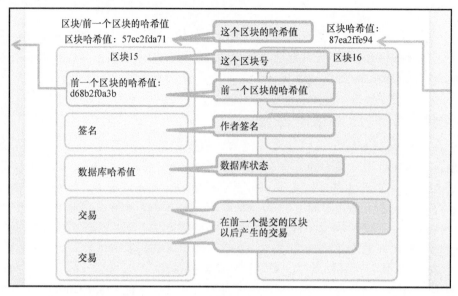

图　1-4

1.4　区块链技术已经发展到什么地步，又将走向哪里

区块链已经成为商业颠覆者，希望它能够在不远的将来显著地改变当前的产业和我们的生活。

1.4.1　巨大分歧

在加密数字货币和货币首次发行（Initial Coin Offering，ICO）领域以及受管控的业务领域之间存在明显的分歧。后者包括银行和金融机构，共同评估市场潜力和运营效率。这个分歧的双方都利用了区块链的发展势头来提高他们的利益。当前，区块链生态系统挑战了现状，挑战了所有的可能性来证明自己的价值——表现得像一个青少年。这背后的驱动力是新的商业模式、去中心化的承诺和有趣的技术创新。随着区块链强劲的发展势头，比特币和其他加密资产的价值正迅速上升。现在，ICO 开始井喷，它突破了传统的融资监管框架。

在企业方面，围绕清算和结算的行业举措越来越多，以实现更快的结算和银行间转账、数字化的透明度、供应链信息的对称传播以及在物联网（IoT）设备之间建立临时信任。

这里有一个共同的主题即区块链将留存下来。随着区块链的不断发展和为工业用例提供创新的解决方案，它将逐渐走向成熟并兑现其建立在信任基础上的效率和显著的成本节约的承诺。

1.4.2　区块链交付的经济学模型

以区块链技术为基础的业务网络可能会给行业带来转型或也可能带来颠覆，但无论哪一种情况，为了蓬勃发展，区块链都需要一种经济模式。如果以颠覆为目标，技术、人才和市场协同的投资可以与经济激励的吸引力相结合。例如，ICO 通常依赖于通证经济，这一术语描述了在这些网络中产生价值的经济系统。通证是系统或网络创造的价值单位，无论是通过为提供者或消费者打造平台，还是通过在其商业模式中共同创建一个自治的价值网络，各实体都可以利用该网络的优势来创造、分配和共享惠及所有利益相关者的奖励。

ICO 方面，主要由加密数字货币出资，它已经挑战了风险资本主义（由众筹项目主导）当前的融资机制。而且，重要的是，原则上辨别安全币和实用币之间的区别是非常困难的。

ICO 寻求建立一个基于去中心化、开放治理（或自治）和透明原则的经济体系，这是一个鼓励创新和消除非中介化的体系。ICO 虽然有失败也有成功，但它们仍然描绘了未来图景。在未来，加密资产将成为一个基本的价值单位，其价值和可替换性由孕育它们的网络定义，将助力为创新和围绕创新而建立的经济体系。

企业方面，人们更关注于了解技术和重新设想生态系统、业务网络、法规、保密性和隐私，以及影响各行业区块链网络的商业模式。希望探索区块链的企业希望看到快速的证据、能够快速展示结果并帮助他们利用区块链进行创新的用例。

通过提供对交易数据、溯源和历史上下文的内置控制，区块链帮助行业转向更为对称的信息传播。这能够产生更高效的工作流和转型的业务流程。然而，许多早期的项目并没有聚焦于区块链的核心宗旨，导致非中介化、去中心化和鲁棒的自治模型。不过，一个合适的理由是：工业和传统商业往往将重点放在当前业务的日程、模式和增长上，尤为重要的是法规遵从性和遵守性。这种对当前业务运营的强调意味着他们不会自然而然地倾向于颠覆性的模式。

1.4.3　边学边走

对于任何新技术，总有一条学习曲线。随着区块链的发展，我们开始与受监管行业合作，并且很快认识到，在这些行业中，有一些重要的设计考虑事项需要解决，例如保密性、隐私性、可扩展性和性能等。当涉及设计区块链网络以及管理这些网络的商业模型时，这些考虑元素可能对成本有明显的影响。这些挑战不仅解决起来非常有趣，而且通过重新激发这些组织的创新，并邀请最优秀的人才参与应对这些挑战，对传统的、受监管的行业和企业产生了积极影响。企业看到，由区块链技术驱动的生态系统和网络将有助于进步和成功。

许可网络（受监管的、传统的和企业业务网络）可能还需要开始发掘激励模式，以激励组织加入平台，该平台能够促进奖励的创建、分配和共享，从而惠及所有利益相关者。许多传统企业和行业不能盲目采用通证经济学背后的经济激励措施，但这并不意味着这些行业不应开始探索可能的商业模式，以实现价值创造并提升一些急需的现代化努力。

1.4.4　信任和责任的承诺

区块链技术有望成为安全交易网络的基础，它可以在很多信任和问责制方面都存在系统性问题的行业中产生信任和安全。从技术角度来看，区块链促进了一个安全、透明、可审计、高效和不可变的交易处理和记录系统。这些技术特性可以解决当今分布式事务系统所面临的时间和信任问题。

区块链从根本上将多层模型转变为扁平交易处理模型，这意味着通过非中介化以及在新系统设计中增加有效性或仅仅通过创建新的业务模型，就可从根本上颠覆现在的工业。

非中介化意味着减少在生产者和消费者之间经手中介，例如直接投资证券市场而不是通过银行。在金融业中，每一笔交易都曾经要求交易对应方处理这笔交易。非中介化意味着去除了中间人，从定义上讲，这颠覆了基于调解的商业模式和激励经济。近年来，由于数字技术的出现，一股颠覆浪潮已经兴起，而这股浪潮反过来又被市场洞察和为企业组织提供更丰富用户体验的愿望所驱动。

区块链是一种技术，旨在通过将贸易、信任和所有权整合在一起来引发这场科技的颠覆。由区块链数据库和记录所代表的技术模式有潜力从根本上改善银行、供应链和其他交易网络，在降低成本和风险的同时提供创新和增长的新机会。

1.5　将区块链应用到行业

下面简单看看区块链用例，如图 1-5 所示。

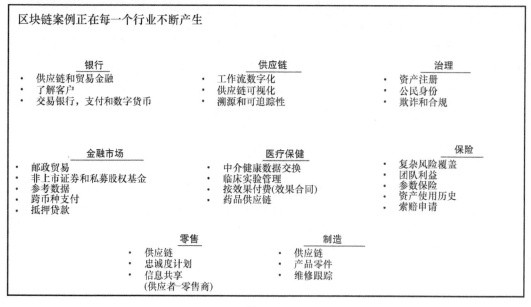

图　1-5

1.6　区块链在企业里的应用

既然我们已经看到区块链被应用到各个行业中，那么下面来谈谈有什么原则可以指导区块链在企业的应用。企业为什么要将区块链技术应用到他们的系统或应用程序中？

1.6.1　什么应用适合引入区块链

企业组织需要在应用程序设计过程中建立使用的标准，以帮助他们评估哪里可以最好地应用区块链技术。以下是一些可以帮助企业确定哪些应用程序或系统将从中受益的标准示例：

- 遵守贸易、信任和所有权原则的应用程序：如前所述，这 3 个原则即贸易、信任和所有权是任何区块链系统的基础。贸易和所有权意味着账本记录项的流失和转移，而信任则指向贸易系统的不信任性质。

- 本质上是事务性的应用：关于为什么不能从分布式数据库（即非 SQL 或关系数据库）中获得区块链的好处，经常存在争论。但是，具有多方交易的应用适合区块链。包含众多微交易的应用需要有长时间运行的流程，这些微交易将由区块链驱动的交易系统进行证实和验证。然而，数据库仍然仅被用于持久化或复制以适应企业系统。其他考虑因素包括可能随时间增加的小数据集大小、日志开销等。

- 由非垄断参与者组成的业务网络：第三个标准涉及分布式与去中心化的计算模型。区块链信任系统可以在任何计算模型内工作，但是，区块链业务网络的信任来自非垄断加入的多方参与者（联盟许可网络模型）。寡头参与可能是可以接受的（私有许可网络模型），但必须设计一个信任模型，以确保防止集中控制，即使参与者的行为是合理的。许多内部用例不遵循这一原则，更多的是针对分布式应用程序模型。

对于试图理解或确定该如何有意义地使用区块链的企业来说，有一种简单的方法可以通过用例选择进行思考。为可持续区块链解决方案选择适当的用例将实现长期的业务目标，并提供强劲的技术投资回报。

这从一个企业问题开始——这个问题大到值得企业花费资源 / 时间，其他企业存在同样的问题。当公司意识到企业问题也是一个行业问题（如证券借贷、抵押品借贷等）时，他们发现区块链有望成为最有潜力的用例。

虽然各企业正在为其企业应用确定区块链在多个方面具备的益处，但他们也需要认识到整个区块链格局的碎片化。利用区块链，存在很多创新方法用于解决某些挑战。很多供应商提供了专门处理特定应用场景的信任系统的变种，例如，他们定义了在某一个特定行业中从区块链受益最多的用例。此类专门的供应商通常承诺提供快速解决方案，以满足消费者对快速数字交互的需求。

区块链的主旨是帮助实现快速的消费者驱动的产出，如其去中心化的、分布式的、全局的、永久性的、基于代码的、可编程资产和交易记录等特性。我们应该谨慎对待将区块链视为解决每个企业应用挑战的万能钥匙，但它的确能够应用到很多交易型系统中。

现在来讨论一下企业是如何理解区块链的，以及企业采用该技术所带来的一些挑战。在下面的部分中，将重点介绍 3 个领域，这些领域有助于在企业环境中为区块链定好基调。

1.6.2　企业如何看待区块链

激进的开放性是区块链作为数字信任网络的一个方面，但在企业中，考虑激进开放性的意义以及影响至关重要。

公共区块链的运行极其简单，支持高度分布式的包含所有交易的主列表，通过匿名共识支持的信任系统进行验证。但企业能否在不修改区块链基本原则的情况下直接应用非信任系统模型?

　　企业组织是否将这种颠覆性技术视为他们转型的途径，或仅仅是帮助他们改进现有流程以利用信任系统所承诺的效率的工具？不管怎样，企业都希望以对现有系统颠覆性最小的方式应用区块链，而这并不容易实现！毕竟，现有系统的设计效率低下正是促使企业考虑这种模式转换的原因。区块链的许多概念和用例仍然远离企业级的消费。

　　第一个尝试采用区块链的行业是金融服务业，因为它一直面临着被另一波初创企业颠覆的恐惧。与许多行业一样，它也受到消费者对更快、更低成本交易的需求的驱动。金融服务有一套定义明确的用例，包括贸易融资、贸易平台、支付和汇款、智能合约、众筹、数据管理和分析、市场借贷和区块链技术基础设施。正如我们看到的，区块链在这个行业的用途很可能会渗透到其他行业，如医疗保健、零售和政府。

　　区块链是一种新兴的技术，它带来了很多优秀的思想，但仍然需要进一步发展才可以供企业使用。其中，缺少促进多域区块链之间互操作性的定义和标准可能是一个难题。因此，采用区块链的企业需要建立这样一种能力，以便于他们能够为进一步创新做出贡献，并帮助进行必要的区块链标准开发。反过来，这将有助于创造新的机会，改善现有的商业实践，并发展构建在区块链驱动的信任网络中的新商业模式，如图 1-6 所示。

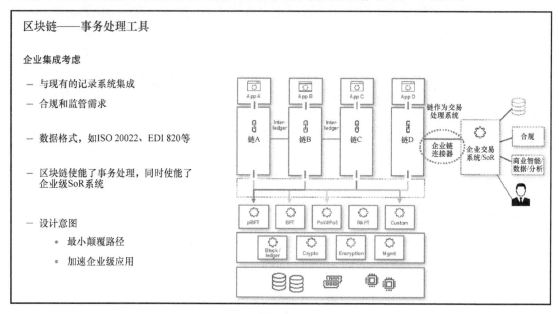

图　1-6

1.6.3　检验区块链技术应用的试金石

　　从根本上讲，区块链涉及交易经济的 3 个方面：

- 贸易；
- 所有权；
- 信任。

区块链的技术要素包括：

- 信任系统背后的技术：共识、挖矿和公共账本；
- 开放网络上的秘密通信：密码学和加密；
- 不可抵赖系统：对处理过程的可见性。

虽然区块链技术的影响可能很深远，但是组织机构应该设计一套面向企业的标准，可以应用于现有的或新的倾向于企业区块链的项目。鉴于区块链技术的多功能性和当前炙手可热的态势，企业应使用链决策表作为工具，以确保他们有一种结构化的方法将基础技术应用于业务领域。这种方法还将有助于实现一致的区块链基础设施和信任系统管理，而且随着许多应用驱动的链的发展以及对企业可视性、管理和控制需求的增长，这将是至关重要的。

1.6.4　为整个企业集成区块链基础设施

任何企业采用区块链都应该有颠覆现有系统的目标，考虑与企业记录系统的集成是实现这一目标的方法之一。通过这种方式，企业可以实施区块链驱动的交易处理，并将其现有的记录系统用作其他应用程序（如商业智能、数据分析、监管交互和报告）的接口。

将企业区块链技术的基础设施与使用区块链技术获得竞争优势的业务领域分开是至关重要的。区块链可被视为在幕后运行、对企业不可见的企业链基础设施，这同时促进各种业务驱动的区块链之间的层间协同。其思想是将业务领域与支撑它的技术分离开来。区块链应用程序应该由具有适当信任系统的业务域提供。正如作者反复提到的，信任系统是任何区块链奋斗的核心，因此它应该适合给定的业务应用。基础设施和计算需求的成本将由企业可用的信任系统的选型决定。

通过分离区块链技术的基础设施，利用可信中介机构设计关于可插拔的信任系统架构，提升灵活性的设计，以及模块化的信任系统，企业可以专注于业务和监管要求，如 AML、KYC、不可否认性等。区块链应用的技术基础设施应是开放的、模块化的，并适用于任何种类的区块链，从而使区块链易于管理。

层间协同建议在多个企业区块链之间推动协同合作，以实现企业间和企业内区块链（Interledger）的连接。在该模型中事务将跨越不同的信任系统，从而使企业治理和控制系统之间的交互具有可视性。在考虑业务部门和外部企业之间的交互时，分形可见性以及相关的企业数据保护非常重要。一个无形的企业链基础设施可以为演进企业连接器和开放 API 提供坚实的基础，使现行系统更加具有区块链感知能力。

由于业务链之间的有条件可编程合约（智能合约），企业协同将会蓬勃发展，如图 1-7所示。

企业如何知道是否已经准备好实施区块链？更重要的是，在考虑区块链消费时，其重点应该放在与现行的交易系统集成还是与企业可感知的区块链基础设施集成？

为了充分利用企业区块链的优势，一个集成区块链的企业需要一个以上的应用场景，并且需要驱动层间协同。最成功的区块链消费策略应该首先关注技术，然后考虑与现有企业业务系统的集成。这将有助于对区块链的整体理解，并加速企业采用区块链的步伐，有望以颠覆性最小的方式实施区块链。

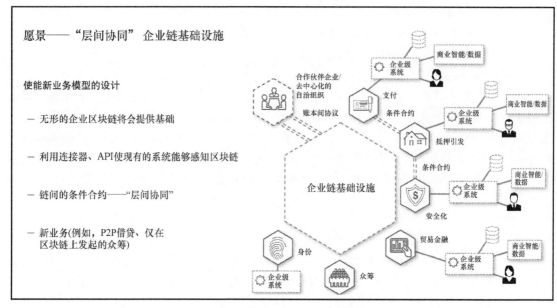

图 1-7

1.7 企业设计原则

如前文所述，区块链技术有望成为安全交易网络的基础，它在被信任和问责等系统性问题困扰的行业引入了信任和安全，旨在提高市场和成本效率。

在过去的几年中，随着区块链技术的成熟，我们关注的是企业和业务如何利用该技术来解决痛点并衍生新的商业模式。已经开始看到区块链潜力的企业组织现在开始重塑业务网络，这些业务网络正承受着陈旧流程、文书工作和技术等方面的沉重负担。

1.7.1 业务驱动和演进

最近，企业组织将内部业务系统和 IT 基础设施运行在互联网上，以利用互联并且可访问系统的协作潜力。区块链技术正在将这一点提升到一个新的层次，通过可信的业务网络提供真正的数字交互。在互联网时代，成功的企业采用并适应了技术挑战，而在区块链时代，业务而不是技术是扩张的驱动力。

虽然区块链技术本身很有趣，但也有许多其他的业务网络机制应该被评估，包括：

• 共识模式：哪种信任系统最适合你的业务网络？

• 控制和治理：哪些实体被允许做什么？如果存在系统异常，谁将拥有调查权力？

• 数字资产生成：谁在系统中创建资产？谁管理它？

• 授权发行：在一个真正去中心化的系统中，授权的概念并不一致。那么，在区块链网络中，谁将负责治理、问责以及最终的监管？

• 安全考虑：业务网络将如何解决企业安全问题，包括共享业务网络带来的新的安全挑战？

现在设想有这样一个专门构建的区块链网络，专注于多个商业领域，例如抵押贷款、支付、交换、清算和特定资产类型的结算。我们将企业环境想象成一个中心化的网络，在这个网络中，相似的商业实体共享一个共识联盟。支持这个中心化网络的想法有几个实际原因，包括：

1）使用特定领域的业务语言，使智能合约的构建、管理和治理作为代理业务表示。

2）一种定义的资产类型，产生资产数字表示的治理、管理和估价（用于交换、可替换性等）。

3）适当的监管，因为每个行业和业务网络都是分开监管的，因此遵守监管条例的负担和其他相关成本可以在业务网络中分担。

4）其他相关商业功能，如解析、分析、市场数据等。

现在已经介绍了企业区块链的商业驱动因素，接下来考虑什么可以确保区块链网络的可持续性和寿命。

1.7.2 确保可持续性

基于区块链的业务网络正在不断发展和壮大，正如它们所做的那样，不会在信任模型、数据可见性和利用网络获取竞争优势等核心问题上有任何妥协。

把焦点放在可持续性上似乎有些自相矛盾，因为区块链促进开放式协作创新，同时封闭了共识或信任系统，以及在多方交易网络中管理资产、智能合约和整体交互的治理系统等基础结构。区块链系统设计需要考虑所有这些因素。

一个具有成功的顶层设计的业务网络需要在多方场景中与区块链的贸易、信任、所有权和交易原则保持良好的一致。如果不以这些核心原则为基础，业务网络可能无法以可持续的方式实现区块链技术的前景。

以下是支持和维持区块链业务网络增长的 7 条设计原则：

1）网络参与者需要控制他们自己的业务；

2）网络必须是可扩展的，这样参与者就可以灵活地加入或离开网络；

3）网络必须是基于许可的，但也必须受到保护，以在促进 P2P 交易的同时保护竞争数据；

4）网络必须允许开放式访问和全球协作，以实现共享创新；

5）网络必须是可扩展的，以用于事务处理和加密数据处理；

6）网络必须能够适应企业安全并应对新的安全挑战；

7）网络需要与企业中已建立的记录和交易系统共生。

图 1-8 列出了相关的设计原则。

1.7.3 推动区块链应用的原则

在任何企业中，区块链的应用都受到 3 个原则的驱动：业务蓝图、技术蓝图和企业集成。以下是根据这 3 个原则选择区块链框架时需要考虑的一些必要事项：

1）业务蓝图：区块链承诺建立一个基于信任的价值业务网络。为此，了解各种区块链框架如何处理网络交互模式、效率低下以及安全漏洞等至关重要。

可持续区块链业务网络的7条设计原则

1 网络参与者需要控制他们自己的业务；

2 网络必须是可扩展的，成员关系具有灵活性；

3 网络必须是基于许可的，但需要保护竞争数据；

4 网络必须允许开放式访问和全球协作；

5 网络必须是可扩展的，以用于事务处理和加密数据处理；

6 网络必须能够适应企业安全并应对新的安全挑战；

7 网络需要与企业中已建立的记录和交易系统共生。

图　1-8

2）技术蓝图：如果技术要与业务需求保持一致，组织机构需要为其需求做出适当的技术和架构选型，这里可以考虑每秒事务数（TPS）、企业集成、外部系统集成以及法规和合规性等需求。这些决策都是为了合理利用区块链所做的必要的技术调查。

3）企业集成：将区块链集成到企业系统中，尤其是相邻系统中，是一个重要的业务和技术考虑因素（因为下游交易系统影响关键业务系统），也是一个成本点。根据作者的经验，如果组织机构在计划的早期不关注与相邻系统的集成，会阻碍区块链的应用，因为它将对区块链项目产生明显的成本影响。

下面将更详细地介绍这些设计的注意事项。

1.8　选择区块链框架的商业考虑

当组织机构评估是否采用区块链来解决他们的痛点时，需要考虑各种指标。以下是从商业角度考虑的一些因素：

1）开放平台和开放治理：企业选择的技术标准将为企业区块链的使用、合规、治理和解决方案的总体成本奠定基础。

2）解决方案的经济可行性：无论组织机构选择哪种区块链框架，都应该与其现有的业务模型、款项索回、计算权益和账户管理的成本保持一致，这些汇聚成了投资回报率。

3）解决方案的寿命：当企业希望建立一个可信的网络时，他们希望确保能够维持网络的成本和运营，从而使其能够增长和扩展以容纳更多的参与者和交易。

4）法规遵从性：法规遵从性问题与事务处理密切相关，可以包括针对特定行业的报表和业务工作流及任务分析等事件，两者都是自动化的和以人为中心的。

5）与相邻系统共存：区块链网络需要能够与企业的其他部分、网络参与者和相邻系统共存，这些系统可能具有重叠和互补功能。

6）可预测的业务增长成本：业务增长取决于可预测的指标。历史上，很多行业都关注每秒交易量，但根据系统设计、计算成本和业务流程，不同系统之间的每秒交易量不同。

7）汇聚技术和人才：随着行业和技术的不断创新，人才的数量会影响区块链解决方案的成本、可维护性和寿命。

8）技术供应商的财务生存能力：在选择供应商时，如果涉及区块链解决方案的长期支持和寿命，那么考虑供应商的生存能力至关重要。应该审视自己的长期愿景以及供应商或者商业伙伴的业务模型的可持续性。

9）全球布道和支持：为了以最少的颠覆性技术支撑网络的扩展，区块链解决方案往往涉及具有全球影响力的业务网络和相关技能。

10）依赖技术和行业标准：标准至关重要，不仅有助于标准化共享技术栈和部署，而且有助于为行业专家建立一个有效的沟通平台，用于解决问题。标准使低成本、易于消费的技术成为可能。

区块链供应商提供各种专业服务，包括：

1）多种信任系统：共识、挖矿、工作量证明等。

2）锁定到单一信任系统。

3）专门为特定用例构建的基础设施组件。

4）基于概念验证系统的现场测试设计。

不遵循基于标准化技术的参考架构的供应商存在一定的技术风险，即导致产生一个支离破碎的区块链模型。

从商业角度来看，基于开放标准的区块链方法提供了灵活性，以及可插拔和模块化的信任系统，因此是最理想的选择。这种方法使企业对特定的区块链（如 Ripple）保持开放，为信任系统提供了一个供应层，并提供了一个单独的业务领域以及支撑技术。

1.9 选择区块链框架的技术考虑

当企业考虑区块链的技术含义时，应该以区块链不仅仅是另一种应用为前提。区块链是一个包含风险和成本的生产网络，以确保正确的保养和维护。

下面是评估区块链技术的影响时需要考虑的一些重要事项。

1.9.1 身份管理

身份管理是一个复杂且涉及面广的主题，尤其是在必须管理身份，并具有重大业务影响的监管行业，例如了解客户（KYC）、反洗钱（AML）以及其他报表和分析功能等活动。

1）许可包括成员的准入证书（eCerts）和每个成员的交易证书（tCerts），当交易完成时，这些证书允许和识别实体。

2）终端用户身份（由区块链网络中的参与实体维护）是 LDAP/ 用户注册表到 tCerts

或事务 ID 的映射，以便进行跟踪（了解你的客户，以及了解你的客户的客户）。

其他身份管理的注意事项包括：

1）必须考虑到 LDAP 或现有的用户注册表不会消失，因为对于成熟的身份验证和授权系统，通常已经有大量的投资和安全策略。

2）信任系统是区块链技术的核心，必须通过身份介入为信任铺平道路（对于需要事务跟踪的用例）。

3）区块链上的身份和区块链的身份。

4）身份获取、审查和生命周期。

5）与基于使用场景的信任系统保持一致。

1.9.2 可扩展性

考虑到下游事务系统可能影响关键业务系统，可扩展性既是业务方面的考虑因素，也是技术方面的考虑因素。可扩展性的技术选择，例如共享账本的数据库选择、相邻系统集成、加密和共识等，产生了一种能够适应由网络成员或事务增长带来的可预测成本的系统设计。

1.9.3 企业级安全

企业级安全有如下 3 个层次需要考虑：

1）物理 IT 基础设施层，包括特定场景的问题，如 EAL5、网络和基础架构隔离需求。

2）区块链中间件层，包括对加密模块、加密级别、数据存储加密、传输和静态数据，以及网络中参与者之间的数据可见性等方面的需求。

3）区块链共识（信任系统层），是区块链的核心，是保证基本数据存储属性所必需的。如果网络中有更多的参与者，他们必须将资本权益扩大到一定的规模。这是在建立一个共享的数据存储，降低企业数据质量的准入门槛。共识，甚至是最小化的共识，对于确保架构上的一致性也是必要的。现在，基于加密货币的信任系统和基于非加密货币的信任系统之间存在分歧。以前的模型，比如 PoW/PoS，对于那些想要创建许可区块链的企业用例来说是不可持续的。

1.9.4 开发工具

开发工具的考虑因素包括集成开发环境、业务建模和模型驱动的开发。

1.9.5 加密经济模型

加密经济模型是指使用公钥加密进行认证和经济激励，以确保在不回溯或进行其他更改的情况下继续运行去中心化系统。要充分理解区块链的概念和密码学在计算机科学中的优势，首先必须了解去中心化共识的概念，因为它是基于加密的计算革命的关键点。

1.9.6 具有系统治理的去中心化

旧的计算范式是集中共识，其中由一个中央数据库规定事务的有效性。去中心化的模式打破了这一点，将权力和信任转移到去中心化的网络，并使其节点能够在公共块上连续和顺序地记录交易，从而创建一个独特的链，即区块链。密码学（通过散列码的方式）确保了交易源头的身份验证，消除了对中心化中介机构的依赖。通过将密码学和区块链相结合，系统确保不重复记录同一交易。

区块链系统设计应保留去中心化的数字交易处理的理念，使其适应许可网络，同时根据企业环境的需要，集中管理合规性和维护任务的某些方面。

1.9.7　企业支撑

拥有企业对区块链的支持非常重要，原因与重新考虑评估工作的原因相同。请记住，区块链不应该被认为只是另一种应用程序，而是一个涉及保养和维护风险及成本的生产网络，不能简单地将现有应用程序用于开发、基础设施和服务。

1.9.8　用例驱动的可插拔的选择

为了确保你的区块链解决方案能够允许使用案例驱动的可插拔的选择，请考虑以下问题。

1. 共享账本技术

你试图通过区块链解决的用例、设计需求和问题都将有助于确定共享账本和数据库技术的选择。

2. 共识

共识指导信任系统，推动在区块链应用基础设施领域的技术投资，因此是区块链的核心。此外，没有一种共识类型适合所有用例。用例定义了参与者之间的交互，并通过共识模型推荐最合适的信任系统。

共识是在区块链网络上验证网络请求或交易（部署和调用）顺序的一种方法。正确的网络交易创建非常重要，因为许多交易依赖于一个或多个以前的交易（例如，账户借记通常依赖于以前的信用）。

在区块链网络中，没有任何一个权威机构来确定交易顺序；相反，通过实施网络共识协议，每个区块链节点（或对等节点）在建立顺序时拥有平等的发言权。因此，共识可以确保规定数量的节点就事务添加到共享账本的顺序达成一致。共识通过解决提交的交易顺序中的差异，有助于确保所有网络节点在相同的区块链上运行。换句话说，它保证了区块链网络中交易的完整性和一致性。

3. 密码算法和加密技术

选择一个区块链系统设计也可能受到密码库和加密技术的指导。企业的用例需求将决定这一选择，并推动对区块链应用基础设施的技术投资：

1）非对称：RSA（1024～8192）、DSA（1024×3072）、Diffie-Hellman、KCDSA、椭圆曲线密码学（ECDSA、ECDH、ECIES），具有名、用户定义和 brainpool 曲线。

2）对称：AES、RC2、RC4、RC5、CAST、DES、三重 DES、ARIA、SEED。

3）散列/消息摘要/HMAC：SHA-1、SHA-2（224-512）、SSL3-MD5-MAC、SSL3-SHA-1-MAC、SM3。

4）随机数的产生：FIPS 140-2 批准的 DRBG（SP 800-90 CTR 模式）。

4. 用例驱动的可插拔选择

如前文所述，用例定义参与者之间的交互，并使用共识模型推荐最合适的信任系统。

1.10 企业集成和可扩展性设计

设计一个区块链网络与企业中现有的记录系统共存，是一个很重要的成本考量。企业集成应该通过业务和技术实现，因为下游事务系统会影响关键的业务系统。通过与很多企业合作，作者发现将区块链与相邻系统集成对其区块链项目具有显著的成本影响。这些确实需要在计划的早期解决，这样才不会对企业采用区块链产生不利的影响。

考虑运营问题也很重要。通过保护贸易、信任和所有权等要素以及区块链的固有属性（如不可篡改、来源和共识），信任系统有望能够帮助消除冗余和重复的系统和流程。这些冗余给企业带来了大量的资源开销，从而造成较慢的事务处理和相关的机会成本开销。采用区块链的一个目标应该是解决现有流程的关键痛点。我们的目标是建立一个透明的账本，增加信任，节省时间和大量成本，并提供更好的客户服务。

至于网络可扩展性，可扩展性设计意味着在计划实现时考虑未来的增长。可扩展性用于度量系统的扩展能力和实现扩展所需的工作量。可扩展性对于区块链业务网络的设计非常重要，不仅要适应业务的动态性质（包括其所有规则、竞争压力和市场动态），还要适应网络增长（增加监管机构、做市商、颠覆、服务提供商等）。

以下是一些有助于确保网络可扩展性设计的注意事项：

1）成员的灵活性：区块链网络从有限的参与者和角色群体开始，但新参与者稍后可能要加入网络，其他人可能要离开。因此，必须考虑成员资格更改的机制，包括访问（共享）数据。在设计可扩展性时，成员类型也是一个重要的思考，因为成员的角色和类型可能会随着时间的推移而改变。

2）计算资产净值：基于加密货币的信任系统和基于计算资产净值的信任系统之间存在不同，因此，这是一个相当新的概念。参与者的类型及其在网络中的商业利益是长期可持续基础设施的成本和维护的决定因素。例如，监管者的成本模型可能与区块链驱动的业务网络的主要受益人的成本模型有很大不同。

3）共享商业利益：区块链网络为企业提供了特定的优势，如降低风险、提供一个可靠和可预测的交易网络、降低合规成本等。但这些共同利益可能导致其他运营问题，如实体加入和离开网络时的数据共享和数据所有权。由于围绕数据所有权的法规不断发展，以及对数据持久性的行业要求，在设计区块链系统时，应该仔细评估这些要求。

4）治理：治理包括管理技术构件，如技术基础设施，管理区块链网络中的数据和智能合约。建议将治理分为以下几类：

① 区块链网络/技术治理；

② 区块链数据治理；

③ 区块链智能合约治理；

④ 区块链交易管理治理。

在设计可扩展性时，目标应该是确保区块链网络具有可持续的运营要素和业务增长要素。例如，在一个可持续的模型中，每个参与者都可以在接受和处理数字资产时部署控制其自身业务流程的链代码，同时还可以让业务参与者控制不断变化的业务流程、政策和法规要求。

1.11 其他考虑

除了前面提到的几个方面之外，还有其他一些需要考虑的因素。以下将简要介绍这些内容。

1.11.1 共识、ACID 属性和 CAP

共识模型永远不会变为 0，因为当 NoSQL 成为标准时，各种 NoSQL 系统通过理解 CAP 理论解决了它们的问题，并且 RDBMS（关系型数据库管理系统）企业社区对它们的 ACID 属性保持稳定。区块链可能很好地提供了打破 CAP 同时维持 ACID 的原语。这里列举一些想法。

1. CAP

CAP 定义为：

1）C——一致性：共识保证发生的事件和顺序只有一种可能。

2）A——可用性：对区块链的所有调用都是异步的这一事实允许唤醒的应用程序执行下去，同时确保一致性和持久性（链接也保证了这一点）。

3）P——分区容错（网络分割）：同样，共识防止了当事物在网络分割后重新聚在一起时产生的脑裂和冲突。

2. ACID

ACID 定义为：

1）A——原子性：链代码编程模型是一种"全有"或"全无"的行为，允许将行为捆绑为一组。要么每个行为都发生，要么都不发生。

2）C——一致性：我们相信 NoSQL 的新世界会回避这一属性。作者相信这与 CAP 中 C 的含义相同。

3）I——隔离性：隔离性表示两个事务被序列化，这正是块构造和链连接结构所做的。

4）D——持久性：整个网络的链接和复制确保了如果一个或多个节点发生故障，数据不会丢失。这就是为什么每个人都想带一个节点，以及为什么这些节点不应该位于同一位置。

1.11.2 认证——SSC 已签名和加密

在安全服务容器（Secure Service Container，SSC）中，软件、操作系统、虚拟机监控器和 Docker 容器镜像不能被修改。证书可能包含在 SSC 中，这样它们就可以探查自己是否对远程一方是真实的。例如，在构建 SSC 时包含一个 SSL 证书有助于确保所使用的是一个真正的实例，因为 SSL 证书在 SSC 中始终受到保护（加密）。

1.11.3　使用 HSM

根据维基百科的定义，硬件安全模块（Hardware Security Module，HSM）是一种物理计算设备，它可以保护和管理数字密钥以进行加强身份验证，并提供密码处理。这些模块通常以可插拔卡或直接连接到计算机或网络服务器的外部设备的形式出现。

管理高安全性设备（如 HSM）对于充分的安全和控制来说是一个真正的挑战。事实上，今天的标准规定了 HSM 管理（和密钥管理）系统的某些方法和安全级别。

1.12　总结

在企业中采用区块链需要一种平衡艺术。企业不仅必须运行、管理和维护其现有的基础设施，还需要帮助铺平这一新的计算模型的道路，该模型有望带来变革。

在受监管行业中，企业可能会面临合规成本的双重影响，因为即使是新的技术平台仍然需要遵守既定的监管框架以及成熟的技术架构标准和设计。考虑使用区块链的企业可以通过采用分层防御原则，结合多种缓解安全控制的策略来帮助保护其资源和数据，从而寻求切实可行的方法。通过分层防御方法，数字资产/智能合约以及账本数据将会得到保护。

第 2 章
探索 Hyperledger Fabric

本章的重点是 Hyperledger Fabric 项目的组件、设计以及参考架构和企业准备的整体情况。同时也会涉及 Linux 基金会（LF）托管下 Hyperledger 项目的更广泛目标，以及开源与开放标准的重要性。本章目标在于了解各种 Hyperledger 项目的多样性，以及适用于特定企业用例和软件消费模型的框架与工具。虽然区块链技术领域不断变化，但 Hyperledger 项目代表了一种结构，该结构支持成熟的同行评审技术，面向企业消费，并受到各种人才和社区利益的推动。

本章包括以下主题：

1）Hyperledger 基础；

2）Hyperledger 框架、工具和构建块；

3）Hyperledger Fabric 组件设计；

4）Hyperledger Fabric：一个完整的交易示例；

5）探索 Hyperledger Fabric；

6）理解由区块链驱动的业务网络治理。

2.1 建立在开放计算的基础上的 Hyperledger

开源项目，如 Linux 和 Java，已经在主流商业领域赢取了优势。作为商业软件的低成本替代品，这些开源产品的功能足以媲美专有软件。这要归功于大型开发人员社区的支持。通过共同实施，主流的开源项目还可以促进开放标准也即产品的集体构建块的发展。使用开放标准的企业和供应商因此能释放用于开发和服务的预算，并将其用于能提供更高价值和竞争优势的项目。

同开放标准和开放式架构一样，开源是更广泛意义上的开放计算运动的一部分。这些举措一起实现了集成和灵活性，并通过帮助客户避免供应商锁定而使客户受益。

企业通常需要遵守各种行业遵从性和技术治理要求，因此考虑开放技术可能造成的影响非常重要。虽然区块链技术为业务网络提供了动力是一个公认事实，但围绕合规性和技术治理方面的问题可能会对技术消费、治理和维护成本产生指数级的影响。

以社区驱动的开放式创新往往是混乱无序的。围绕以网络为中心的软件供应、部署、治理和合规性模型，为区块链网络提供一个指导性的框架能够将这种创新变得有序起来。因为区块链技术为业务网络提供了动力，所以任何定义业务应用网络的应用软件，以及该软件在技术采用、成本和复杂性方面的影响，都是网络范围的。由此来看，开放的社区驱动的技术和开放标准应当被视为风险管理和风险缓解的工具，并与社区驱动的治理结构相联系。对于这一点，在本章中以技术为重点进行详细讨论。

2.1.1　Hyperledger 项目基础知识

在开始了解之前，先看一些 Hyperledger 项目的关键参与者和 Hyperledger Fabric 空间的基本元素。

1. Linux 基金会

作为支持开放式技术开发的世界领导者，Linux 基金会（LF）在开发者社区中备受推崇。通过开源的方式，Linux 基金会正在培养合作伙伴关系来解决一些世界上最具有挑战性的问题。自 2000 年成立以来，它对开源项目进行了大量投资，并帮助构建了开源技术的生态系统，为本书中讨论的技术铺平了道路。

2. Hyperledger

Hyperledger 是一个源自 Linux 基金会的开源项目，旨在帮助推进跨行业的区块链技术。它是一个全球性的开源合作项目，涉及众多行业的领导者。

3. 开源与开放标准

如前所述，开放计算运动为区块链和 Hyperledger 奠定了基础。开源是一种软件许可模式。这意味着用户有权使用代码，并且可以自由地使用、增强代码，甚至重新发布代码，但前提是这是在开源的基础上完成的。

开源的业务应用程序的一个主要优点是高度的灵活性。通过开源代码，模块化组件和对标准的遵从，组织能够以最小的努力来采用一项技术并实现真正的可用性。许多以开源技术为支撑的应用程序可以像构建块一样进行组装并应用于解决业务问题。这些构建块都具有一组核心功能，并且每个功能都可以进行增强，以满足特定的业务需求。通过使用开放标准的技术和以模块化方式定制开发的其他功能，可以轻松完成不同构建块间的集成。

因此，开源业务应用程序可以以极低的成本提供一组基本功能，而且服务也能够参与到增强或定制应用程序中去以满足所有的业务需求，如图 2-1 所示。

开源社区还提供了一个全球性多元化的人才库和社区。它充满了创意和创造力，从而产生了任何一个供应商都无法匹敌的协同创新。开源社区扰乱了市场并为那些认识到其优势的人带来了成长机遇。

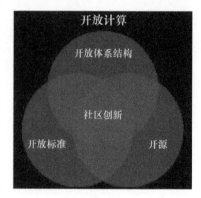

图　2-1

类似 Hyperledger 及其一系列项目的开源技术给工业界带来以下优势：

1）降低软件成本：虽然开源技术驱动的项目也涉及与部署、维护、管理、支持等相关的成本，但是它大幅降低了开发的总成本和与人才库相关的成本。通过内部技术治理结构与社区驱动的治理结构相结合，Hyperledger 项目可以大大降低技术治理的成本和合规性成本。Hyperledger 项目的日益流行代表了社区参与度的增长，也意味着这些项目拥有了与 Hyperledger 框架和工具相关的大量的多元化人才。随着企业需求和业务网络的发展，这终将会是一个巨大的成本。

2）创新性和可扩展性：企业和业务网络不必被供应商锁定。相反，它们可以选择最具创新性和最活跃的社区，跟随区块链技术领域中的快速创新的节奏。利用基于社区的创新能增强业务网络在项目中使用新技术与创新的能力，降低业务网络运营和治理成本。更不用说还有许许多多的技术整合在一起，相互竞争，相互补充，使得企业的架构和设计更加灵活。

3）可持续发展和持续创新：Hyperledger 社区借鉴了 Linux 基金会的治理结构。可持续发展意味着由社区支持的审核和定期软件升级。这给业务网络提供了一个能增强其价值主张并创建新商业模式的媒介。在很多情况下，业务网络参与者也可以代表 Hyperledger 社区，形成双向创新。业务网络提供以创新为导向的改进和要求，然后被技术社区所接纳并予以加强。

4）安全性和可靠性：Hyperledger 社区是一个同行评审、辩论和共同采用技术设计和创新的社区。这个 Linux 基金会的治理结构实行集体责任制，因为所有的 Hyperledger 项目都是由一群区块链专家来共同实施和维护的。相比供应商提供专有软件解决方案，这些专家们找到并解决问题漏洞的速度要快得多。这是因为 Hyperledger 项目也有供应商的人员参与。虽然他们分担了一部分开发和治理的成本，但 Hyperledger 框架依旧是可靠的，因为它是由社区来公开管理并进行同行评审。

5）加快开发和市场采用：如 Hyperledger 项目之类的开源项目往往拥有多元化的社区和成员组织。这些社区与组织具有共同的利益，并且使用专门的人才库来共同解决新兴问题。Hyperledger 项目及其背后的社区向开发者和业务网络提供了以创新的速度来贡献软件和使用软件的机会。目前快速的技术创新正发生在共识、区块链数据库、安全框架、加密和工具等方面。因此，在此阶段发展和市场采用的速度是许多业务网络的关键考虑因素。

2.2　Hyperledger 框架、工具和构建块

上文已经讨论了 Hyperledger 在开放计算运动中的基础知识以及它对行业的好处，现在来谈一谈 Hyperledger 的框架、工具和构建块。

2.2.1　Hyperledger 框架

目前一共有 5 个区块链框架，如下所示：

1）Hyperledger Iroha：基于 Hyperledger Fabric 的 Iroha 是专为移动开发项目而设计的，由 Soramitsu、Hitachi、NTT Data 和 Colu 公司贡献。它具有现代的、领域驱动的 C++ 设计以及被称为 Sumeragi 的一项新的基于链的拜占庭容错一致性算法。

2）Hyperledger Sawtooth：由 Intel 贡献的 Sawtooth 包含了一项由 Intel 提出的时间流逝证明（Proof of Elapsed Time，PoET）的一致性算法。PoET 旨在尽可能高效地实现分布式一致性。Hyperledger Sawtooth 在许多领域均具有潜力，支持无论是许可的还是无许可的部

署，并能识别各种不同的要求。Sawtooth 是专为多功能性而设计的。

3）Hyperledger Burrow：Hyperledger Burrow 是一个模块化的区块链，由 Monax 和 Intel 最初贡献给 Hyperledger 项目。它包含符合以太坊虚拟机（EVM）规范的客户端。

4）Hyperledger Fabric（HLF）：由 IBM 贡献的 Hyperledger Fabric，其设计目标是提供一个使用模块化框架来开发应用程序或解决方案的平台。它允许即插即用的组件，比如一致性和会员服务，并利用容器来托管由系统应用逻辑组成的名为"chaincode"的智能合约。本章剩余部分将重点介绍 Hyperledger Fabric 及其设计、组件、架构和整体企业设计。

5）Hyperledger Indy：Indy 是一个最初由 Sovrin 基金会提供的 Hyperledger 项目，旨在支持分布式账本上的独立身份。Hyperledger Indy 提供工具、代码库和可重用组件用于实现基于区块链或其他分布式账本的数字身份，如图 2-2 所示。

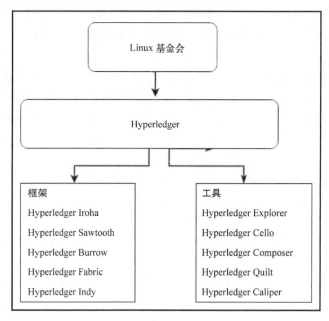

图　2-2

2.2.2　Hyperledger 工具

Hyperledger 项目中目前还有 5 种工具，这些工具皆由 Linux 基金会托管。它们是：

1）Hyperledger Explorer：Hyperledger Explorer 由 IBM、Intel 和 DTCC 最初贡献，可以查看、调用、部署或查询区块与事务等相关数据，网络信息（名称、状态、节点列表），链码和一系列事务详情，以及存储在分类账中的其他相关信息。

2）Hyperledger Cello：Cello 也是由 IBM 贡献的。它力图将按需的"即服务"式部署模型引入区块链生态系统，从而减少花费在区块链创建、管理和终止上的工作量。Cello 能够高效地自动提供多租户区块链服务，并且运行于各种基础设施之上，如裸机、虚拟机和其他容器平台。

3）Hyperledger Composer：Hyperledger Composer 由 IBM 和 Oxchains 贡献，是一套构建区块链业务网络的协作工具，以便加速智能合约的发展和区块链的应用，以及加速它们在分布式分类账中的部署。

4）Hyperledger Quilt：Hyperledger Quilt 来自 NTT Data 和 Ripple，是由 Ripple 提供的一个跨账本协议（interledger protocol）的 Java 实现，旨在实现跨分布式账本和非分布式账本的数据传输。

5）Hyperledger Caliper: Caliper 作为区块链基准工具，内置一套预定义的测试用例，可以让用户进行特定实现的区块链的性能测试。

2.2.3 区块链解决方案的构建块

如第 1 章所述，区块链承诺从根本上解决金融服务、供应链、物流和医疗保健等行业的时间和信任问题。它力图简化业务流程并从而解决效率低下问题。这是一项面向新一代事务型应用程序的基于信任、问责制和透明度的技术。每个工业级区块链共有的特征如下：

1）共享的单一事实来源；

2）安全和防篡改的；

3）私人不可链接的身份；

4）可扩展的架构；

5）机密的；

6）可审计的。

图 2-3 将这些特征概括为 4 个信条。

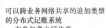

图　2-3

区块链解决方案由 4 个构建块组成——共享分类账本、隐私加密、信任系统或共识和智能合约。每个构建块的详细说明如下：

1）共享分类账本：比特币区块链的目的是民主化可见性。然而，因为消费者数据的监管问题，企业级区块链需要采用不同的方法。仅能追加的分布式事务日志可通过 SQL 或者 NoSQL 的分布式数据库实现。

2）隐私加密：隐私加密对于确保事务的身份验证和核实至关重要。因此有必要在区块链的设计中包含加密技术，使分布式系统更难以攻破，巩固信息的安全性。当你使用一个不那么民主的账本网络或者许可的分类账网络时，密码学的考虑因素会相应发生变化。

3）信任系统或共识：信任是指通过网络来验证事务。信任在任何区块链系统或应用中都是必不可少的，作者个人更喜欢"信任系统"这个词而不是"共识系统"，因为信任是影响利益相关者对任何区块链基础设施进行投资的基本要素。每当新进入者进入区块链领域并把区块链技术应用于新的用例或专业化时，信任系统就会被修改。信任模型是真正的区块链的核心，正是它提供了信任、交易和所有权的信条。信任使得区块链能够取代事务型系统，但这只发生在交易和所有权由分布式 / 共享账本处理的情况下。为各种不同的用例定义优化的信任系统，以后还有很多工作要做。数据库解决方案正在致力于解决规模化问题和移动使用案例，但围绕 P2P 和共享经济模式，以及 B2B 模式还有更多工作要做。

4）智能合约：在区块链的上下文环境中，智能合约是预设在事务型数据库中的业务协议并随着事务的提交而执行。在业务中需要制定一系列的规则来定义值的流动和事务的状态，因此就有了智能合约的功能。合同之所以被称为智能的，是因为执行合同条款的是计算机协议。各种合同条款（例如抵押品、担保、产权划分等）都可以编码，以便强制遵守合同条款并确保事务的成功——这是智能合约背后的基本理念。智能合约旨在向一方保证另一方将履行其承诺。此类合同的部分目标是降低核查和强制执行的成本。智能合约必须是可观察的（意味着参与者可以看到或证明彼此与合同有关的行为）、可验证的（意味着参与者可以向其他节点证明合同已被执行或违反）和私密的（意味着合同的内容 / 履行应仅限于合同必要的参与者来执行）。比特币为智能合约制定了条款。但是，它缺乏一些功能，例如图灵完整性、状态缺失等。以太坊改进了比特币。通过使用内置的图灵完整的编程语言来构建区块链，以太坊使得人人都可以任意为所有权、事务的格式以及状态转换功能制定规则，并因而能够编写自己的智能合约和去中心化应用。这些新的举措使得将复杂的合同编入区块链成为可能，例如当航班延误超过一定的时间就立时转账到旅客的银行账户，或者当员工达到绩效目标时则支付薪酬。

实际中智能合约是如何工作的？实际上，智能合约是作为代码部署在区块链节点上的。所以更恰当地说，应称之为智能合约代码。它是一种使用区块链技术来补充或替换现有法律合同的方式。该智能合约代码以 Solidity 或 Go 等编程语言部署在区块链节点上。

在区块链上部署代码具有 3 个重要属性：

1）从区块链继承的持久性和审查阻力。

2）程序本身控制区块链资产的能力，例如在参与者之间转移资产的所有权或数量。

3）通过区块链执行程序，确保程序始终以书面形式执行，无人能够干预。

在企业中，智能合约可能不仅仅涉及区块链的智能合约代码，更传统的法律合约也有可能伴随而来。例如，智能合约代码可以在一个土地注册区块链网络上执行，用以将房屋所有权从一方转移到另一方，从而实时更新土地注册记录，所有参与者，比如 城市、房地产经纪人、律师和银行等，都可以在完成销售后更新自己的记录。然而，购房者可能会坚持带有赔偿条款的法律合同，以涵盖任何尚未发现的抵押权。

2.3 Hyperledger Fabric 组件设计

现在开始讨论促进区块链技术四项原则。即共享账本、加密、信任系统和智能合约。这些组件构成了 Hyperledger Fabric 基础设施，提供了链码或智能合约开发结构的隔离机制。链码或智能合约开发细节将在另一章中详细讨论。

图 2-4 描述了 Hyperledger Fabric 基础设施组件。

以下是 Hyperledger Fabric 基础设施组件：

1）Hyperledger Fabric CA 是会员服务的一种实现，不要求必须使用（也就是说，任何基于 X509 的 PKI 基础设施，只要能发布 EC 证书，都可以使用）。

2）专用排序节点。

① 实现原子广播 API。

② 提交订单和批处理事务，并对每一批事务（区块）进行签名以创建哈希链。

③ Hyperledger Fabric 提供了两种实现方式——单例模式（用于开发 / 测试）和基于 Kafka 的生产 / 容错模式。

④ 排序服务是可插拔的。实现排序服务的人只需要提供基于 gRPC 接口定义的原子广播 API 即可。

3）对等节点负责现有的智能逻辑（链码）并维护账本。

① 背书对事务进行模拟（也就是说，它执行事务，但不提交）。

② 对等节点从排序节点接收成批的已背书事务，然后对事务进行验证和提交（消除了不确定性）。

2.3.1 Hyperledger 设计原则

Hyperledger Fabric 也是一个区块链实现，旨在部署模块化的可扩展的架构。它具有模块化的子系统设计，因此不同的实现方式可以随时插拔。本节的内容涵盖了 Hyperledger Fabric 参考架构，并详细描述了各种组件或模块以及它们的交互和功能。理解参考架构有助于做出更好的解决方案和技术设计决策，尤其是围绕可扩展性、安全性和性能的解决方案和决策。

应当注意的是在本书中当讨论 Hyperledger Fabric 参考架构时，所有的 Hyperledger 项目（参见上文提到的框架）所遵循的设计理念包含如下的原则：

1）模块化与可扩展原则：这意味着所有框架中的所有组件都是模块化的。Hyperledger 为所有项目定义的组件包括（但不限于）以下内容：

① 共识层；

② 智能合约（链码）层；

③ 通信（流言传播）层；

④ 数据存储（持久化的、日志和分类账数据）；

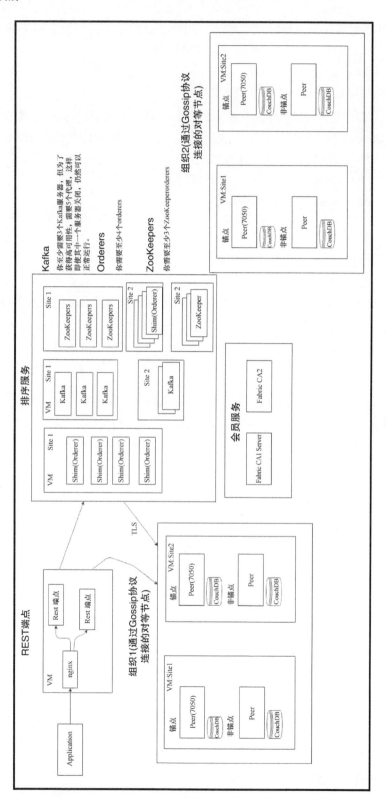

图 2-4

⑤ 身份服务（使用信任根以便识别参与者的身份）；

⑥ API；

⑦ 加密可插拔性。

2）互操作性：这一原则指的是向后的互操作性而不是由各种 Hyperledger 项目驱动的区块链系统之间的互操作性，也不是业务网络之间的互操作性。

3）关注安全的解决方案：安全是企业与业务网络的重中之重，因此设计应该以安全为核心。安全不仅仅是对加密的抽象设计，还包括组件之间的交互与决策被许可区块链的许可性质的结构。大多数开始使用被许可的区块链的行业都是结构完善和监管良好的行业。

4）数字货币 Token（或代币或加密资产）不可知论原则：代币是治理这一主题下详尽讨论的内容，但是 Hyperledger 项目建立信任体系时不使用加密资产、加密货币、代币或类似硬币的结构作为激励机制。尽管存在一个资产标记技术用以代表物理、虚拟或非物质化资产，资产的标记技术是一个全然不同的概念，需要与激励经济学中系统虚拟化生成的数字货币或加密资产区分开来。

5）关注丰富且易于使用的 API：这一原则的核心是确保区块链系统不仅可以访问企业中间件，还可以访问业务网络、现有参与者和新系统，而不必暴露以区块链为驱动的业务网络的具体内容。

2.3.2　CAP 定理

CAP 定理由 Eric Brewer 于 2000 年在 ACM 分布式计算原理研讨会（PODC）上提出的（原文参见 https://dl.acm.org/citation.cfm?id=343502）。CAP 定理声明了分布式数据存储的以下三个属性最多只能保证其中的两个：一致性（C）、可用性（A）和分区容错（P）。因此，分布式数据存储可以根据它所保证的两个属性分为：CA、CP 或 AP。

更具体地说，该定理针对的是部署在不可靠网络（有故障和延迟的网络，如 Internet）中的分布式系统。由于网络故障或延迟，分布式系统中的组件被分离开来。根据 CAP 定理，在这样的环境中，系统设计必须关注可用性和一致性之间的平衡。例如，RDBMS（关系型数据库管理系统）通常提供了 ACID（原子性、一致性、隔离性、持久性）方式，确保了单节点的一致性，但是代价是牺牲了跨节点的可用性，因此是 CP 类型的系统。然而，应当注意不同的配置也可能会产生不同的组合，即 CA 或 AP。

与许多其他区块链平台类似，Fabric 也是一个保证了最终一致性的 AP 类型系统，又称为基本系统（BASE）（基本可用、软状态、最终一致性）。

在区块链的上下文环境中，CAP 属性可以定义为

1）一致性：区块链网络避免了账本的任何分支。

2）可用性：客户提交的事务将永久提交到分类账中，并在所有网络对等节点上可用。

3）分区容错：当对等节点间物理网络中出现事务提案或区块传输过程中信息丢失或网络延迟时，区块链网络仍能正常运行。

Fabric 通过如下方式实现 CAP 属性：

1）一致性：所有事务统一排序并使用 MVCC 进行版本控制。

2）可用性：每个对等节点均托管一个分类账的副本。

3）分区容错：在出现故障的节点达到阈值之前，保持运行。

如你所见，大多数区块链系统都默认保证了可用性和分区容错（CAP 定理的 AP 属性）。但是，它们更难提供的是一致性。

Fabric 通过以下元素相结合来实现一致性：

1）事务处理被分成跨多个组件的一系列步骤。

2）客户端连接到通信通道，先提交事务议案到背书对等节点，再将其提交给排序服务。

3）排序服务将事务划分成区块并将其统一排序，即是保证事务在整个网络中的顺序一致。区块一旦创建，会立即被广播给通道的每个对等节点。广播协议保证将区块可靠地以正确的顺序（即全局顺序一致）传送到对等节点。

4）正如我们将在多版本并发控制中解释的那样，对等节点接收到区块之后，会立刻根据存储在事务 ReadSet 中的密钥版本使用 MVCC 验证每个事务。MVCC 验证可确保生成的分类账和 World state 的一致性，并阻止类似双重支付之类的攻击。然而当事务提交的顺序违反 ReadSet 版本验证检查时，MVCC 会消除这些事务。在分类账中这样的事务将被标记为有效或无效。

5）接下来，分类账就包含一系列完全有序的区块，其中每个区块都包含一系列（有效或无效的）完全有序的事务，从而产生一个新的在所有事务中排序的账本。

2.3.3　Hyperledger Fabric 参考架构

Hyperledger Fabric 采用了模块化设计，以下列出了一些能够插拔和实现的组件模块，但其他的组件未被列入：

1）会员服务：本质上该模块是一个许可模块，在网络创建过程中充当生成信任根的工具，但同时该模块也能用于确保和管理会员的身份。会员服务本质上类似一个证书颁发机构，通过公钥基础设施（Public Key Infrastructure，PKI）进行密钥分发和管理，并随着网络的扩大而形成政府级别的权威信任。会员服务模块拥有专门的数字证书颁发机构，用于向区块链网络中的会员颁发证书。Hyperledger Fabric 为该服务还提供了加密功能。

2）事务：事务是向区块链提出的执行账本功能的请求。该函数由链码实现。密码学通过链接之前事务并确保他们的事务完整性来保证当前事务的完整性。如果是受保护的事务，就通过链接之前区块的密码或哈希值来确保当前事务的完整性。Hyperledger Fabric 中的每个通道即是一个自有的区块链。

3）智能合约或链码服务：链码是应用程序级代码并作为事务的一部分存储在账本上。事务在链码上运行并因此有可能修改 World state。事务逻辑以链码的形式（使用 Go 或 JavaScript 语言）编写，并在安全的 Docker 容器中执行。链码所操作的通道即是智能合约的作用域。事务在其作用域内对数据进行变更。

以下是由链码服务使能的智能合约或链码的构成元素。链码安装在对等节点上，需要访问资产状态才能执行读写操作。然后，在特定通道上特定对等节点的链码被实例化。一个通道中的分类账的共享范围可以是整个对等节点网络，也可以是一组特定的参与者。一个对等节点能够同时参与多个通道：

1）事件：验证对等节点和链码的过程中会在网络上产生出事件。这些事件可以是预定义事件或者是由链码生成的。应用程序可能监听这些事件并据此执行一些操作。事件先由事件适配器获取，然后可能通过 Webhooks 或 Kafka 等工具进一步传递出去。Fabric 提交对等节点采用事件流的方式将事件发布到已注册的侦听器。截至 1.0 版本唯一发布的事件是 Block 事件。每当提交的对等节点向分类账添加一个已验证的区块时，都会发布一个 Block 事件，如图 2-5 所示。

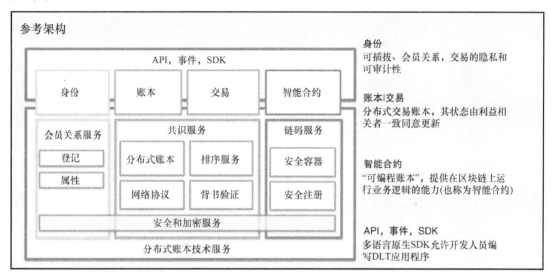

图　2-5

2）共识：共识是每个区块链系统的核心。它同时也是一个信任系统。总的来说，共识服务使由网络成员一起提议和验证数字签名事务成为可能。在 Hyperledger Fabric 中共识服务是可插拔的并与 Hyperledger 提议的背书 - 排序 - 验证模型紧密关联。Hyperledger Fabric 中的排序服务就代表了一种共识系统。排序服务将多个事务批处理为区块并输出一列由哈希值连接起来的含有事务的区块。

3）分类账本：分布式加密分类账本是另一个组件，它包括一个仅能追加类型的数据存储。该数据存储提供了跨分布式账本的数据查询和写入功能。数据存储有如下两种选择：

① 级别 DB（默认内置的是 KV DB）支持键值查询、复合键查询和键域查询。

② CouchDB（外置选项）支持键值查询、复合键查询、键域查询，外加丰富的全值查询。

4）客户端 SDK：客户端 SDK 是创建在共享账本上部署和调用事务的应用程序的必需条件。Hyperledger Fabric 参考架构支持 Node.js 和 Java SDK。软件开发人员工具包类似于一个编程工具包或一组工具，为开发人员提供编写和测试链码应用程序的库。SDK 在区块链应用程序开发中至关重要，在以后的章节中将会详细阐述。SDK 中包含的特定功能有：应用程序客户端、链码、用户、事件和加密套件。

2.3.4 Hyperledger Fabric 运行时架构

讨论完参考架构之后，现在看一下 Hyperledger Fabric 的运行时架构，如图 2-6 所示。

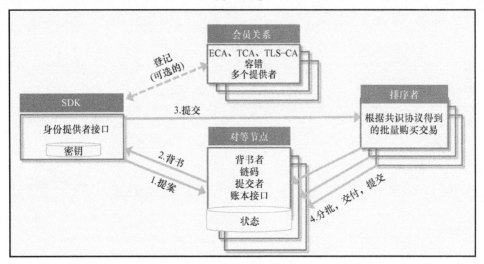

图　2-6

Hyperledger Fabric 运行时事务处理流程概述以下：

（1）事务提案阶段（应用程序 SDK）

1）由应用程序 SDK 发起提案事务；

2）应用程序 SDK 收到一个事务提案回复（包含读写集）并附有背书；

3）应用程序 SDK 将事务（包含读写集）提交给排序服务。

（2）事务背书阶段

1）事务被发送给在其渠道上相互背书的同类对等节点；

2）每个对等节点调用指定的链码函数执行事务，并对结果进行签名，该结果就变成了事务的读写集；

3）每个对等节点可以参与多个通道，允许并发执行。

（3）将事务提交给排序服务

1）排序服务接收背书的事务，并根据接入的一致性算法对事务进行排序，然后发送给通道；

2）在提交到分类账之前，通道上的对等节点接收事务并进行验证。

（4）事务验证阶段

1）验证每个事务和提交块；

2）验证背书政策；

3）验证状态 DB 中的 ReadSet 版本；

4）将区块提交给区块链；

5）将有效事务提交给状态 DB。

2.3.5 组件化设计的优势

Hyperledger Fabric 的组件化设计具有多种优势，其中一些就与业务网络治理相关，而业务网络治理是企业级 Hyperledger Fabric 的一个重要合规性和成本考虑因素。

这些好处有：

1）划定开发设计与运行时设计的界限：将开发与运行时设计分离开来十分重要。从开发最佳实践到基础设施 / 混合云的变化，再到确保当前企业及其连通性的耦合，业务网络应用程序开发，以及作为 DevOps 实践，隔离划分都是非常重要的。

2）辨别设计需求和基础设施 / 部署功能的不同：业务网络蓝图决定了技术蓝图，通过组件化设计，我们能够将（包括网络连接、安全、权限和合同工具等在内的）基础设施设计与业务网络蓝图的整体应用程序设计区分开来。

3）结合网络设计原则：Hyperledger Fabric 模块化可以解决基础设施扩展问题，例如连接数、主机托管、安全性、容器部署实践等。网络设计存在各种各样的考虑因素，例如云部署、混合部署、本地部署，以及根据业务网络中个体成员需求来任意组合可用选项。网络设计还解决了网络增长的业务挑战，并由此产生出面向其成员的，以性能与安全为驱动的服务水平协议（Service Level Agreement，SLA）。

4）解决通道设计原则：模块化或组件化设计还可以通过强大的审计功能隔离参与者与受控 / 许可的访问，保护数据隐私和机密性。通过创建 Hyperledger Fabric 中的通道构造实现业务定义的（可能是双边、三边或多边的）交易，以此满足业务蓝图的要求。通道也可以限制交易数据仅对少数参与者可见，或在需要时提供完全访问权限，例如监管机构。通道设计解决了有关事务处理、数据可见性、业务规则实施等的关键业务要求。它还有一定的技术影响，例如可扩展性、安全性以及支持业务网络的基础设施的成本。最后，通道设计还解决了网络增长的业务挑战，并由此产生出面向其成员的，以性能与安全为驱动的服务水平协议。

5）采用以 Hyperledger Fabric Composer 模型为驱动的开发：Hyperledger Composer 是在之前 Hyperledger 工具这一节中提到的工具之一。Composer 提供了一种模块化开发的途径，添加治理和控制采用便携式标准化的工具，类似于 JEE 构造中的 JAR/WAR/RAR 等。业务网络存档（BNA）是一种可以集成到 DevOps 实践中，以实现跨企业团队开发和协作式生命周期管理功能的存档。主要思想是将链码开发与基础设施设计分开，并在企业或业务网络应用技术实践中分离维护这两个方面所需的能力。更多有关 Hyperledger Fabric Composer 的细节将在 Composer 和工具的单独章节中进行专门讨论。

前面所述的组件化设计的每个优点都对成本产生了影响，不论是在运行时 / 基础设施设计（即资源使用和其使用时产生的成本）方面，设计灵活性（例如产品和关系及其变形）方面，还是在解决方案的使用寿命（企业云基础设施的全球足迹，包括以维护和支持的形式健壮地接入技术型和业务型中小企业方面）。因此组件化设计对于解决方案的合规性，治理和使用寿命，以及由区块链支持的业务网络都是至关重要的。

2.4 Hyperledger Fabric：一个完整的交易示例

现在，来看一个使用 Hyperledger Fabric 的完整的交易过程。本节将为 Hyperledger Fabric 概念和组件打下基础，帮助更好地理解交易的层层处理，如图 2-7 所示。

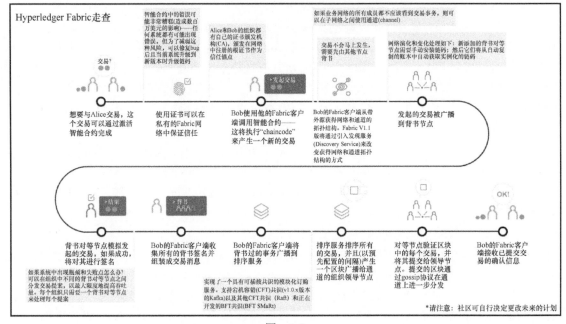

图 2-7

Fabric 引入了全新设计的区块链，保留了交易处理的架构，并以安全性、可扩展性、弹性、模块化和机密性为设计目标。Hyperledger Fabric（在撰写本书时最新版本为 1.1）所支持运行的分布式应用程序，采用了对企业友好的编程模型。Hyperledger Fabric 中的组件提供了模块化设计，最适合于由各种不同企业组成的业务网络。Hyperledger Fabric 引入了一个三步走模型，即为不受信任的环境中不受信任的代码的分布式执行而设计的背书 - 排序 - 验证架构。这种隔离机制不仅可以支持大规模运行，还能通过逐层分离确保安全性。

交易处理流程划分为 3 个步骤，可以在系统中不同的实体上运行：

1）交易背书并检查其有效性（验证步骤）：该步骤包括通道成员检查和坚持背书政策。背书政策定义了一个公认的可接受的方法用以验证事务提案。由于对等节点需要在交易终结时更新账本，订阅了某一通道的对等节点都会检查提案并提供他们的分类账 ReadSet 和 WriteSet 版本号。这个验证步骤提供了交易验证的第一步，因此至关重要。此检查也可充当门户防止交易后续处理发生错误，可能会带来昂贵的计算成本。

2）通过排序服务排序：这是一个共识协议，无论事务语义如何，都是可插拔的。共识协议的可插拔性带给企业和业务网络巨大的灵活性，因为不同行业、不同用例以及网络参与者之间的互动，都有各种不同类型的共识机制考虑因素。

3）验证或提交交易：这一步意味着提交交易并因此对每个特定应用的信任假设进行最后一组验证。

Hyperledger Fabric 事务涉及三种类型的节点：

1）提交对等节点维护分类账和状态。该节点是提交事务的一方，并可能持有智能合约或链码。

2）背书对等节点是一类特殊的提交对等节点，能够授予或拒绝事务提案的背书。背书对等节点必须持有智能合约。

3）排序节点（服务）与提交对等节点通信。它们的主要功能是准许将事务块包含到分类账中。与提交对等节点和背书对等节点不同，排序节点并不持有智能合约或账本。

验证可分为两个角色，即背书和排序：

1）对一个事务进行背书即查验该事务是否遵守智能合约；背书者签署合约表明完成这一方面的验证。

2）对一个事务进行排序即是查验该事务是否包含在账本中；这种验证形式有助于控制分类账中的内容并确保其一致性。

那么链码如何调用呢？在交易中，模拟事务（链码执行）和区块验证 / 提交是分开的。使用 Hyperledger Fabric 完成一个链码操作（即业务交易）涉及三个阶段：

1）第一阶段是在背书对等节点上模拟执行链码操作。由于模拟执行不会更新区块链状态，背书者可以启用并行模拟执行来提高并发性和可伸缩性。

2）第二阶段通过模拟执行确定业务交易提案后，即 ReadSet 和 WriteSet，并通过广播将其分发给排序服务。

3）第三阶段是排序服务将事务提案进行排序后，广播通知提交节点和背书节点。然后提交节点就会验证自模拟后它的 ReadSet 是否被修改过，如未被修改，则会自动采用事务提案的 WriteSet。

对等节点通过通道使用共识来相互交换信息，并确保不同分类账之间的隐私。因此，通道也是一个完整的交易过程中重要的一环。以下是有关通道的一些注意事项：

1）它们不必连接所有的节点。

2）对等节点通过访问控制策略连接通道。

3）排序服务对广播到通道的事务进行排序。

4）在同一通道中对等节点以完全相同的顺序接收事务。

5）事务以加密的链接区块的形式交付。

6）每个对等节点验证交付的区块并将它们提交给账本。

2.5　Hyperledger Fabric 的探索

区块链网络的参与者：区块链是基于网络的基础设施，用以实施以网络为中心的设计、开发、部署、管理和支持构造。因此，了解不同的参与者非常重要。区块链网络具有多种用途，比如管理、支持、业务用户、监管等。理解参与者与区块链网络交互时扮演的角色也非常重要，如图 2-8 所示。

每个参与者都有一个角色和入口点，并定义了一个有助于网络治理、审计和合规性要求的治理结构。业务网络治理是合规性与成本的一项重要考虑因素。在以下几点中会有详细介绍。用户是区块链的各方使用者。他们创建分发区块链应用程序，并使用区块链执行操作。这些参与者是一致的，来自于云计算参与者，并符合 ISO/IEC 17788 制定的角色：

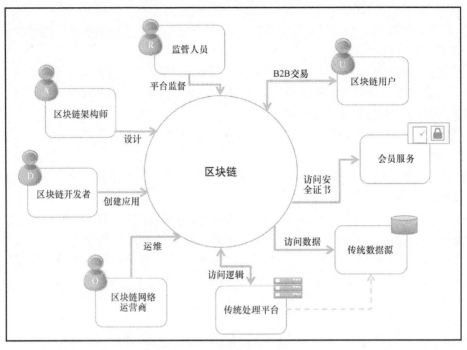

图　2-8

1）开发者：区块链开发者参与用户（客户端）应用的创建，并开发与区块链进行交互的智能合约（服务器端）。于是，用户就能使用区块链来发起交易。开发者们还编写代码，使区块链能够与老旧的遗留应用程序交互。

2）管理员：区块链管理员处理管理的工作，比如部署和配置区块链网络或应用程序。

3）运营商：区块链运营商负责定义、创建、管理和监控区块链网络和应用程序。

4）审计员：区块链审计员有责任审查区块链交易，并从业务、法律、审计和合规性等方面验证交易的完整性。

5）业务用户：指在业务网络中运行的用户。他们通过应用程序与区块链交互，但或许并不知道区块链的存在，因为区块链会是对用户不可见的交易系统。

2.5.1　区块链网络中的组件

一般来说，区块链系统由多个节点组成，每个节点都有一个本地的分类账副本。在大多数系统中，节点分属于不同的组织。节点之间相互通信，以便就分类账中应包含的内容达成一致。

节点之间达成一致的过程称为共识，有许多为此目的而开发的各种算法。用户发送交易请求到区块链以执行区块链所提供的操作。一旦交易完成，该项交易的记录将被添加到一个或多个分类账，并且永远都不能更改或删除。区块链的该属性被称为不可变性。区块链使用加密技术来保证本身及其各个系统元素之间通信的安全，确保除非添加新交易记录，都不能更改分类账。密码学提供了用户与节点或者节点与节点之间通信的完整性，并确保操作只能由被授权的实体来执行，如图 2-9 所示。

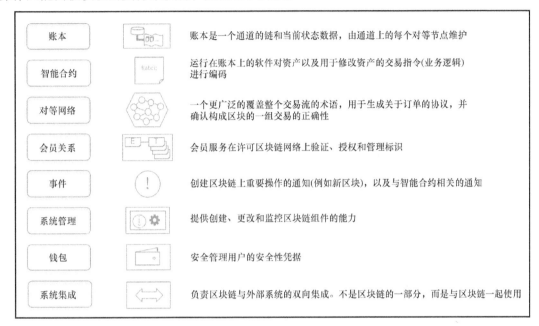

账本		账本是一个通道的链和当前状态数据，由通道上的每个对等节点维护
智能合约		运行在账本上的软件对资产以及用于修改资产的交易指令(业务逻辑)进行编码
对等网络		一个更广泛的覆盖整个交易流的术语，用于生成关于订单的协议，并确认构成区块的一组交易的正确性
会员关系		会员服务在许可区块链网络上验证、授权和管理标识
事件		创建区块链上重要操作的通知(例如新区块)，以及与智能合约相关的通知
系统管理		提供创建、更改和监控区块链组件的能力
钱包		安全管理用户的安全性凭据
系统集成		负责区块链与外部系统的双向集成。不是区块链的一部分，而是与区块链一起使用

图　2-9

在区块链上执行交易的权限分为两种模型：许可的或无许可的。在许可区块链中，要求用户在执行交易之前必须先登记。用户登记时会获得一个用户认证证书，当用户执行事务时凭此证书来识别用户。在无许可的区块链中，任何人都可以执行交易，但通常仅限于对他们自己的数据进行操作。区块链所有者开发了一个被称为智能合约的可执行软件模块，安装在区块链当中。当用户向区块链发送交易请求时，它可以调用智能合约模块，执行创建者在智能合约模块中定义的功能。

2.5.2　开发者交互

正如在前面介绍的那样，区块链开发者可以有许多角色，包括为用户创建应用程序（客户端）和开发智能合约。开发者还编写代码，使区块链能够与老旧的遗留应用程序交互，如图 2-10 所示。

区块链开发者的首要职责是创建应用程序（和集成）及智能合约，以及它们与账本和业务网络中其他的企业系统及其参与者的交互。由于 Hyperledger Fabric 基础设施实行分离原则，基础设施构造（如对等节点、共识、安全性、通道、策略）和开发者主导的活动（如智能合约的开发、部署、企业集成、API 管理和前端应用程序开发）之间存在明显的分离。

如下从开发者的角度概括地描述了开发者与 Hyperledger 构造交互的一个示例：

1）开发者创建应用程序和智能合约。

2）应用程序通过 SDK 调用智能合约。

3）智能合约中内置的业务逻辑通过各种命令和协议处理调用：

① put 或 delete 命令经选定的一致性协议批准通过后将被添加到区块链的记录中；

② get 命令只能读取全局状态，区块链不会记录该操作。

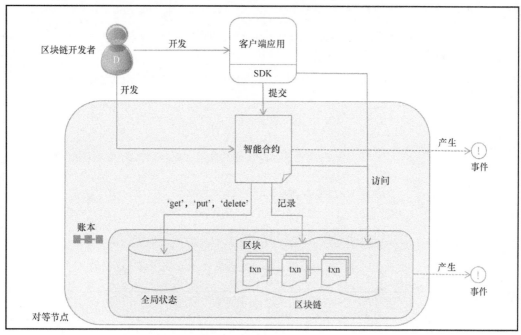

图 2-10

4）应用程序可以使用 REST API 访问区块信息（比如获取区块的高度）。

请注意这里 delete 的使用，使用 delete 可以删除全局状态数据库中的键值，但不能删除区块链中的交易，因为已经建立的区块链是不可变的。

图 2-11 总结了所有关键角色。

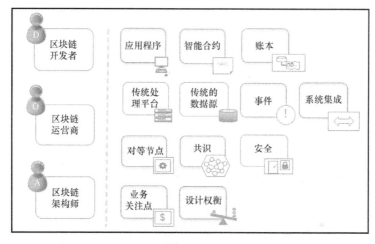

图 2-11

2.6 理解由区块链驱动的业务网络治理

治理可以定义为：中心化或去中心化主体的唯一责任是在一个给定的系统中建立一套具有决策约束力的规则或法律。区块链网络中的治理面临一系列挑战。本节讨论了区块链网络中的治理结构及其所面临的挑战。在区块链的上下文环境下，治理这个主题带来了一个有趣的悖论。

当创建一个区块链网络时，其治理结构通常是分布式的，由各利益相关者共同制定。区块链网络的特点是去中心化和自治，通过内置的控制点和激励措施以帮助保持恰当的平衡。交易经过一系列去中心化处理的步骤后，会输出一个关于交易最终性的决策。这种治理结构是根据激励经济学和共识来设计的。

区块链从基本上无许可的网络（例如，像比特币、莱特币之类基于加密资产的网络）开始依靠以技术为基础并通过激励和协调进行系统化治理。这种系统化的治理方式，在试图应用区块链的信条时，给企业界带来挑战。企业界是高度规范的，因此需要依赖具有检查和平衡的许可的区块链模型。考虑到各式各样的数据法规、信托责任，以及相互交易的竞争实体之间潜在的利益冲突，系统化治理将会相当复杂。出于保密和隐私的考虑，激励或协调的种类也不一定相同。

企业关注的焦点往往是了解区块链技术及其对业务的潜在影响。治理现在已经成为整个企业级区块链中一个具有吸引力的新兴领域，并且是其中的重要领域之一。从对区块链业务模式的讨论中可以看出，存在一系列的治理结构，从完全去中心化的区块链网络，到准去中心化的区块链网络，再到完全中心化的区块链网络。治理结构实际上决定了采用区块链时的许多其他方面，从设计到运营，再到增长模式。商业模式治理结构紧密相连、相互依赖，共同指挥决定区块链网络运行的各个方面。

2.6.1 治理结构与格局

依赖于网络参与者之间激励和协调的系统化治理不足以应对监管更加严格、更加规范的行业及其用例。所以，这里将试图为更加传统的企业定义治理结构，即一种利用现有最佳实践的模块化方式。

这种模式旨在促进进步和增长，但提供了网络参与者间必要的分离。下面将要概述的简化治理结构建立在区块链的核心信条以及激励、惩罚、灵活性、授权和协调五项原则之上。记住，使用区块链的目标是在强制实施参与规则的同时发展信任网络。一般来说，区块链项目旨在促进技术和安全的升级，并惩罚违约行为，鼓励大家继续参与由区块链支持的网络并分享业务利益。这里再次描述的业务治理模型不仅有助于此类网络中的公平参与，而且有助于建立公平的成本结构。本章提供了高层抽象的内容，接下来将在另外专门的一章中单独讨论治理的其他细节。

2.6.2 IT 治理

IT 治理领域侧重于 IT 基础设施、性能、成本结构和风险。因为治理框架应建立问责制，以鼓励它所期望的行为和网络 IT 基础设施的最佳运作，所以在去中心化的区块链网络中 IT 治理遇到了不少的挑战。区块链网络的技术设计和基础设施选择应该能够适应其参与者的需要。因为区块链网络至少在某种程度上依赖于去中心化，所以 IT 治理也应包括分布式灵活性与控制。

IT 治理应至少提供以下内容：

1）分布式 IT 管理结构；

2）用以分布式维护、升级等的模型；

3）使用行业标准——COBIT、ITIL、ISO、CMMI、FAIR 等；

4）资源优化，包括技术采购、供销关系、SLA 管理、技能和人才管理；

5）采用并评估技术，跟进技术的发展演化；

6）网络部署策略，用以鼓励和强制定期更新和升级；

7）网络支持服务——IT SLA 的施行和会员服务；

8）风险优化——运营支持服务（Operational Support Service，OSS）和业务支持服务（Business Suport Service，BSS）、IT 基础设施连续性服务 / 规划、技术符合法律法规要求等。

2.6.3　区块链网络治理

治理可以包括以下内容：

1）管理网络参与。

2）形成一个公平的成本结构，根据参与者的活动公平分摊成本。

3）允许目的相同或类似的参与实体从事交易并创造价值。

4）管理参与条例和社会合同，以促进公平。

区块链网络治理包括以下内容：

1）成员的新增和退出。

2）建立公平的成本结构。

3）详细说明数据所有权的工作原理。

4）监管监督和合规性报告。

5）通过集中管理、投票过程、联合结构和委托结构来管理许可的结构。

6）管理业务操作和 SLA。

7）网络支持服务（与 IT 治理相同）。

8）风险优化（与 IT 治理相同）。

2.6.4　业务网络治理

管理以区块链为驱动的业务网络需要一个特定的模型。也就是说，该模型针对用例和行业，并考虑到那个行业的演化特点和特殊性。这种治理结构将会是多组织的，并且参与的组织需要对网络如何运行有广泛的认知，了解如何通过它们的集体贡献以取得最好的结果。随着新的参与者的加入或原有参与者的离开，区块链网络在发展演变，治理结构也在不断动态变化。

共同创造的概念意味着将各方聚集在一起，创造一个对各方均有利的结果。比如说，公司与客户联合在一起，以产生新想法，听取新的观点。

下面列出了业务网络治理可能包括的部分内容：

1）制定商业模式、网络运行规则和法律章程。

2）网络中常见的 / 共享的服务管理，如了解你的客户流程、审计、报告等。

3）与网络相关的通信。

4）质量保证和性能测量。

5）监测和管理网络安全。

6）产品和业务网络发展计划。

7）法律和法规框架的强制实施。

8）确保符合行业特定要求的策略。

9）建立技术和网络的组织者。

区块链网络中的治理结构会是一个有趣的挑战。正如所展示的，围绕区块链网络的完全去中心化、准去中心化和完全中心化，仍然存在相当大的争论，这些争论真正取决于治理结构。作者的意思是，区块链网络的治理结构可以帮助决定最适合该网络的是哪种交互、增长、技术选择和运营。如前所述，区块链是一个能够实现共同创造的平台，需要通过 SLA 和一个强大的治理结构来管理从中产生的新型协同关系。下面将在第 10 章中详细介绍关于治理的内容。

2.7　总结

本章内容帮助你在保持业务利益和价值的同时，吸引新的区块链网络的参与者，维护建立者和现有参与者的信心。

业务模型和治理结构相互依赖，共同管理区块链网络的正确运行。一个精心规划的治理模型能确保相关实体之间的融洽，这些实体可能在不同的时间充当竞争对手、共同创造者或合作者。

第3章
为商业场景做准备

前两章关注一个区块链项目的准备和前景。现在我们知道了这种技术是如何在一个商业框架中运行的，以及各种 Hyperledger 项目怎样达到解决时间以及信任问题的目的。

在了解了组成 Hyperledger Fabric 的各组件以后，现在来深入研究应用设计和实现。接下来的几章将带领你完成创建自己的智能合约，然后将它集成到应用之中。

首先利用一个商业用例使这些练习关联起来，这个商业用例起源于古老的"贸易"和"信用证"文明。

本章的目的在于引入信用证的商业概念，介绍我们选择的示例场景，最后以设置开发环境作为结束。

在本章中，我们将：

1）探究信用证；

2）回顾我们简化的商业场景；

3）设置我们的开发环境。

3.1 贸易和信用证

倒退到历史上的某个时代，这个时代里商人们穿越各大洲，到一个国家购买布料，到另一个国家销售布料。作为一个佛罗伦萨的羊毛商人，你可能会到阿姆斯特丹这座新建立的城邦去购买优质羊毛，这座城邦的港口汇集了来自整个北欧甚至其他地区的资源。然后你能把羊毛运输到佛罗伦萨，卖给裁缝去为他们富裕的客户制作精美的服装。我们现在讨论的是公元 1300 年，在这个年代里，携带黄金或其他贵金属作为货物交易的货币并不安全。关键是要有一种能跨国使用的货币，能够在阿姆斯特丹和佛罗伦萨流通，甚至是世界各地。

马可·波罗来过中国，他看到了在繁荣的经济下商业活动是如何进行的。先进的金融技术是国家强盛的核心，这一点我们在今天可以确认。法定货币、纸钞、期票、信用证都是经由中国传入欧洲。马可·波罗把这些概念带回了欧洲，帮助和发展了在罗马帝国垮台后崛起的欧洲的商业银行业。

3.1.1 信任在促进贸易中的重要性

佛罗伦萨商人现在可以联系他的银行经理，表达他想在阿姆斯特丹采购羊毛。接着银行会给他开一张信用证，用来分期付款。这张信用证附带各种条款说明，例如交易的最大总额，怎样支付（一次还清还是分期），能用于哪些货物等。商人现在可以到阿姆斯特丹，从羊毛商那里挑选了羊毛之后，使用信用证支付。阿姆斯特丹的羊毛商欣然地用羊毛交换信用证，因为佛罗伦萨的银行家在金钱上的可信度是享誉全欧洲的。阿姆斯特丹商人把信用证交给他的银行经理，银行经理把他们的账户记为贷方。当然，佛罗伦萨和阿姆斯特丹的银行经理凭借这种服务分别向他们的客户——商人们收费。这对每一方都好！

阿姆斯特丹的银行经理和佛罗伦萨的银行经理定期会面结账，但这对羊毛采购商和羊毛批发商来说并不重要。实际上，佛罗伦萨和阿姆斯特丹的商人利用他们各自的银行家之间的信任来建立彼此的信任关系。当你考虑这个问题时，会发现这是一个非常精巧的想法。这就是为什么信用证流程至今仍是开展全球性商业活动的基本方式。

3.1.2 当前的信用证流程

然而，随着时间的推移，由于大量的贸易全球化和金融业的激增，信用证流程中的金融机构数量猛增。今天，在这个流程中有超过 20 家中间金融机构。这要求许多人员和系统协调配合，在整个流程中给商人和银行之类的参与者带来了过多时间、金钱的开销和风险。

 区块链承诺提供一个逻辑上单一，但物理上是分布式的系统，这个系统为低摩擦的信用证流程提供了一个平台。此类系统的特点包含更高的透明度、时效性、自动化程度（带来更低开销），以及像增量支付这样的新特性。

3.2 商业场景和使用案例

国际贸易包含在现实世界的处理流程中效率低下和不信任的一类情形，区块链正是为了改变这些情形而设计的。因此，这里选择了一个进出口场景的一部分，其中的交易是现实世界执行的交易的简化版本，这部分场景也作为接下来几章的实践练习的标准用例。

3.2.1 概述

下面将描述的场景涉及一次简单的交易：从一方到另一方的货物交易。但事实上这次交易是复杂的，因为买方和卖方居住在不同的国家，所以没有共同信任的中介机构来确保出口商得到他应被付的钱，而进口商得到货物。今天这种贸易的筹备依赖于：

1）方便付款和货物运输的中介机构。

2）能使出口商和进口商对冲赌注，降低相关风险并随时间演化的处理流程。

3.2.2 现实世界的处理流程

给支付带来便利的中介机构是出口商和进口商各自的银行。在这种情况下，客户与银行之间的信任，银行与银行之间的信任使得贸易的筹备条件得到满足。这些银行通常需要维持国际联系和声誉。因此，进口商银行许诺对出口商银行付款，就足以启动交易的流程。出口商从国家政府获取监管许可，之后通过声誉良好的国际承运人将货物派送出去。

将货物交付给承运人的证明足以使进口商的银行向出口商的银行清算付款。这种清算方式不取决于货物是否已运送到预定的目的地（它假设已对货物在运输中的丢失和损坏进行投保）。进口商银行向出口商银行付款的承诺中明确规定了作为发货证明所需的单据清单，以及支付的确切手段是一次付清还是分期付款。出口商在获得允许他们向承运人移交货物的文书许可之前，必须满足各种监管要求。

3.2.3　简化和修改后的流程

我们的使用案例将遵循前面流程的一个简化版本，并带有某些修改来演示区块链在促进这种交易上的价值。进口商银行向出口商银行承诺分两期付款，出口商先从监管机构获取许可证，再把货物移交给承运人并获取收据。产生收据时，进口商银行向出口商银行支付第一期货款。当货物运送到目的地时，第二次也是最后一次分期付款被支付，整个流程结束。

3.2.4　贸易金融和物流运输中使用的术语

以下术语是指在我们的贸易情景中起作用的某些工具和工件。本章中将要构建的应用使用了这些工具的非常简单的形式：

1）信用证：正如在本章开头看到的，信用证指银行在出口商出示了货物已经装船的单据证明后，向出口商付款的承诺。信用证简称 L/C，这种证件由进口商银行应其客户（进口商）的要求签发。L/C 列出构成装运凭证的单据清单、所付金额以及该金额的收款者（本例中是出口商）。图 3-1 说明了一个 L/C 示例。

玩具银行有限公司

发行日期：2018年3月1日
信用证编号：23868

玩具银行有限公司特此向Lumber公司签发这份不可撤销的跟单信用证，金额为500000美元，根据信用证编号23868，见票即付给玩具银行有限公司。

草案应附有下列文件：
　　1.订单提单
　　2.装箱单
　　3.发票

授权签字人
木材银行有限公司

图　3-1

我们将在用例中引入几点微小的变化，以使读者能够理解这个工具。第一，L/C 将签发给出口商银行而不是直接签发给出口商。第二，L/C 规定付款将分两期进行，第一期付款在开立两份单据后，第二期付款在货物到达目的地后。

2）出口许可证：这是指出口商所在国家的监管机构对指定货物装运的批准。在本书中，将出口许可证简称为 E/L。图 3-2 为一个 E/L 示例。

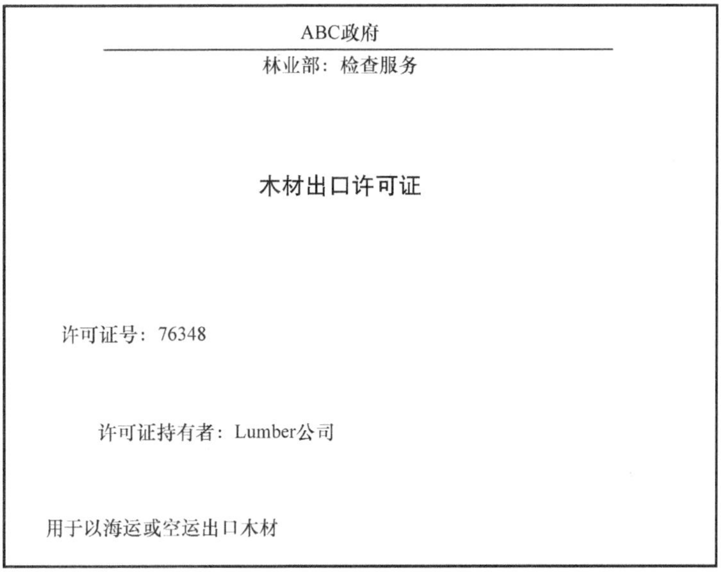

```
                    ABC政府
            林业部：检查服务


            木材出口许可证




    许可证号：76348



    许可证持有者：Lumber公司


用于以海运或空运出口木材
```

图　3-2

3）提货单：这是承运人在收到货物后向出口商签发的单据。提货单简称 B/L，它同时充当收据、合同和货物所有权凭证，合同要求承运人将货物运输到指定的目的地以收取费用。这份单据也列在 L/C 中，并作为装运证明，自动触发支付清算。图 3-3 为一个 B/L 示例。

3.2.5　共享过程工作流

本章中介绍的测试用例场景的每个实例都需要很长的时间才能完成，涉及不同时间不同实体集合之间的交互，并且包含许多不同的难以追踪的移动部件。我们希望使用自己的工作流来简化这个流程。在区块链上实现，以下步骤中描述的交易序列（并在图 3-4 中说明）能以不可撤销和不可否认的方式执行。这一系列的事件，我们假设是一个直截了当的线性叙事，其中各方意见一致，没有意外发生，在过程中建立的保护只是为了捕捉错误。

工作流中的交易如下：

1）进口商以金钱为交换向出口商索求货物。

2）出口商接受交易。

3）进口商请求银行开立以出口商为收款人的 L/C。

4）进口商银行提供以出口商为收款人的 L/C，并付给出口商银行。

全球托运人		海运提货单	
托运人 Lumber公司		订购ID 7625901	
收货人 Toy公司		通知方 Toy银行	
收获地点	ABC港口	交货地点	LMN港口
托运人提供的详细资料			
货物描述 木材		重量 600t	尺寸 1000m×800m
运费 40000美元			
		授权签字人 全球托运人	

图　3-3

5）出口商银行代表出口商接受 L/C。

6）出口商向监管机构申请 E/L。

7）监管机构提供 E/L 给出口商。

8）出口商准备出货并交给承运人。

9）承运人验证 E/L 后接收货物，然后提供 B/L 给出口商。

10）出口商银行要求进口商银行支付一半的货款。

11）进口商将一半的金额转入出口商银行。

12）承运人将货物运送到目的地。

13）进口商向出口商支付尾款。

图 3-4 是一个解释交易工作流的图表。

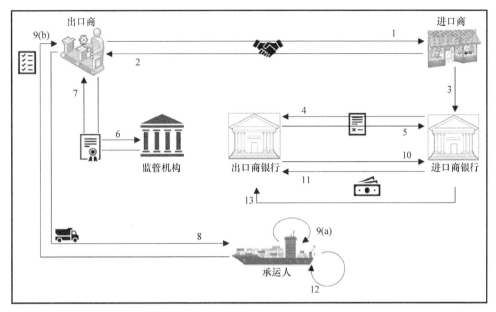

图　3-4

3.2.6　共享资产和数据

上一个工作流程的参与者必须有一些共同的信息，这些信息使他们能够在任何给定的时刻了解贸易安排及其进展。

表3-1是参与者所拥有的资产表，这些资产彼此共享，以将流程从一个阶段推动到下一个阶段。表中包括单据和货币资产。

表　3-1

资产类型	资产属性
信用证	ID，发行日期，有效期，发行者，受益人，总额，票据清单
提货单	ID，发货人（出口商），收货人（进口商），通知方（进口商银行），收发地点，货物描述，货运量
出口许可证	ID，发行日期，有效期，受益人，持证人，货物描述
款额	标准货币单位金额

表3-2是在每个阶段中限定参与者可用选项的数据元素。

表　3-2

数据类型	数据属性
贸易协定	由进口商请求并由出口商接受
信用证	由进口商请求，由进口商银行开立，由出口商接受
出口许可证	由出口商请求，由监管机构开立
运送	由出口商准备，由承运人接受，以及当前位置

3.2.7 参与者的角色和能力

在我们的场景中有 6 种类型的参与者：出口商、进口商、出口商银行、进口商银行、承运人和监管机构。这个集合中的术语指在一次商业贸易中一个实体所能承担的角色，例如，在一个实例中出口货物的公司可能在另一个实例中是进口商。每个角色的能力和限制也在下面详细说明：

1）只有进口商能申请 L/C；

2）只有进口商银行能提供 L/C；

3）只有出口商的银行能接受 L/C；

4）只有出口商能请求 E/L；

5）只有监管机构能提供 E/L；

6）只有出口商能准备装船；

7）只有承运人能提供 B/L；

8）只有承运人能更新物流；

9）只有进口商银行能转出钱，只有出口商银行能收到钱。

3.2.8 区块链应用对现实世界处理流程的好处

在没有保障措施（例如可信的中介）的情况下转让货物或付款的固有风险激发了银行的参与，并促成了信用证和提货单的产生。这些过程的结果不仅仅是额外的开销（银行为开立信用证收取手续费）或成本，申请和等待颁发出口许可证也增加了周转时间。在一个理想的贸易场景中，只有准备和运输货物的过程需要耗费时间。最近，采用 SWIFT 消息传递而不是人工通信使证件文书的申请和收集过程更加高效，但是它并没有从根本上改变游戏规则。另一方面，具有（几乎）即时交易提交和确信保证的区块链带来了前所未有的可能性。

作为一个例子，对用例的一个修改是使用分期付款，它不能在以前的框架中实现，因为无法保证能够知道和共享关于运输进度的信息。在这种情况下，这种修改被认为风险太大，这也是为什么付款仅与单据证明挂钩。通过让贸易协定的所有参与者在区块链上实现一个共同的智能合约，就可以提供一个共享的真相来源，将风险最小化，同时提高问责性。

在随后的章节中，将详细演示如何在 Hyperledger Fabric 和 Composer 平台上实现我们的用例。读者将体会到实现的简单和优雅，然后可以使用这种令人兴奋的新技术指导其他应用以改进其陈旧过时的流程。然而，在接触代码之前，我们将研究 Hyperledger 网络的设计，并设置开发环境。

3.3 设置开发环境

正如你已经知道的，Hyperledger Fabric 区块链的一个实例称为通道，它是以加密安全的方式相互连接的交易日志。设计和运行一个区块链应用，第一步是决定需要多少通道。我们的交易应用程序将使用一个通道，它维持不同参与者之间的交易历史。

一个 Fabric 对等节点可能属于多个通道，从应用的角度来看，这些通道之间会互相忽略这个事实，但是这有助于单个对等节点代表其所有者（或客户端）在不同的应用中运行交易。一个通道可能会运行多个智能合约，每个智能合约可以是独立的应用程序或者在多合约应用程序中连接在一起。在本章以及本书中，为了简单起见，我们将带领读者了解单通道、单合约应用设计。读者应该根据本书以及 Fabric 文档中提供的信息来设计更复杂的应用。

在深入研究如何设置系统来安装应用程序并在智能合约上运行交易之前，将描述如何创建并启动安装应用程序的网络。本章将使用一个示例网络结构来说明贸易操作（第 9 章将介绍如何在需求变化和发展时修改这个示例网络）。

3.3.1 设计一个网络

确定应用的 Hyperledger Fabric 网络结构的第一步是列出参与组织。从逻辑上讲，一个组织是一个安全域，是身份和凭证的单元。它管理一个或多个网络对等节点，依赖于成员服务提供商（Membership Service Provider，MSP）为对等节点以及客户端颁发智能合约访问授权的身份和证书。排序服务是 Fabric 网络的基石，通常给它分配独自的组织。图 3-5 说明了具有客户端、MSP 和逻辑组织分组的典型对等节点网络结构。

批准交易（或调用）的标准是背书策略（将在本章后面重温这个概念）。它是根据参与应用程序网络的组织来制定的，而不是根据对等节点，如图 3-5 所示。

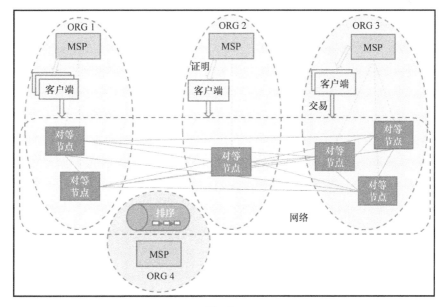

图 3-5

必须预先确定对等节点集合、它们所属的组织以及为每个组织服务的成员服务提供商，以便在这些机器上安装和运行适当的服务。

我们的示例交易网络将由 4 个组织组成，分别代表出口商、进口商、承运人和监管机构。后两者分别代表着承运人和监管机构实体。然而，出口商组织代表出口实体及其银行。类似地，进口商组织代表进口实体及其银行。从安全和成本的角度来看，将实体与其信任的各方分组到单个组织中是有意义的。运行一个 Fabric 对等节点是一项繁重而开销大的业务，所以对于一家可能拥有更多资源和大量客户的银行来说，代表自身和用户运行这样一个对等节点就足够了。交易实体作为客户从所属组织获取权力来提交交易和查看账本状态。我们的区块链网络因此需要 4 个对等节点，每一个都属于不同的组织。除了对等节点，我们的网络还由每个组织的一个 MSP，以及一个独立运行的订购服务构成。

 在生产应用中，订购服务应该设置为 ZooKeeper 上的 Kafka 集群，但为了演示如何构建区块链应用，可以把订购服务看作黑盒。

订购服务属于自己独立的组织，具有 MSP。我们交易网络中的组织及其 MSP、对等节点和客户端如图 3-6 所示。

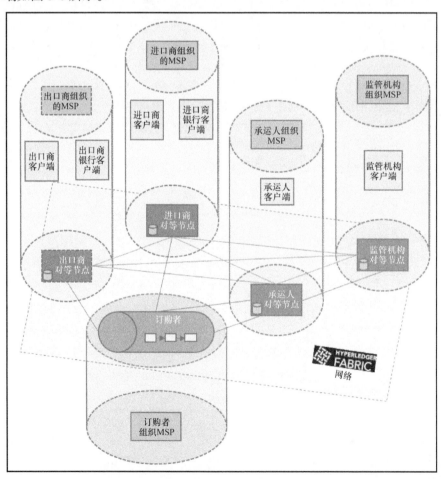

图　3-6

读者可能想知道，如果一个交易方及其银行同属一个组织，应用怎样区分两者（如出口商与出口商的银行，进口商与进口商的银行），以便控制对智能合约和账本的访问。以下是两种实现区分的方法：

- 在中间件和应用层（将在本章后面描述）嵌入访问控制逻辑，从而可以根据用户的 ID（或登录名）来区分，并且维护一张将 ID 映射到允许执行的链码函数的访问控制列表。
- 让组织的 MSP 充当 CA 服务器，在它向组织成员颁发的证书中嵌入区分属性。访问控制逻辑可以在中间件实现，甚至可以在链码中实现，根据应用的策略解析属性并允许或者拒绝操作。

我们的应用中没有实现这些机制，智能合约和中间件层无法区分银行和客户。但是，读者应该在练习中实现，这对于擅长开发客户端 - 服务器应用程序的人来说应该很简单。

3.3.2　安装前提

有了网络的设计在手，现在来安装必要的工具：

1）确认你有以下工具的最新版：

Docker 和 Docker-Compose。

2）我们将使用 GitHub 分享教程的源码。要访问 GitHub，需要安装 Git 客户端，并配置 GitHub 的身份认证。

3）安装业务网络实例所需的软件。

上述的教程是给 Mac 和 Linux 系统平台的。注意，当使用 Windows 系统时，推荐使用像 Vagrant 这样的解决方案来在虚拟机上运行开发环境。

4）Fabric 是用 Go 语言实现的。注意：

① Go 在语法上类似 C++；

② 使用 Go 编写链码。

5）接下来，需要设置环境变量。

GOPATH 指向 go 源代码的工作区，例如：

```
$ export GOPATH=$HOME/go
```

PATH 需要包含放置库文件和可执行文件的 Go bin 目录，正如在下面的代码片段所看到的：

```
$ export PATH=$PATH:$GOPATH/bin
```

3.3.3　创建分支和克隆 trade-finance-logistics 仓库

现在我们需要创建分支 GitHub 上的仓库来获取初始源代码的副本。跟随以下步骤，可以将源代码克隆到本地机器的目录中：

1）在 GitHub 上，导航到以下仓库：https://github.com/HyperledgerHandsOn/trade-finance-logistics。

2）分支仓库：使用页面右上角的"Fork"按钮来创建源代码副本到你的账号。

3）获取克隆 URL：导航到你分叉的 trade-finance-logistics 仓库。单击"Clone or download"按钮，然后复制 URL。

4）克隆仓库：在 Go 的工作空间中，如以下克隆仓库：

```
$ cd $GOPATH/src
$ git clone
https://github.com/YOUR-USERNAME/trade-finance-logistics
```

我们现在就有全部 trade-finance-logistics 教程资料的本地副本了。

3.3.4　创建和运行网络配置

配置和启动网络的代码可以在仓库中的 network 文件夹中找到（这是 fabric-samples/first-network 的改编版）。对于这个练习，我们将在一台物理或虚拟机器上运行整个网络，各个网络组件运行在配置适当的 Docker 容器中。假定读者对使用 Docker 容器化和使用 Docker-Compose 配置有基本的了解。一旦满足前一节列出的前提条件，读者可不需要额外知识和配置，就可以运行这一节中的命令。

1. 准备网络

在生成网络加密材料之前，需要先执行以下步骤：

1）克隆 Fabric（https://github.com/hyperledger/fabric/）的源码仓库。

2）运行 make docker 命令来为对等节点和排序节点构建 Docker 镜像。

3）运行 make configtxgen crytogen 命令以生成必要的工具来运行本节中描述的网络创建命令。

4）克隆 Fabric CA（https://github.com/hyperledger/fabric-ca）源码仓库。

5）运行 make docker 命令来为 MSP 构建 Docker 镜像。

2. 生成网络加密材料

网络配置的第一步涉及为每个对等节点和排序节点所属组织的 MSP 以及基于 TLS 通信创建证书和签名密钥。我们也需要为每个对等节点和排序节点创建证书和签名密钥，使得它们互相之间以及与各自的 MSP 能够通信。这个配置必须在代码仓库中 network 文件夹中的 crypto-config.yaml 文件中指定。这个文件包含组织结构（在后面的通道构件配置部分有更多介绍），每个组织中对等节点的数量，组织中必须为其创建证书和密钥的默认用户数（注意，默认情况下会创建管理员用户）。作为一个例子，请参见文件中进口商组织的定义，如下所示：

```
PeerOrgs:
- Name: ImporterOrg
  Domain: importerorg.trade.com
  EnableNodeOUs: true
  Template:
    Count: 1
  Users:
    Count: 2
```

这个配置显示了标记为 ImporterOrg 的组织将会包含一个对等节点，两个非管理员用户将被创建，对等节点使用的组织域名也被定义了。

为了给所有组织生成加密材料，运行 cryptogen 命令如下：

```
cryptogen generate --config=./crypto-config.yaml
```

输出将会保存到 crypto-config 文件夹。

3. 生成通道构件

要根据组织的结构创建网络，并启动通道，我们需要生成以下构件：

1）包含组织特定证书的创世区块，用来初始化 Fabric 区块链。

2）通道配置信息。

3）每个组织的锚节点配置。锚节点在组织中充当支点，使用 gossip 协议进行跨组织的账本同步。

像 crypto-config.yaml 文件一样，通道的属性在 configtx.yaml 文件中指明，能在 network 文件夹中找到这份文件。我们交易网络中的高层次组织可以在 Profiles 部分中找到，如下所示：

```
Profiles:
  FourOrgsTradeOrdererGenesis:
    Capabilities:
      <<: *ChannelCapabilities
    Orderer:
      <<: *OrdererDefaults
      Organizations:
        - *TradeOrdererOrg
      Capabilities:
        <<: *OrdererCapabilities
    Consortiums:
      TradeConsortium:
        Organizations:
          - *ExporterOrg
          - *ImporterOrg
          - *CarrierOrg
          - *RegulatorOrg
  FourOrgsTradeChannel:
    Consortium: TradeConsortium
    Application:
      <<: *ApplicationDefaults
      Organizations:
        - *ExporterOrg
        - *ImporterOrg

        - *CarrierOrg
        - *RegulatorOrg
      Capabilities:
        <<: *ApplicationCapabilities
```

正如我们所看到的，我们将要创建的通道名为 FourOrgsTradeChannel，定义在了配置文件中。加入这个通道的 4 个组织标记为 ExporterOrg、ImporterOrg、CarrierOrg 以及 RegulatorOrg，每一个都引用了在 Organizations 部分中定义的一个子部分。排序节点属于它自己的组织，称为 TradeOrdererOrg。每个 Organizations 部分都包含其 MSP 的信息（ID，例如密钥和证书等加密材料的位置），以及锚节点的主机名和端口信息。作为一个例子，ExporterOrg 部分包含了如下信息：

```
- &ExporterOrg
  Name: ExporterOrgMSP
  ID: ExporterOrgMSP
  MSPDir: crypto-config/peerOrganizations/exporterorg.trade.com/msp
  AnchorPeers:
    - Host: peer0.exporterorg.trade.com
      Port: 7051
```

能看到这份配置说明中的 MSPDir 变量（表示一个文件夹）引用了之前使用 cryptogen 工具生成的加密材料。

我们使用 configtxgen 工具来生成通道构件。在 network 文件夹中运行以下命令来生成创世区块（创世区块在网络启动的过程中将被发送给排序节点）：

```
configtxgen -profile FourOrgsTradeOrdererGenesis -outputBlock ./channel-
artifacts/genesis.block
```

FourOrgsTradeOrdererGenesis 关键字对应 Profiles 部分中的配置名。创世区块将被保存在 channel-artifacts 文件夹中的 genesis.block 文件中。运行以下代码来生成通道配置：

```
configtxgen -profile FourOrgsTradeChannel -outputCreateChannelTx ./channel-
artifacts/channel.tx -channelID tradechannel
```

我们将要创建的通道命名为 tradechannel，它的配置保存于 channel-artifacts/channel.tx。要为出口商组织生成锚节点配置，运行：

```
configtxgen -profile FourOrgsTradeChannel -outputAnchorPeersUpdate
./channel-artifacts/ExporterOrgMSPanchors.tx -channelID tradechannel -asOrg
ExporterOrgMSP
```

对其他 3 个组织重复同样的过程，更改前面命令中的组织名称即可。

 为了使 configtxgen 工具能工作，FABRIC_CFG_PATH 环境变量必须设置为包含 configtx.yaml 的文件夹。脚本文件 trade.sh（我们将在后面用到）包含下面这行代码，确保从运行命令的文件夹加载 YAML 文件：

```
export FABRIC_CFG_PATH=${PWD}
```

4. 一步生成配置

为了方便，trade.sh 脚本被配置为使用前面描述的命令和配置文件来生成通道构件以及加密材料。只要在 network 文件夹中运行以下命令：

```
./trade.sh generate -c tradechannel
```

虽然可以在这里指定任何的通道名称，但是注意，本章后面用于开发中间件的配置将依赖于该名称。

5. 组成一个示例贸易网络

最后一个命令还可以生成网络配置文件 docker-compose-e2e.yaml，该文件在 Docker-Compose 工具将网络作为 Docker 容器集启动时使用。这份文件本身依赖于静态配置的 base/peer-base.yaml 文件和 base/docker-compose-base.yaml 文件。这些文件共同指明服务及其属性，并使我们能够在 Docker 容器中一次性运行它们，而不必在一台或多台机器上手动运行这些服务的实例。我们需要运行的服务如下：

1）4 个 Fabric 对等节点的实例，每个组织一个；

2）Fabric 排序节点的一个实例；

3）5 个 Fabric CA 实例，对应每个组织的 MSP。

对应的每个 Docker 镜像能从 Docker Hub 上的 Hyperledger 项目中获取，这些镜像分别是 hyperledger/fabric-peer、hyperledger/fabricorderer，针对 peers 和 orderers 的 hyperledger/fabric-ca，MSP。

一个对等节点的基本配置信息如下（查看 base/peer-base.yaml）：

```
peer-base:
image: hyperledger/fabric-peer:$IMAGE_TAG
environment:
  - CORE_VM_ENDPOINT=unix:///host/var/run/docker.sock
  - CORE_VM_DOCKER_HOSTCONFIG_NETWORKMODE=${COMPOSE_PROJECT_NAME}_trade
  - CORE_LOGGING_LEVEL=INFO
  - CORE_PEER_TLS_ENABLED=true
  - CORE_PEER_GOSSIP_USELEADERELECTION=true
  - CORE_PEER_GOSSIP_ORGLEADER=false
  - CORE_PEER_PROFILE_ENABLED=true
  - CORE_PEER_TLS_CERT_FILE=/etc/hyperledger/fabric/tls/server.crt
  - CORE_PEER_TLS_KEY_FILE=/etc/hyperledger/fabric/tls/server.key
  - CORE_PEER_TLS_ROOTCERT_FILE=/etc/hyperledger/fabric/tls/ca.crt
working_dir: /opt/gopath/src/github.com/hyperledger/fabric/peer
command: peer node start
```

在这里可以设置 Fabric 的配置参数，但是如果你使用的 fabric-peer 是预先构建的 Docker 镜像，默认配置足以让对等节点服务启动并运行。运行对等节点服务的命令是

peer node start，在配置的最后一行指定；如果你想通过下载 Fabric 源码，然后在你的本地机器上以构建的方式运行对等节点，这是你必须运行的命令（例如，参见第 4 章）。你还要确保使用 CORE_LOGGING_LEVEL 变量恰当地配置日志记录级别。在我们的配置中，这个变量被设置为 INFO，意味着只有报告、警告、错误信息会被记录。如果希望调试对等节点和获取更丰富的日志信息，可以把这个变量设置为 DEBUG。

在 network 文件夹的 .env 文件中，IMAGE_TAG 变量被设置为 latest，不过如果你想要拉取旧版本的镜像，可以设置一个指定的 tag。

此外，我们需要为每个对等节点配置主机名和端口号，将使用 cryptogen 工具生成的加密材料同步到容器的文件系统中。出口商组织中的对等节点在 base/docker-compose-base.yaml 文件中配置，如下所示：

```
peer0.exporterorg.trade.com:
  container_name: peer0.exporterorg.trade.com
  extends:
    file: peer-base.yaml
    service: peer-base
  environment:
    - CORE_PEER_ID=peer0.exporterorg.trade.com
    - CORE_PEER_ADDRESS=peer0.exporterorg.trade.com:7051
    - CORE_PEER_GOSSIP_BOOTSTRAP=peer0.exporterorg.trade.com:7051
    - CORE_PEER_GOSSIP_EXTERNALENDPOINT=peer0.exporterorg.trade.com:7051
    - CORE_PEER_LOCALMSPID=ExporterOrgMSP
  volumes:
    - /var/run/:/host/var/run/
    - ../crypto-
config/peerOrganizations/exporterorg.trade.com/peers/peer0.exporterorg.trad
e.com/msp:/etc/hyperledger/fabric/msp
    - ../crypto-
config/peerOrganizations/exporterorg.trade.com/peers/peer0.exporterorg.trad
e.com/tls:/etc/hyperledger/fabric/tls
    - peer0.exporterorg.trade.com:/var/hyperledger/production
  ports:
    - 7051:7051
    - 7053:7053
```

如 extends 参数所示，这扩展了基本配置。注意这里的 ID（CORE_PEER_ID）与 configtx.yaml 文件中为对等节点指定的 ID 相匹配。这个标识是在出口商组织中运行的对等节点的主机名，将在本章后面的中间件代码中使用。volumes 部分指明将 crypto-config 文件夹中生成的加密材料复制到容器的规则。对等节点服务监听 7051 端口，客户端用于订阅事件的端口设置为 7053。

 在这个文件中，你将看到不同对等节点的容器内端口是相同的，但被映射到主机上的不同端口。最后，注意这里指明的 MSP ID 与 configtx.yaml 文件中指明的 ID 是相匹配的。

排序服务的配置是相似的，如以下来自 base/docker-compose-base.yaml 的代码片段所示：

```
orderer.trade.com:
  container_name: orderer.trade.com
  image: hyperledger/fabric-orderer:$IMAGE_TAG
  environment:
    - ORDERER_GENERAL_LOGLEVEL=INFO
  ......
  command: orderer
  ......
```

如代码所示，启动排序节点的命令仅仅是 orderer。可以使用 ORDERER_GENERAL_
LOGLEVEL 变量来配置日志记录水平，在我们的配置中被设置为 INFO。

我们将运行的实际网络配置基于 docker-compose-e2e.yaml 文件。这个文件不在仓库中，
而是通过 ./trade.sh generate-c tradechannel 命令创建，我们之前在创建通道和加密材料时已
经运行过这个命令。当你查看 docker-compose-e2e.yaml 的内容时，会发现它依赖于 base/
docker-compose-base.yaml 文件（间接依赖于 base/peer-base.yaml 文件）。实际上 docker-
compose-e2e.yaml 文件由名为 docker-compose-e2e-template.yaml 的 YAML 文件模板生成，
你可以在 network 文件夹中找到这个模板。模板文件包含变量作为使用 cryptogen 工具生
成的密钥文件名的替补。当 docker-compose-e2e.yaml 文件被生成时，这些变量名被替换为
crypto-config 文件夹中的实际文件。

例如，考虑 docker-compose-e2e-template.yaml 文件中的 exporter-ca 部分：

```
exporter-ca:
  image: hyperledger/fabric-ca:$IMAGE_TAG
  environment:
    ......
    - FABRIC_CA_SERVER_TLS_KEYFILE=/etc/hyperledger/fabric-ca-server-
config/EXPORTER_CA_PRIVATE_KEY
    ......
  command: sh -c 'fabric-ca-server start --ca.certfile
/etc/hyperledger/fabric-ca-server-config/ca.exporterorg.trade.com-cert.pem
--ca.keyfile /etc/hyperledger/fabric-ca-server-
config/EXPORTER_CA_PRIVATE_KEY -b admin:adminpw -d'
```

现在，看看生成的 docker-compose-e2e.yaml 文件中同一部分：

```
exporter-ca:
  image: hyperledger/fabric-ca:$IMAGE_TAG
  environment:
    ......
    - FABRIC_CA_SERVER_TLS_KEYFILE=/etc/hyperledger/fabric-ca-server-
config/ cc58284b6af2c33812cfaef9e40b8c911dbbefb83ca2e7564e8fbf5e7039c22e_sk
    ......
  command: sh -c 'fabric-ca-server start --ca.certfile
/etc/hyperledger/fabric-ca-server-config/ca.exporterorg.trade.com-cert.pem
--ca.keyfile /etc/hyperledger/fabric-ca-server-
config/cc58284b6af2c33812cfaef9e40b8c911dbbefb83ca2e7564e8fbf5e7039c22e_sk
-b admin:adminpw -d'
```

可以看到，在 enviroment 和 command 中的 EXPORTER_CA_PRIVATE_KEY 变量被
替换为 cc58284b6af2c33812cfaef9e40b8c911dbbefb83ca2e7564e8fbf5e7039c22e_sk。如果
你现在查看 crypto-config 文件夹的内容，你会发现在 crypto-config/peerOrganizations/ex-
porterorg.trade.com/ca/ 文件夹中存在一份文件名为 cc58284b6af2c33812cfaef9e40b8c911d-
bbefb83ca2e7564e8fbf5e7039c22e_sk 的文件。这份文件包含了出口商组织的 MSP 的签名
私钥。

前面的代码片段包含一个示例运行的结果。每一次你运行加密材料生成工具，密钥文件名都不一样。

现在让我们以出口商组织的 MSP 为例，更详细地研究 MSP 的配置，如 docker-compose-e2e.yaml 中所指明的：

```
exporter-ca:
  image: hyperledger/fabric-ca:$IMAGE_TAG
  environment:
    - FABRIC_CA_HOME=/etc/hyperledger/fabric-ca-server
    - FABRIC_CA_SERVER_CA_NAME=ca-exporterorg
    - FABRIC_CA_SERVER_TLS_ENABLED=true
    - FABRIC_CA_SERVER_TLS_CERTFILE=/etc/hyperledger/fabric-ca-server-
config/ca.exporterorg.trade.com-cert.pem
    - FABRIC_CA_SERVER_TLS_KEYFILE=/etc/hyperledger/fabric-ca-server-
config/cc58284b6af2c33812cfaef9e40b8c911dbbefb83ca2e7564e8fbf5e7039c22e_sk
  ports:
    - "7054:7054"
  command: sh -c 'fabric-ca-server start --ca.certfile
/etc/hyperledger/fabric-ca-server-config/ca.exporterorg.trade.com-cert.pem
--ca.keyfile /etc/hyperledger/fabric-ca-server-
config/cc58284b6af2c33812cfaef9e40b8c911dbbefb83ca2e7564e8fbf5e7039c22e_sk
-b admin:adminpw -d'
  volumes:
    - ./crypto-
config/peerOrganizations/exporterorg.trade.com/ca/:/etc/hyperledger/fabric-
ca-server-config
  container_name: ca_peerExporterOrg
  networks:
    - trade
```

在 MSP 中将运行的服务是 fabric-ca-server，监听端口 7054，用 cryptogen 工具创建的证书和密钥来启动，使用在 fabric-ca 镜像中配置的默认账号和密码（分别是 admin 和 adminpw）。正如你在前面的代码中所看到的，启动一个 Fabric CA 服务器实例的命令是 fabric-ca-server start ...。

正如前面的配置所表明，对等节点和 CA 被配置为基于 TLS 通信。读者必须注意的是，如果 TLS 在一方被禁用了，在另一方也必须禁用。

同样地，通过查看 docker-compose-e2e.yaml 文件可以发现，我们没有为排序节点的组织创建一个 Fabric CA 服务器（以及容器）。对于本书中我们将要完成的练习，为排序节点静态创建管理员用户和凭证就足够了；我们不会动态注册排序节点组织中新的用户，所以不需要 Fabric CA 服务器。

3.4 网络组件的配置文件

我们演示了怎样在 Docker-Compose 的 YAML 文件中配置对等节点、排序节点和 CA。但是这种配置意味着覆盖各组件镜像中默认已经做好的设置。虽然对这些配置的详细描述已经超出了本书的范围，但是我们将会列举相应的文件，并提及用户可以如何对其进行修改。

对于一个对等节点，core.yaml 文件包含所有重要的运行时设置，包括但不限于地址、端口号、安全和策略，以及 gossip 协议。你能够创建自己的 core.yaml 文件并使用自定义的 Dockerfile 将其同步到容器中，而不是用 hyperledger/fabric-peer 镜像默认使用的那份。如果你登录到一个运行中的对等节点容器（以我们刚启动的网络中的出口商组织中的对等节点容器为例）：

```
docker exec –it f86e50e6fc76 bash
```

然后你能在 /etc/hyperledger/fabric/ 文件夹中找到 core.yaml 文件。

类似地，一个排序节点的默认配置写在 orderer.yaml 文件中，这份文件也被同步到运行 hyperledger/fabric-orderer 镜像的容器中的 /etc/hyperledger/fabric/ 文件夹。记住 core.yaml 和 orderer.yaml 文件被同步到对等节点的容器和排序节点的容器，所以如果你想要创建自定义的文件，你需要将这些 YAML 文件同步到这些容器中。

Fabric CA 服务器也有一份配置文件，名为 fabric-ca-server-config.yaml（http://hyperledger-fabric-ca.readthedocs.io/en/latest/serverconfig.htm），这份文件被同步到运行 hyperledger/fabric-ca 镜像的容器上的 /etc/hyperledger/fabric-ca-server/ 文件夹。你可以创建和同步自定义配置，跟对等节点和排序节点一样。

3.5 启动一个示例交易网络

现在我们具备了网络的所有配置，以及运行所需的通道构件和加密材料，需要做的就是使用 docker-compose 命令启动网络，如下所示：

```
docker-compose –f docker-compose-e2e.yaml up
```

如果你愿意，可以将其作为后台进程运行，并将标准输出重定向到日志文件。否则，你将看到各个容器启动，并在控制台上显示来自每个容器的日志。

 对于一些操作系统的配置，设置 Fabric 比较复杂。如果你遇到问题，请查阅文档。

也能够使用我们的 trade.sh 脚本在后台启动网络，只要运行：./trade.sh up。

在不同的终端窗口中，如果你运行 docker ps –a，将会看到如下的一些内容：

```
CONTAINER ID    IMAGE         COMMAND       CREATED      STATUS      PORTS      NAMES
4e636f0054fc    hyperledger/fabric-peer:latest      "peer node start"      3
minutes ago     Up 3 minutes      0.0.0.0:9051->7051/tcp,
0.0.0.0:9053->7053/tcp    peer0.carrierorg.trade.com
28c18b76dbe8    hyperledger/fabric-peer:latest      "peer node start"      3
minutes ago     Up 3 minutes      0.0.0.0:8051->7051/tcp,
0.0.0.0:8053->7053/tcp    peer0.importerorg.trade.com
```

```
9308ad203362    hyperledger/fabric-ca:latest    "sh -c 'fabric-ca-se..."
3 minutes ago    Up 3 minutes    0.0.0.0:7054->7054/tcp
ca_peerExporterOrg
754018a3875e    hyperledger/fabric-ca:latest    "sh -c 'fabric-ca-se..."
3 minutes ago    Up 3 minutes    0.0.0.0:8054->7054/tcp
ca_peerImporterOrg
09a45eca60d5    hyperledger/fabric-orderer:latest    "orderer"    3 minutes
ago    Up 3 minutes    0.0.0.0:7050->7050/tcp    orderer.trade.com
f86e50e6fc76    hyperledger/fabric-peer:latest    "peer node start"    3
minutes ago    Up 3 minutes    0.0.0.0:7051->7051/tcp,
0.0.0.0:7053->7053/tcp    peer0.exporterorg.trade.com
986c478a522a    hyperledger/fabric-ca:latest    "sh -c 'fabric-ca-se..."
3 minutes ago    Up 3 minutes    0.0.0.0:9054->7054/tcp
ca_peerCarrierOrg
66f90036956a    hyperledger/fabric-peer:latest    "peer node start"    3
minutes ago    Up 3 minutes    0.0.0.0:10051->7051/tcp,
0.0.0.0:10053->7053/tcp    peer0.regulatororg.trade.com
a6478cd2ba6f    hyperledger/fabric-ca:latest    "sh -c 'fabric-ca-se..."
3 minutes ago    Up 3 minutes 0.0.0.0:10054->7054/tcp
ca_peerRegulatorOrg
```

我们有 4 个对等节点，4 个 MSP，和一个排序节点运行在各自的容器中。我们的交易网络已经启动并准备运行我们的应用。

要查看某个容器的运行日志，注意到容器 ID（前面列表中的第一列），简单运行：

```
docker logs <container-ID>
```

要关闭网络，你可以使用 docker-compose 命令：
```
docker-compose -f docker-compose-e2e.yaml down
```
或者用 trade.sh 脚本：
```
./trade.sh down
```

3.6 总结

在这一章中，介绍了商业用例，后续章节将利用该用例来为将要编写的代码创建上下文。我们也部署了第一个 Hyperledger Fabric 网络，并且现在已经从理论过渡到实践。干得漂亮！

下一章将从两个角度介绍区块链应用程序的开发：①使用链码构建的基本 API 和 Fabric SDK；②使用 Hyperledger Composer 的业务网络实现。

从这两个角度，我们希望让你了解解决方案的灵活性以及在正确的上下文中利用每个工具的能力。为了下一章做准备，你现在应该使用 ./trade.sh 命令来停止你的网络。

第4章
利用 Golang 设计一个
数据和交易模型

在 Hyperledger Fabric 中，链码是开发者编写的一种智能合约。链码实现了区块链网络中的利益相关方指定的业务逻辑。假设终端用户应用有正确的权限就可以调用相应的功能。

链码以一个独立的进程运行在它自身的容器中，和 Fabric 网络中的其他部件相隔离。一个背书节点管理链码的生命时长和交易的调用。为了回应终端用户的调用，链码查询、更新账本并生成一个交易提案。

在本章中，我们将学习如何使用 Go 语言开发链码以及针对业务逻辑场景实现智能合约。最后，我们将探索开发一个完整的功能性链码中需要的关键概念和库。

在下一个部分，我们将探索相关概念的代码片段。

 请注意在上一章中创建的本地 git 仓库中也是可用的。该链码有两个版本，一个在 trade_workflow 文件夹中，另一个在 trade_workflow_v1 文件夹中。我们需要两个版本来诠释一些更新，这个会在第 9 章中提到。在本章中，我们使用 v1 版本来诠释如何在 Go 中编写链码。

在本章中，我们将会覆盖以下话题：

1）创建一个链码；

2）访问控制；

3）实现链码函数；

4）测试链码；

5）链码设计主题；

6）日志输出。

4.1 开始开发链码

在开始编写链码前，首先要配置好开发环境。

在第 3 章中已经解释过如何设置开发环境。然而，现在继续用开发模式来启动 Fabric 网络。这个模式允许我们控制如何建立、运行链码。下面将使用这个网络运行链码于一个开发环境中。

如何以开发模式启动 Fabric 网络：

```
$ cd $GOPATH/src/trade-finance-logistics/network
$ ./trade.sh up -d true
```

 如果在启动网络中遇到错误，它可能是因为有一些剩余的 Docker 容器。你可以采用以下解决方式：使用 ./trade.sh down -d true 停止网络，并运行以下命令：./trade.sh clean -d true。-d true 选项告诉我们的脚本在开发网络中采取行动。

我们的开发网络现在运行在 4 个 Docker 容器中。这个网络由 1 个排序节点，一个运行在开发模式中的单独节点，一个链码容器以及一个 CLI 容器。在启动时，CLI 容器创建一个名为 tradechannel 的区块链通道。我们将使用 CLI 来与链码交互。

随意检查日志目录中的日志消息。这里会列举在启动网络中运行的一些部件和函数。我们将会保持终端开启，因为一旦链码被安装和调用后，会在这里接收更多日志消息。

4.1.1　编译和运行链码

克隆的源代码已经包括了所有 Go 提供的依赖项。考虑到这一点，现在可以开始构建代码并通过下面的步骤来运行链码：

1）编译链码：在一个新的终端，连接到链码容器，并使用以下命令构建链码。

```
$ docker exec -it chaincode bash
$ cd trade_workflow_v1
$ go build
```

2）使用以下命令运行链码：

```
$ CORE_PEER_ADDRESS=peer:7052 CORE_CHAINCODE_ID_NAME=tw:0
./trade_workflow_v1
```

现在用一个正在运行的链码连接到节点。在这里日志消息表明链码已上传并正在运行中。你也可以在网络终端中检查日志消息。网络终端会列出在节点链码上的连接。

4.1.2　安装和实例化链码

在实例化以前，需要在通道上安装链码，这将会调用方法 Init：

1）安装链码：在一个新的终端，连接到 CLI 容器并用 tw 安装链码，命令如下：

```
$ docker exec -it cli bash
$ peer chaincode install -p
chaincodedev/chaincode/trade_workflow_v1 -n tw -v 0
```

2）现在，实例化下面的链码。

```
$ peer chaincode instantiate -n tw -v 0 -c
'{"Args":["init","LumberInc","LumberBank","100000","WoodenToys","To
yBank","200000","UniversalFreight","ForestryDepartment"]}' -C
tradechannel
```

CLI 连接的终端现在包含一个与链码交互的日志消息列表。链码终端显示调用 chaincode 方法的信息，网络终端显示节点与排序节点之间的通信信息。

4.1.3　调用链码

现在有一个运行中的链码，我们可以开始调用一些函数。链码有几个创建和检索资产的方法。但现在，我们只会调用它们中的两个，第一个创建一个新的贸易协定，第二个从账本中检索它。为了做这件事，要完成下列步骤：

1）使用以下命令放置一个新的贸易协定：

```
$ peer chaincode invoke -n tw -c '{"Args":["requestTrade", "50000",
"Wood for Toys"]}' -C tradechannel
```

2）使用以下命令从账本中检索贸易协定：

```
$ peer chaincode invoke -n tw -c '{"Args":["getTradeStatus",
"50000"]}' -C tradechannel
```

现在我们有一个正在 devmode 中运行的网络，并且已经成功测试我们的链码。在下一节中，我们将学习如何从 scratch 中创建和测试链码。

Dev Mode：

在一个生产环境中，链码的生命周期（lifetime）是由节点管理的。当我们需要在开发环境中重复地修改和测试链码，可以使用 devmode。devmode 允许开发者去控制链码的生命周期。此外，devmode 指示 stdout 和 stderr 的标准化文件写入终端。这些在生产环境中会失效。

为了使用 devmode，节点必须连接到其他网络部件，就如同在生产环境中，并且用 peer-chaincodedev=true 作为参数启动。在开发时，链码可以在终端被重复地编译、启动、调用、终止。

我们在下一节中用 devmode 启动网络。

4.2　创建一个链码

现在已经准备好开始用 Go 语言编写链码了。这里有几个可使用的 IDE 提供 Go 支持。一些很不错的 IDE 包括 Atom、Visual Studio Code 等。不论你选择哪一个 IDE，都可以运行我们的例子。

4.2.1　链码接口

每一个链码必须实现 Chaincode interface，这些方法会在回应已收到的交易提案时被调用。定义在 SHIM 包的 Chaincode interface 展示如下：

```
type Chaincode interface {
    Init(stub ChaincodeStubInterface) pb.Response
    Invoke(stub ChaincodeStubInterface) pb.Response
}
```

正如你所看到的，链码的类型定义了两个函数：Init 和 Invoke。

两个函数都有一个类型为 ChaincodeStubInterface 的单独的参数 stub。stub 参数是我们在实现链码功能时将使用的主要对象，因为它提供了访问和修改账本、获取调用参数的功能。

此外，SHIM 包提供了其他类型和函数以构建链码。

4.2.2 建立链码文件

现在来建立 chaincode 文件。

下面将用 GitHub 上克隆下来的文件夹结构。链码文件位于以下文件夹。

```
$GOPATH/src/trade-finance-
logistics/chaincode/src/github.com/trade_workflow_v1
```

你可以按照这些步骤检查文件夹中的代码文件，也可以创建一个新文件夹并按说明创建代码文件。

1）首先，需要创建 chaincode 文件。在你喜爱的编辑器中，创建一个名为 tradeWork-flow.go 的文件，并包含以下包导入语句。

```
package main

import (
    "fmt"
    "errors"
    "strconv"
    "strings"
    "encoding/json"
    "github.com/hyperledger/fabric/core/chaincode/shim"
    "github.com/hyperledger/fabric/core/chaincode/lib/cid"
    pb "github.com/hyperledger/fabric/protos/peer"
)
```

在前面的代码片段中，可以看到第 4 行到第 8 行导入 Go 语言系统包，第 9 行到第 11 行导入 shim、cid 和 pb 的 Fabric 包。pb 包提供节点 protobuf 类型的定义，cid 包提供访问控制函数。我们将在访问控制的部分中更详细地了解 CID。

2）现在需要定义 Chaincode 类型。让我们添加 TradeWorkflowChaincode 类型用于实现链码函数，如以下代码段所示：

```
type TradeWorkflowChaincode struct {
    testMode bool
}
```

记下第 2 行中的 testMode 字段。我们会用这个字段来规避测试期间的访问控制检查。

3）需要 TradeWorkflowChaincode 才能实现 shim.Chaincode 接口。为了使 TradeWork-flowChaincode 成为 shim 包的有效 Chaincode 类型，必须实现接口的方法。

4）一旦链码被安装到区块链网络上，init 方法就会被调用。每个背书节点在部署自己的链码实例时只会调用一次 init 方法。该方法可用于初始化、引导和创建链码。Init 方法的默认实现显示在以下代码段中。请注意，第 3 行中的方法在标准输出一行报告了其调用。
在第 4 行中，该方法返回 shim 函数调用的结果。参数值为 nil 的 Success 函数表示执行成功，
返回结果为空，如下所示：

```
// TradeWorkflowChaincode implementation
func (t *TradeWorkflowChaincode) Init(stub
SHIM.ChaincodeStubInterface)          pb.Response {
    fmt.Println("Initializing Trade Workflow")
    return shim.Success(nil)
}
```

调用一个链码方法必须返回 pb.Response 对象的实例。以下代码段列出了 SHIM 包中用
于创建响应对象的两个帮助函数。以下函数将响应序列化为一个 gRPC Protobuf 消息：

```
// Creates a Response object with the Success status and with
argument of a 'payload' to return
// if there is no value to return, the argument 'payload' should be
set to 'nil'
func shim.Success(payload []byte)

// creates a Response object with the Error status and with an
argument of a message of the error
func shim.Error(msg string)
```

5）现在转移到调用参数了。在这里，该方法将使用 stub.GetFunctionAndParameters 函
数检索调用的参数，并验证是否提供了预期数量的参数。Init 方法不接收任何参数，因此保
持账本不变。因为链码在账本中升级到了较新的版本，当调用 Init 函数时就会发生上述情
况。当第一次安装链码时，它将收到 8 个参数，其中包括参与者的详细信息，这些参数将
被记录为初始状态。如果提供的参数数目不正确，该方法将返回一个错误。如下是验证参
数的代码块：

```
_, args := stub.GetFunctionAndParameters()
var err error

// Upgrade Mode 1: leave ledger state as it was
if len(args) == 0 {
  return shim.Success(nil)
}

// Upgrade mode 2: change all the names and account balances
if len(args) != 8 {
 err = errors.New(fmt.Sprintf("Incorrect number of arguments.
Expecting 8: {" +
            "Exporter, " +
            "Exporter's Bank, " +
            "Exporter's Account Balance, " +
            "Importer, " +
            "Importer's Bank, " +
            "Importer's Account Balance, " +
            "Carrier, " +
```

```
                    "Regulatory Authority" +
                    "}. Found %d", len(args)))
        return shim.Error(err.Error())
    }
```

正如在前面的代码片段中看到的，当提供了包含参与者姓名和角色的预期参数数量时，该方法将验证参数，将其强制转换为正确的数据类型，并将其作为初始状态记录到账本中。

在下面的代码片段中，该方法将参数强制转换为整数。如果强制转换失败，则返回错误。在第 14 行中，字符串数组是由字符串常量组成的。在这里，我们引用文件 constants. go 中定义的词汇常量。该文件位于 chaincode 文件夹中。常量表示将初始值记录到账本中的键。最后，在第 16 行中，对于每个常量，一个记录（资产）会被写到账本中。stub.Putstate 函数将一个键值对记录到账本中。

注意，账本上的数据存储为字节数组；我们想要存储在账本上的任何数据都必须先转换为字节数组，如下面的代码段所示：

```
// Type checks
_, err = strconv.Atoi(string(args[2]))
if err != nil {
    fmt.Printf("Exporter's account balance must be an integer.
Found %s\n", args[2])
    return shim.Error(err.Error())
}
_, err = strconv.Atoi(string(args[5]))
if err != nil {
    fmt.Printf("Importer's account balance must be an integer.
Found %s\n", args[5])
    return shim.Error(err.Error())
}

// Map participant identities to their roles on the ledger
roleKeys := []string{ expKey, ebKey, expBalKey, impKey, ibKey,
impBalKey, carKey, raKey }
for i, roleKey := range roleKeys {
    err = stub.PutState(roleKey, []byte(args[i]))
    if err != nil {
        fmt.Errorf("Error recording key %s: %s\n", roleKey,
err.Error())
        return shim.Error(err.Error())
    }
}
```

调用方法

每当查询或修改区块链的状态时，都会调用 Invoke 方法。

Invoke 方法封装了所有对账本上记录的资产的创建、读取、更新和删除（CRUD）操作。

当终端用户创建一个交易时会调用该方法。当查询账本的状态时（即检索一个或多个资产，但不修改账本的状态），终端用户将在收到调用响应后丢弃相关（contextual）的交易。一旦账本被修改，修改将被记录到交易中。在收到要记录在账本上的交易响应后，终端客户将向排序服务提交该交易。一个空的 Invoke 方法显示在以下代码段中：

```
func (t *TradeWorkflowChaincode) Invoke(stub shim.ChaincodeStubInterface)
pb.Response {
    fmt.Println("TradeWorkflow Invoke")
}
```

通常，链码的实现包含多个查询和修改函数。如果这些函数非常简单，可以直接在 Invoke 方法的主体中实现。然而，一个更优雅的解决方案是独立地实现每个函数，然后从 Invoke 方法中调用它们。

SHIM API 提供了几个函数来检索 Invoke 方法的调用参数。这些都列在下面的代码片段中。由开发者来选择参数的含义和顺序；但是，Invoke 方法的第一个参数通常是函数的名称，下面的参数是该函数的参数。

```
// Returns the first argument as the function name and the rest of the
arguments as parameters in a string array.
// The client must pass only arguments of the type string.
func GetFunctionAndParameters() (string, []string)

// Returns all arguments as a single string array.
// The client must pass only arguments of the type string.
func GetStringArgs() []string
// Returns the arguments as an array of byte arrays.
func GetArgs() [][]byte

// Returns the arguments as a single byte array.
func GetArgsSlice() ([]byte, error)
```

在下面的代码段中，在第 1 行中使用 stub.GetFunctionAndParameters 函数检索调用的参数。从第 3 行开始，一系列 if 条件将执行，并和参数一起传递到请求的函数（requestTrade、acceptTrade 等）中。每一个函数都分别实现了它们的功能。如果请求的函数不存在，该方法将返回一个错误，指示请求的函数不存在，如第 18 行所示：

```
    function, args := stub.GetFunctionAndParameters()

    if function == "requestTrade" {
        // Importer requests a trade
        return t.requestTrade(stub, creatorOrg, creatorCertIssuer, args)
    } else if function == "acceptTrade" {
        // Exporter accepts a trade
        return t.acceptTrade(stub, creatorOrg, creatorCertIssuer, args)
    } else if function == "requestLC" {
        // Importer requests an L/C
        return t.requestLC(stub, creatorOrg, creatorCertIssuer, args)
    } else if function == "issueLC" {
        // Importer's Bank issues an L/C
        return t.issueLC(stub, creatorOrg, creatorCertIssuer, args)
    } else if function == "acceptLC" {
...

    return shim.Error("Invalid invoke function name")
```

如你所见，对于需要提取和验证所请求函数将使用的参数的任何共享代码，Invoke 方法是一个合适的选择。在下一节中，我们将研究访问控制机制，并将一些共享的访问控制代码放入 Invoke 方法中。

4.3 访问控制

在深入研究 Chaincode 函数的实现之前，首先需要定义访问控制机制。

安全私链的一个关键特性是访问控制。在 Fabric 中，会员服务提供商（Membership Services Provider，MSP）在启用访问控制方面发挥着关键作用。Fabric 网络中的每个组织可以有一个或多个 MSP 提供者。MSP 是作为证书颁发机构（Fabric CA）实现。

Fabric CA 为网络用户颁发登记证书（ecert）（ECERTS）。登记证书（ecert）代表用户的身份，并在用户提交到 Fabric 时用作已签名交易。因此在调用交易之前，用户必须先注册并从 Fabric CA 获取登记证书（ecert）。

Fabric 支持基于属性的访问控制（Attribute Based Access Control，ABAC）机制，链码可以使用该机制控制对其函数和数据的访问。ABAC 允许链码根据与用户身份相关联的属性做出访问控制决策。拥有登记证书（ecert）的用户还可以访问一系列附加属性（即名称 / 值对）。

在调用期间，链码将提取属性并做出访问控制决策。我们将在接下来的章节中更详细地了解 ABAC 机制。

4.3.1　ABAC（基于属性的访问控制）

在下面的步骤中，我们将向你展示如何注册一个用户以及创建具有属性的登记证书（ecert）。接下来，为了验证访问控制，我们将检索用户身份和链码中的属性。我们将把这个功能集成到我们的教程链码中。

首先，必须在 Fabric CA 中注册一个新用户。作为注册过程的一部分，必须定义在生成登记证书（ecert）后使用的属性。通过运行命令 fabric-ca-client register 进行用户注册。使用后缀添加访问控制属性：ecert。

 这些步骤仅供参考，无法执行。

1. 注册一个用户

现在让我们注册一个名为 importer 的自定义属性并且值为 true 的用户。请注意，属性的值可以是任何类型，并且不限于布尔值，如以下代码段所示：

```
fabric-ca-client register --id.name user1 --id.secret pwd1 --id.type user -
-id.affiliation ImporterOrgMSP --id.attrs 'importer=true:ecert'
```

前面的代码段向我们显示了在属性 importer=true 下注册用户时的命令行。请注意，

id.secret 和其他参数的值取决于 Fabric CA 配置。

前面的命令还可以一次定义多个默认属性, 例如: --id.attrs 和 importer=true:ecert, email=user1@gmail.com。

表 4-1 包含了用户注册时使用的默认属性。

表　4-1

属性名	命令行参数	属性值
hf.EnrollmentID	(自动)	该身份的注册 ID
hf.Type	Id.type	该身份的类型
hf.Affiliation	Id.affiliation	该身份的归属

如果登记证书(ecert)中需要前面的任何属性, 则必须首先在用户注册命令中定义这些属性。例如, 以下命令使用属性 hf.Affiliation=ImporterOrgMSP 注册 user1, 默认情况下, 该属性将被复制到登记证书(ecert)中:

```
fabric-ca-client register --id.name user1 --id.secret pwd1 --id.type user -
-id.affiliation ImporterOrgMSP --id.attrs
'importer=true:ecert,hf.Affiliation=ImporterOrgMSP:ecert'
```

2. 登记用户

在这里将登记用户并创建登记证书(ecert)。enrollment.attrs 定义将被复制到登记证书(ecert)的属性。后缀 opt 定义从注册复制的那些可选属性。如果未在用户注册上定义一个或多个非可选属性, 则注册将失败。以下命令将为具有 importer 属性的用户登记:

```
fabric-ca-client enroll -u http://user1:pwd1@localhost:7054 --
enrollment.attrs "importer,email:opt"
```

3. 在 chaincode 中检索用户标识和属性

在这个步骤中, 我们将在执行链码的过程中检索用户的身份。链码可用的 ABAC 功能由客户端身份链码(CID)库提供。

提交给 chaincode 的每个交易提案都附带着调用者的登记证书(ecert)——提交交易的用户。通过导入 CID 库并调用带有 ChaincodeStubInterface 参数的库函数, 即在 Init 和 Invoke 方法中接收到的 stub 参数。

链码可以使用证书提取关于调用者的信息, 包括:

1)调用者的 ID;

2)颁发调用者证书的会员服务提供商(MSP)的唯一 ID;

3)证书的标准属性, 如域名、电子邮件等;

4)与存储在证书中的客户端标识关联的登记证书(ecert)属性。

CID 库提供的函数列在以下代码段中:

```
// Returns the ID associated with the invoking identity.
// This ID is unique within the MSP (Fabric CA) which issued the
identity, however, it is not guaranteed to be unique across all
MSPs of the network.
func GetID() (string, error)

// Returns the unique ID of the MSP associated with the identity
that submitted the transaction.
// The combination of the MSPID and of the identity ID are
guaranteed to be unique across the network.
func GetMSPID() (string, error)

// Returns the value of the ecert attribute named `attrName`.
// If the ecert has the attribute, the `found` returns true and the
`value` returns the value of the attribute.
// If the ecert does not have the attribute, `found` returns false
and `value` returns empty string.
func GetAttributeValue(attrName string) (value string, found bool,
err error)

// The function verifies that the ecert has the attribute named
`attrName` and that the attribute value equals to `attrValue`.
// The function returns nil if there is a match, else, it returns
error.
func AssertAttributeValue(attrName, attrValue string) error

// Returns the X509 identity certificate.
// The certificate is an instance of a type Certificate from the
library "crypto/x509".
func GetX509Certificate() (*x509.Certificate, error)
```

在下面的代码块中，定义了一个函数 getTxCreatorInfo，它能获取关于调用者的基本身份信息。首先，我们必须导入 CID 和 x509 库，如第 4 行和第 5 行所示。在第 13 行中检索唯一的 MSPID，而在第 19 行中获取 X509 证书。在第 24 行中，我们随后检索证书的 CommonName，它包含网络中 Fabric CA 的唯一字符串。这两个属性由函数返回，并在随后的访问控制验证中使用，如以下代码段所示：

```
import (
    "fmt"
    "github.com/hyperledger/fabric/core/chaincode/shim"
    "github.com/hyperledger/fabric/core/chaincode/lib/cid"
    "crypto/x509"
)

func getTxCreatorInfo(stub shim.ChaincodeStubInterface) (string, string,
error) {
    var mspid string
    var err error
    var cert *x509.Certificate

    mspid, err = cid.GetMSPID(stub)
    if err != nil {
```

```
        fmt.Printf("Error getting MSP identity: %sn", err.Error())
        return "", "", err
    }

    cert, err = cid.GetX509Certificate(stub)
    if err != nil {
        fmt.Printf("Error getting client certificate: %sn", err.Error())
        return "", "", err
    }

    return mspid, cert.Issuer.CommonName, nil
}
```

现在，我们需要在链码中定义和实现简单的访问控制策略。链码的每个函数只能由特定组织的成员调用；因此，每个链码函数将验证调用者是否是特定组织的成员。例如，requestTrade 函数只能由 Importer 组织成员调用。在以下代码段中，authenticateImporterOrg 函数验证调用者是否为 ImporterOrgMSP 成员。然后从 requestTrade 函数调用此函数以强制访问控制。

```
func authenticateExportingEntityOrg(mspID string, certCN string) bool {
    return (mspID == "ExportingEntityOrgMSP") && (certCN ==
"ca.exportingentityorg.trade.com")
}
func authenticateExporterOrg(mspID string, certCN string) bool {
return (mspID == "ExporterOrgMSP") && (certCN ==
"ca.exporterorg.trade.com")
}
func authenticateImporterOrg(mspID string, certCN string) bool {
    return (mspID == "ImporterOrgMSP") && (certCN ==
"ca.importerorg.trade.com")
}
func authenticateCarrierOrg(mspID string, certCN string) bool {
    return (mspID == "CarrierOrgMSP") && (certCN ==
"ca.carrierorg.trade.com")
}
func authenticateRegulatorOrg(mspID string, certCN string) bool {
    return (mspID == "RegulatorOrgMSP") && (certCN ==
"ca.regulatororg.trade.com")
}
```

下面的代码段显示了访问控制验证的调用，它只授予 ImporterOrgMSP 成员访问权限。使用从 getTxCreatorInfo 函数获得的参数调用函数。

```
creatorOrg, creatorCertIssuer, err = getTxCreatorInfo(stub)
if !authenticateImporterOrg(creatorOrg, creatorCertIssuer) {
    return shim.Error("Caller not a member of Importer Org. Access
denied.")
}
```

现在，我们需要将身份验证函数放在单独的 accesscontrolUtils.go 文件，与 tradeWorkflow.go 主文件位于同一目录中。编译期间，该文件将自动导入到主 chaincode 文件中，以便我们可以引用其中定义的函数。

4.4 实现链码函数

现在，我们有了链码的基本构建块。我们有初始化链码的 Init 方法，和接收来自客户端和访问控制机制的 Invoke 方法。现在，我们需要定义链码的函数。

根据我们的场景，下面的函数列表汇总了记录和检索往来于账本的数据的函数，以提供智能合约的业务逻辑。这些表还定义了组织成员的访问控制定义，这些定义是调用各自函数所必需的。

表 4-2 说明了链码修改函数，即如何在账本上记录交易。

表 4-2

函数名	调用权限	描述
requestTrade	进口商	请求一个贸易协定
acceptTrade	出口商	接受一个贸易协定
requestLC	进口商	请求一个信用证
issueLC	进口商	颁发一个信用证
acceptLC	出口商	接受一个信用证
requestEL	出口商	请求一个出口许可证
issueEL	监管机构	颁发一个出口许可证
prepareShipment	出口商	准备运输
acceptShipmentAndIssueBL	承运人	接受装运并签发提货单
requestPayment	出口商	请求付款
makePayment	进口商	付款
updateShipmentLocation	承运人	更新运输位置

表 4-3 说明了链码查询函数，即从账本中检索数据所需的函数。

表 4-3

函数名	调用权限	描述
getTradeStatus	出口商 / 出口实体 / 进口商	获取贸易协定的当前状态
getLCStatus	出口商 / 出口实体 / 进口商	获取信用证的当前状态
getELStatus	出口实体 / 监管机构	获取出口许可证的当前状态
getShipmentLocation	出口商 / 出口实体 / 进口商 / 承运人	获取装运的当前位置
getBillOfLading	出口商 / 出口实体 / 进口商	获得提货单
getAccountBalance	出口商 / 出口实体 / 进口商	获取给定参与者的当前账户余额

4.4.1　定义链码资产

我们现在要定义资产结构，这将被记录到账本上。在 Go 中，资产被定义为具有属性名称列表和类型列表的结构类型。定义还需要包含 JSON 属性名，这些属性名用于将资产序列化为 JSON 对象。在下面的代码片段中，你将看到应用程序中 4 种资产的定义。请注意，结构的属性可以封装其他结构，从而允许创建多级树。

```go
type TradeAgreement struct {
    Amount                 int          `json:"amount"`
    DescriptionOfGoods     string       `json:"descriptionOfGoods"`
    Status                 string       `json:"status"`
    Payment                int          `json:"payment"`
}

type LetterOfCredit struct {
    Id                     string       `json:"id"`
    ExpirationDate         string       `json:"expirationDate"`
    Beneficiary            string       `json:"beneficiary"`
    Amount                 int          `json:"amount"`
    Documents              []string     `json:"documents"`
    Status                 string       `json:"status"`
}

type ExportLicense struct {
    Id                     string       `json:"id"`
    ExpirationDate         string       `json:"expirationDate"`
    Exporter               string       `json:"exporter"`
    Carrier                string       `json:"carrier"`
    DescriptionOfGoods     string       `json:"descriptionOfGoods"`
    Approver               string       `json:"approver"`
    Status                 string       `json:"status"`
}

type BillOfLading struct {
    Id                     string       `json:"id"`
    ExpirationDate         string       `json:"expirationDate"`
    Exporter               string       `json:"exporter"`
    Carrier                string       `json:"carrier"`
    DescriptionOfGoods     string       `json:"descriptionOfGoods"`
    Amount                 int          `json:"amount"`
    Beneficiary            string       `json:"beneficiary"`
    SourcePort             string       `json:"sourcePort"`
    DestinationPort        string       `json:"destinationPort"`
}
```

4.4.2　编写链码函数

在本节中，将实现之前看到的链码函数。为了实现链码函数，本节将使用 3 个 SHIM API 函数，这些函数将从世界状态读取资产并记录更改。正如已经了解到的，这些函数的读和写分别记录在 ReadSet 和 WriteSet 中，并且这些更改不会立即影响账本的状态。只有在交易通过验证并提交到账本后，更改才会生效。

以下代码段展示了资产 API 函数的列表：

```
// Returns the value of the `key` from the Worldstate.
// If the key does not exist in the Worldstate the function returns (nil,
nil).
// The function does not read data from the WriteSet and hence uncommitted
values modified by PutState are not returned.
func GetState(key string) ([]byte, error)

// Records the specified `key` and `value` into the WriteSet.
// The function does not affect the ledger until the transaction is
committed into the ledger.
func PutState(key string, value []byte) error
// Marks the the specified `key` as deleted in the WriteSet.
// The key will be marked as deleted and removed from Worldstate once the
transaction is committed into the ledger.
func DelState(key string) error
```

4.4.3　创建资产

现在，我们可以实现第一个链码函数，继续实现一个 requestTrade 函数，该函数将创建一个状态为 REQUESTED 的新贸易协定，然后将该协定记录在账本上。

函数的实现如下面的代码片段所示。正如你将看到的，第 9 行验证了调用者是 ImporterOrg 的成员，并且具有调用函数的权限。第 13 行到第 21 行验证并提取参数。在第 23 行中，我们使用接收到的参数创建并初始化了一个新的 TradeAgreement 实例。正如前面所了解的，账本以字节数组的形式存储值。因此，在第 24 行中，我们将用 JSON 序列化 TradeAgreement 为一个字节数组。在第 32 行中，创建了一个唯一的密钥，在该密钥下，我们将存储 TradeAgreement。最后，第 37 行使用密钥和序列化后的 TradeAgreement 并使用 PutState 函数将值存储到 WriteSet 中。

以下代码段说明了 requestTrade 函数：

```
func (t *TradeWorkflowChaincode) requestTrade(stub
shim.ChaincodeStubInterface, creatorOrg string, creatorCertIssuer string,
args []string) pb.Response {
    var tradeKey string
    var tradeAgreement *TradeAgreement
    var tradeAgreementBytes []byte
    var amount int
    var err error

    // Access control: Only an Importer Org member can invoke this
transaction
    if !t.testMode && !authenticateImporterOrg(creatorOrg,
creatorCertIssuer) {
        return shim.Error("Caller not a member of Importer Org. Access
denied.")
    }

    if len(args) != 3 {
```

```
                err = errors.New(fmt.Sprintf("Incorrect number of arguments.
Expecting 3: {ID, Amount, Description of Goods}. Found %d", len(args)))
                return shim.Error(err.Error())
        }

        amount, err = strconv.Atoi(string(args[1]))
        if err != nil {
                return shim.Error(err.Error())
        }

        tradeAgreement = &TradeAgreement{amount, args[2], REQUESTED, 0}
        tradeAgreementBytes, err = json.Marshal(tradeAgreement)
        if err != nil {
                return shim.Error("Error marshaling trade agreement structure")
        }

        // Write the state to the ledger
        tradeKey, err = getTradeKey(stub, args[0])
        if err != nil {
                return shim.Error(err.Error())
        }
        err = stub.PutState(tradeKey, tradeAgreementBytes)
        if err != nil {
                return shim.Error(err.Error())
        }
        fmt.Printf("Trade %s request recorded", args[0])

        return shim.Success(nil)
}
```

4.4.4 读取和修改资产

在实现了创建贸易协定的函数后，我们需要实现接受贸易协定的函数。该函数将检索协定，将其状态修改为 ACCEPTED，并将其放回账本中。

该函数的实现如以下代码段所示。在代码中，我们构造了想要检索贸易协定的唯一复合键。在第 22 行中，我们使用 GetState 函数检索值。在第 33 行中，我们将字节数组反序列化为 TradeAgreement 结构的实例。在第 41 行中，我们修改了状态，使其显示为 AC-CEPTED；最后，在第 47 行中，我们将更新后的值存储在账本中，如下所示：

```
func (t *TradeWorkflowChaincode) acceptTrade(stub
shim.ChaincodeStubInterface, creatorOrg string, creatorCertIssuer string,
args []string) pb.Response {
    var tradeKey string
    var tradeAgreement *TradeAgreement
    var tradeAgreementBytes []byte
    var err error

    // Access control: Only an Exporting Entity Org member can invoke this
transaction
    if !t.testMode && !authenticateExportingEntityOrg(creatorOrg,
```

```
creatorCertIssuer) {
        return shim.Error("Caller not a member of Exporting Entity Org.
Access denied.")
    }

    if len(args) != 1 {
        err = errors.New(fmt.Sprintf("Incorrect number of arguments.
Expecting 1: {ID}. Found %d", len(args)))
        return shim.Error(err.Error())
    }

    // Get the state from the ledger
    tradeKey, err = getTradeKey(stub, args[0])
    if err != nil {
        return shim.Error(err.Error())
    }
    tradeAgreementBytes, err = stub.GetState(tradeKey)
    if err != nil {
        return shim.Error(err.Error())
    }

    if len(tradeAgreementBytes) == 0 {
        err = errors.New(fmt.Sprintf("No record found for trade ID %s",
args[0]))
        return shim.Error(err.Error())
    }

    // Unmarshal the JSON
    err = json.Unmarshal(tradeAgreementBytes, &tradeAgreement)
    if err != nil {
        return shim.Error(err.Error())
    }

    if tradeAgreement.Status == ACCEPTED {
        fmt.Printf("Trade %s already accepted", args[0])
    } else {
        tradeAgreement.Status = ACCEPTED
        tradeAgreementBytes, err = json.Marshal(tradeAgreement)
        if err != nil {
            return shim.Error("Error marshaling trade agreement
structure")
        }
        // Write the state to the ledger
        err = stub.PutState(tradeKey, tradeAgreementBytes)
        if err != nil {
            return shim.Error(err.Error())
        }
    }
    fmt.Printf("Trade %s acceptance recordedn", args[0])

    return shim.Success(nil)
}
```

4.4.5 主函数

最后，我们将添加 main 函数：Go 程序的初始点。当一个链码实例被部署到节点上时，将执行主函数以启动链码。

在以下代码段的第 2 行中，链码被实例化。shim.Start 函数启动第 4 行中的链码，并将其用节点注册，如下所示：

```
func main() {
   twc := new(TradeWorkflowChaincode)
   twc.testMode = false
   err := shim.Start(twc)
   if err != nil {
        fmt.Printf("Error starting Trade Workflow chaincode: %s", err)
   }
}
```

4.5 测试链码

现在可以为链码函数编写单元测试，我们将使用内置的自动化 Go 测试框架。有关更多信息和文档，请访问 Go 的官方网站。

框架自动查找并执行具有以下签名的函数：

```
func TestFname(*testing.T)
```

函数名 Fname 是一个必须以大写字母开头的任意名称。

请注意，包含单元测试的测试套件文件必须以后缀 _test.go 结尾；因此，我们的测试套件文件将被命名为 tradeWorkflow_test.go，并放置在与我们的 chaincode 文件相同的目录中。test 函数的第一个参数是 T 类型，它提供用于管理测试状态和支持格式化测试日志的函数。测试的输出写入标准输出，可在终端进行检查。

4.5.1 SHIM 模拟

SHIM 包提供了一个全面的模拟模型，可用于测试链码。在我们的单元测试中，将使用 MockStub 类型，它为单元测试链码提供了 ChaincodeStubInterface 的实现。

1. 测试 Init 方法

首先，需要定义调用 Init 方法所需的函数。函数将接收对 MockStub 的引用，以及传递给 Init 方法的参数数组。在下面代码的第 2 行中，用接收到的参数调用链码函数 Init，然后在第 3 行中对其进行验证。

以下代码段说明了对 Init 方法的调用：

```
func checkInit(t *testing.T, stub *shim.MockStub, args [][]byte) {
   res := stub.MockInit("1", args)
   if res.Status != shim.OK {
        fmt.Println("Init failed", string(res.Message))
        t.FailNow()
   }
}
```

现在，我们将定义准备 Init 函数参数的默认值数组所需的函数，如下所示：

```
func getInitArguments() [][]byte {
    return [][]byte{[]byte("init"),
                    []byte("LumberInc"),
                    []byte("LumberBank"),
                    []byte("100000"),
                    []byte("WoodenToys"),
                    []byte("ToyBank"),
                    []byte("200000"),
                    []byte("UniversalFreight"),
                    []byte("ForestryDepartment")}
}
```

现在我们将定义 Init 函数的测试，如下面代码片段所示。测试首先创建链码的一个实例，然后将模式设置为测试（test），最后为链码创建一个新的 MockStub。在第 7 行中，调用 checkInit 函数并执行 Init 函数。最后，从第 9 行开始，我们将验证账本的状态，如下所示：

```
func TestTradeWorkflow_Init(t *testing.T) {
    scc := new(TradeWorkflowChaincode)
    scc.testMode = true
    stub := shim.NewMockStub("Trade Workflow", scc)

    // Init
    checkInit(t, stub, getInitArguments())

    checkState(t, stub, "Exporter", EXPORTER)
    checkState(t, stub, "ExportersBank", EXPBANK)
    checkState(t, stub, "ExportersAccountBalance", strconv.Itoa(EXPBALANCE))
    checkState(t, stub, "Importer", IMPORTER)
    checkState(t, stub, "ImportersBank", IMPBANK)
    checkState(t, stub, "ImportersAccountBalance", strconv.Itoa(IMPBALANCE))
    checkState(t, stub, "Carrier", CARRIER)
    checkState(t, stub, "RegulatoryAuthority", REGAUTH)
}
```

接下来，我们用 checkState 函数验证每个键的状态是否如预期的那样，如下面的代码块所示：

```
func checkState(t *testing.T, stub *shim.MockStub, name string, value
string) {
  bytes := stub.State[name]
  if bytes == nil {
    fmt.Println("State", name, "failed to get value")
    t.FailNow()
  }
  if string(bytes) != value {
    fmt.Println("State value", name, "was", string(bytes), "and not",
value, "as expected")
    t.FailNow()
  }
}
```

2. 测试 Invoke 方法

现在是为 Invoke 函数定义测试的时候了。在下面代码块的第 7 行中，调用 checkInit 初始化账本，然后在第 13 行中调用 checkInvoke，该函数调用了 requestTrade 函数。request-Trade 函数创建一个新的交易资产并将其存储在账本中。为了验证账本是否包含正确的状态，在第 17 行计算新的复合键之前，将在第 15 行和第 16 行中创建并序列化新的 TradeAgreement。最后，在第 18 行中，根据序列化值验证键的状态。

此外，如前所述，我们的链码包含一系列共同定义贸易工作流的函数。我们将在测试中将这些函数的调用链接到一个序列中，以验证整个工作流。整个函数的代码可在 chaincode 文件夹中的测试文件中获取。

```go
func TestTradeWorkflow_Agreement(t *testing.T) {
    scc := new(TradeWorkflowChaincode)
    scc.testMode = true
    stub := shim.NewMockStub("Trade Workflow", scc)

    // Init
    checkInit(t, stub, getInitArguments())

    // Invoke 'requestTrade'
    tradeID := "2ks89j9"
    amount := 50000
    descGoods := "Wood for Toys"
    checkInvoke(t, stub, [][]byte{[]byte("requestTrade"), []byte(tradeID),
[]byte(strconv.Itoa(amount)), []byte(descGoods)})

    tradeAgreement := &TradeAgreement{amount, descGoods, REQUESTED, 0}
    tradeAgreementBytes, _ := json.Marshal(tradeAgreement)
    tradeKey, _ := stub.CreateCompositeKey("Trade", []string{tradeID})
    checkState(t, stub, tradeKey, string(tradeAgreementBytes))
    ...
}
```

下面的代码段展示了 checkInvoke 函数

```go
func checkInvoke(t *testing.T, stub *shim.MockStub, args [][]byte) {
    res := stub.MockInvoke("1", args)
    if res.Status != shim.OK {
        fmt.Println("Invoke", args, "failed", string(res.Message))
        t.FailNow()
    }
}
```

3. 运行测试

我们现在准备好运行测试了！ go test 命令将执行 tradeWorkflow_test.go 文件中找到的所有测试。该文件包含一系列验证工作流中定义的函数的测试。

现在让我们使用以下命令在终端中运行测试：

```
$ cd $GOPATH/src/trade-finance-
logistics/chaincode/src/github.com/trade_workflow_v1
$ go test
```

前面的命令应生成以下输出：

```
Initializing Trade Workflow
Exporter: LumberInc
Exporter's Bank: LumberBank
Exporter's Account Balance: 100000
Importer: WoodenToys
Importer's Bank: ToyBank
Importer's Account Balance: 200000
Carrier: UniversalFreight
Regulatory Authority: ForestryDepartment
...
Amount paid thus far for trade 2ks89j9 = 25000; total required = 50000
Payment request for trade 2ks89j9 recorded
TradeWorkflow Invoke
TradeWorkflow Invoke
Query Response:{"Balance":"150000"}
TradeWorkflow Invoke
Query Response:{"Balance":"150000"}
PASS
ok          trade-finance-logistics/chaincode/src/github.com/trade_workflow_v1
0.036s
```

4.6 链码设计主题

4.6.1 复合键

我们通常需要在账本上存储同一类型的多个实例，例如多个贸易协定、信用证等。在这种情况下，这些实例的键通常由属性组合构成，例如，"Trade"+ID，生成["Trade1"，"Trade2"，…]。可以在代码中自定义实例的键，或者用 SHIM 提供的 API 函数，基于多个属性的组合构造实例的复合键（换句话说，唯一键）。这些函数简化了复合键的构造。然后可以将复合键用作普通字符串键，使用 PutState（）和 GetState（）函数记录和检索值。

以下代码段展示了创建和使用复合键的函数列表：

```
// The function creates a key by combining the attributes into a single
string.
// The arguments must be valid utf8 strings and must not contain U+0000
(nil byte) and U+10FFFF charactres.
func CreateCompositeKey(objectType string, attributes []string) (string,
error)

// The function splits the compositeKey into attributes from which the key
was formed.
// This function is useful for extracting attributes from keys returned by
range queries.
func SplitCompositeKey(compositeKey string) (string, []string, error)
```

在下面的代码片段中，我们可以看到一个 getTradeKey 函数，它通过将关键字 Trade 与贸易的 ID 组合来构造贸易协定的唯一复合键：

```
func getTradeKey(stub shim.ChaincodeStubInterface, tradeID string) (string,
error) {
    tradeKey, err := stub.CreateCompositeKey("Trade", []string{tradeID})
    if err != nil {
          return "", err
    } else {
          return tradeKey, nil
    }
}
```

在更复杂的场景中，可以从多个属性构造键。复合键还允许你在批量查询中基于键的部件搜索资产。我们将在接下来的部分中更详细地探讨搜索。

4.6.2　批量查询

除了使用唯一键检索资产之外，SHIM 还为 API 函数提供了根据范围标准检索资产集的机会。此外，还可以对复合键进行建模，以便对键的多个组件进行查询。

range 函数通过匹配查询条件的一组键返回迭代器（StateQueryIteratorInterface）。返回的键按词法顺序排列。迭代器必须通过调用函数 Close（）关闭。此外，当复合键具有多个属性时，批量查询函数 GetStateByPartialCompositeKey（）可用于搜索与属性子集匹配的键。

例如，可以在与特定 TradeId 关联的所有支付中搜索由 TradeId 和 PaymentId 组成的支付的键，如以下代码段所示：

```
 // Returns an iterator over all keys between the startKey (inclusive) and
endKey (exclusive).
// To query from start or end of the range, the startKey and endKey can be
an empty.
func GetStateByRange(startKey, endKey string) (StateQueryIteratorInterface,
error)

// Returns an iterator over all composite keys whose prefix matches the
given partial composite key.
// Same rules as for arguments of CreateCompositeKey function apply.
func GetStateByPartialCompositeKey(objectType string, keys []string)
(StateQueryIteratorInterface, error)
```

我们还可以通过以下查询搜索 ID 在 1 ~ 100 范围内的所有贸易协定：

```
startKey, err = getTradeKey(stub, "1")
endKey, err = getTradeKey(stub, "100")

keysIterator, err := stub.GetStateByRange(startKey, endKey)
if err != nil {
    return shim.Error(fmt.Printf("Error accessing state: %s", err))
}
defer keysIterator.Close()

var keys []string
for keysIterator.HasNext() {
    key, _, err := keysIterator.Next()
    if err != nil {
```

```
        return shim.Error(fmt.Printf("keys operation failed. Error
accessing state: %s", err))
    }
    keys = append(keys, key)
}
```

4.6.3　状态查询和 CouchDB

默认情况下，Fabric 使用 LevelDB 作为世界状态的存储。Fabric 还提供了将世界状态存储在 CouchDB 中的节点配置选项。当资产以 JSON 文档的形式存储时，CouchDB 允许你基于资产状态对资产执行复杂的查询。

查询的格式为本机 CouchDB 描述性 JSON 查询语法。

Fabric 将查询转发到 CouchDB 并返回迭代器 [StateQueryIteratorInterface（）]，该迭代器可用于对结果集进行迭代。基于状态的查询函数的声明如下：

func GetQueryResult（query string）（StateQueryIteratorInterface, error）

在下面的代码片段中，可以看到一个基于状态的查询，查询所有状态为 ACCEPTED 且收到的付款超过 1000 的贸易协定。然后执行该查询并将找到的文档写入终端，如下所示：

```
// CouchDB query definition
queryString :=
`{
    "selector": {
            "status": "ACCEPTED"
            "payment": {
                    "$gt": 1000
            }
    }
}`

fmt.Printf("queryString:\n%s\n", queryString)
// Invoke query
resultsIterator, err := stub.GetQueryResult(queryString)
if err != nil {
    return nil, err
}
defer resultsIterator.Close()

var buffer bytes.Buffer
buffer.WriteString("[")

// Iterate through all returned assets
bArrayMemberAlreadyWritten := false
for resultsIterator.HasNext() {
    queryResponse, err := resultsIterator.Next()
    if err != nil {
        return nil, err
    }
```

```
    if bArrayMemberAlreadyWritten == true {
        buffer.WriteString(",")
    }
    buffer.WriteString("{\"Key\":")
    buffer.WriteString("\"")
    buffer.WriteString(queryResponse.Key)
    buffer.WriteString("\"")

    buffer.WriteString(", \"Record\":")
    buffer.WriteString(string(queryResponse.Value))
    buffer.WriteString("}")
    bArrayMemberAlreadyWritten = true
}
buffer.WriteString("]")

fmt.Printf("queryResult:\n%s\n", buffer.String())
```

请注意，与针对键的查询不同，对状态的查询不会记录到交易的 ReadSet 中。因此，交易验证实际上无法验证世界状态的更改是否在交易的执行和提交之间发生。因此，链码设计必须考虑到这一点；如果一个查询基于预期的调用序列，则可能会出现无效的交易。

4.6.4　索引

对大型数据集执行查询是一项计算复杂的任务。为了提高效率，Fabric 提供了一种在 CouchDB 托管的世界状态上定义索引的机制。请注意，索引对于查询中的排序操作也是必需的。

索引在扩展名为 *.json 的单独文件中用 JSON 格式定义。

下面的代码片段说明了一个与我们之前查看的贸易协定查询相匹配的索引：

```
{
  "index": {
    "fields": [
      "status",
      "payment"
    ]
  },
  "name": "index_sp",
  "type": "json"
}
```

在这里，索引文件放在文件夹 /META-INF/statedb/couchdb/indexes 中。在编译期间，索引与链码一起打包。在节点上安装和实例化链码后，索引将自动部署到世界状态上并由查询使用。

4.6.5　读集和写集

在收到来自客户端的交易调用消息时，背书节点将执行交易。执行在节点的世界状态上下文中调用链码，并将其在账本上的所有数据读写记录到 ReadSet（读集）和 WriteSet（写集）中。

交易的 WriteSet 包含一个键值对的列表，这些键值对在执行链码期间被修改。当某个键的值被修改时（即记录新的键和值或用新的值更新现有的键），WriteSet 将包含更新的键值对。

删除某个键时，WriteSet 将包含该键，该键具有一个将该键标记为已删除的属性。如果在执行链码期间多次修改单个键，则 WriteSet 将包含最新修改的值。

交易的 ReadSet 包含一个键及其版本的列表，这些键及其版本在链码执行期间被访问。键的版本号是由块号和块内交易号组合而来的。这种设计可以帮助有效地搜索和处理数据。交易的另一部分包含有关批量查询及其结果的信息。请记住，当链码读取键的值时，将返回账本中的最新提交值。

如果在链码执行过程中引入的修改被存储在 WriteSet 中，则当链码读取在执行过程中被修改的键时，将返回未修改的提交值。因此，如果在同一执行过程中稍后需要已修改的值，则必须实现链码，以便保留和使用正确的值。

一个交易的 ReadSet 和 WriteSet 示例如下：

```json
{
  "rwset": {
    "reads": [
      {
        "key": "key1",
        "version": {
          "block_num": {
            "low": 9546,
            "high": 0,
            "unsigned": true
          },
          "tx_num": {
            "low": 0,
            "high": 0,
            "unsigned": true
          }
        }
      }
    ],
    "range_queries_info": [],
    "writes": [
      {
        "key": "key1",
        "is_delete": false,
        "value": "value1"
      },
      {
        "key": "key2",
        "is_delete": true
      }
    ]
  }
}
```

4.6.6　多版本并发控制

Fabric 使用多版本并发控制（MultiVersion Concurrency Control，MVCC）机制来确保账本中的一致性，并防止双倍开支问题。双倍开支攻击旨在通过利用系统中的缺陷来引入多次使用或修改同一资源的交易，例如在加密货币网络中多次使用同一个币。键冲突是处理由并行客户端提交的交易时可能发生的另一类问题，它可能会尝试同时修改同一个键 / 值对。

此外，由于 Fabric 的去中心化结构，可以在不同的 Fabric 组件（包括背书节点、排序节点和提交节点）上对交易执行顺序进行不同的排序和提交，从而在交易的计算和提交之间产生延迟，在该延迟内可能发生键冲突。去中心化还使网络容易遇到潜在问题和受到攻击，这些问题和攻击是由客户端有意或无意地修改交易顺序造成的。

为了确保一致性，计算机系统（如数据库）通常使用锁定机制。但是，锁定需要一种中心化的方法，而这在 Fabric 中是不可用的。同样值得注意的是，锁定有时会带来性能损失。

为了解决这个问题，Fabric 使用了存储在账本上的键版本控制系统。版本控制系统的目的是确保交易按顺序被排序和提交到账本，该顺序不会导致不一致。当在提交节点上接收到块时，块中的每个交易都将被验证。该算法检查 ReadSet 中的键及其版本；如果 ReadSet 中每个键的版本与世界状态中相同键的版本或同一块中先前交易的版本匹配，则认为该交易有效。换言之，该算法验证在执行交易期间从世界状态读取的任何数据都没有更改。

如果交易包含批量查询，那么也将验证这些查询。对于每个批量查询，算法检查执行查询的结果是否与执行链码时的结果完全相同，或者是否进行了任何修改。未通过此验证的交易在账本中标记为无效，它们引入的更改不会投影到世界状态。请注意，由于账本是不可变的，因此交易记录保留在账本上。

如果一个交易通过验证，则将 WriteSet 投影到世界状态。交易修改的每个键在世界状态中设置为在 WriteSet 中指定的新值，世界状态中的键版本设置为从交易中继承的版本。这样，就可以避免任何不一致的情况（如双倍开支问题）。同时，在可能发生键冲突的情况下，链码设计必须考虑 MVCC 的行为。这里有多种著名的解决键冲突和 MVCC 的策略，例如拆分资产、使用多个键、交易队列等。

4.7　日志输出

日志是系统代码的重要组成部分，可以分析和检测运行时的问题。

Fabric 中的日志基于标准 Go 日志包 github.com/op/go-logging 实现。日志机制提供了基于严重性的日志控制以及打印美观的消息装饰。日志级别按严重程度降序定义，如下所示：

```
CRITICAL | ERROR | WARNING | NOTICE | INFO | DEBUG
```

日志消息来自所有组件，并写入标准错误文件（stderr）。日志可以通过节点和模块的配置以及链码的代码来控制。

4.7.1　配置

节点日志的默认配置设置为 INFO 级别，但可以通过以下方式控制此级别：

1）用命令行指定日志级别。此选项覆盖默认配置，如下所示：

```
peer node start --logging-level=error
```

请注意，任何模块或链码都可以通过命令行选项进行配置，如以下代码段所示：

```
 peer node start --logging-level=chaincode=error:main=info
```

2）默认日志级别也可以用一个环境变量 CORE_LOGGING_LEVEL 定义，如以下代码段所示：

```
peer0.org1.example.com:
    environment:
        - CORE_LOGGING_LEVEL=error
```

3）core.yml 文件中的配置属性，也可用以下代码定义其网络配置：

```
logging:
    level: info
```

4）core.yml 文件还允许你为特定模块（如 chaincode 或消息格式）配置日志级别，如下所示：

```
 chaincode:
   logging:
        level:   error
        shim:    warning
```

core.yml 文件的注释中提供了有关各种配置选项的更多详细信息。

4.7.2　日志 API

SHIM 包为链码提供了用于创建和管理日志对象的 API。这些对象生成的日志与节点日志集成在一起。

链码可以创建和使用任意数量的日志对象。每个日志对象必须有一个唯一的名称，用于在输出中为日志加前缀，并区分不同日志对象的记录和 SHIM 的记录。（请记住，日志对象名称 SHIM API 是保留的，不应在链码中使用。）每个日志对象都设置了日志严重级别，当日志发送到输出时使用该级别。严重级别为 CRITICAL 的日志总是出现在输出中。下面的代码段列出了在链码中创建和管理日志对象的 API 函数。

```
// Creates a new logging object.
func NewLogger(name string) *ChaincodeLogger

// Converts a case-insensitive string representing a logging level into an
element of LoggingLevel enumeration type.
// This function is used to convert constants of standard GO logging levels
(i.e. CRITICAL, ERROR, WARNING, NOTICE, INFO or DEBUG) into the shim's
enumeration LoggingLevel type (i.e. LogDebug, LogInfo, LogNotice,
LogWarning, LogError, LogCritical).
func LogLevel(levelString string) (LoggingLevel, error)

// Sets the logging level of the logging object.
func (c *ChaincodeLogger) SetLevel(level LoggingLevel)

// Returns true if the logging object will generate logs at the given
```

```
level.
func (c *ChaincodeLogger) IsEnabledFor(level LoggingLevel) bool
```

日志对象 ChaincodeLogger 为每个严重级别的日志记录提供了函数。以下代码段列出了 ChaincodeLogger 的函数。

```
func (c *ChaincodeLogger) Debug(args ...interface{})
func (c *ChaincodeLogger) Debugf(format string, args ...interface{})
func (c *ChaincodeLogger) Info(args ...interface{})
func (c *ChaincodeLogger) Infof(format string, args ...interface{})
func (c *ChaincodeLogger) Notice(args ...interface{})
func (c *ChaincodeLogger) Noticef(format string, args ...interface{})
func (c *ChaincodeLogger) Warning(args ...interface{})
func (c *ChaincodeLogger) Warningf(format string, args ...interface{})
func (c *ChaincodeLogger) Error(args ...interface{})
func (c *ChaincodeLogger) Errorf(format string, args ...interface{})
func (c *ChaincodeLogger) Critical(args ...interface{})
func (c *ChaincodeLogger) Criticalf(format string, args ...interface{})
```

记录的默认格式由 SHIM 的配置定义，该配置在输入参数的打印表示之间插入一个空格。对于每个严重级别，日志对象都提供了一个额外的带有后缀 f 的函数。这些函数允许你用参数 format 控制输出的格式。

日志对象生成的输出模板如下：

```
[timestamp] [logger name] [severity level] printed arguments
```

所有日志对象和 SHIM 的输出被组合并发送到标准错误（stderr）中。

以下代码块说明了创建和使用日志对象的示例：

```
var logger = shim.NewLogger("tradeWorkflow")
logger.SetLevel(shim.LogDebug)

_, args := stub.GetFunctionAndParameters()
logger.Debugf("Function: %s(%s)", "requestTrade", strings.Join(args, ","))

if !authenticateImporterOrg(creatorOrg, creatorCertIssuer) {
    logger.Info("Caller not a member of Importer Org. Access denied:",
creatorOrg, creatorCertIssuer)
}
```

4.7.3　SHIM 日志级别

链码还可以使用 API 函数 SetLoggingLevel 直接控制其 SHIM 的日志严重程度，如下所示：

```
logLevel, _ := shim.LogLevel(os.Getenv("TW_SHIM_LOGGING_LEVEL"))
shim.SetLoggingLevel(logLevel)
```

4.7.4　stdout 和 stderr

在开发阶段，链码可以使用标准输出文件以及由 SHIM API 提供并与节点集成的日志机制。链码作为一个独立的进程执行，因此可以通过 GO 输出函数 [例如，fmt.printf（…）

和 os.stdout] 使用标准输出（stdout）和标准错误（stderr）文件记录输出。默认情况下，当链码进程独立启动时，标准输出在 dev 模式下可用。

在生产环境中，当链码进程由节点管理时，标准输出会因为安全原因被禁用。必要时，可通过将设置节点的配置变量 CORE_VM_DOCKER_ATTACHSTDOUT 来启用。然后将链码的输出与节点的输出结合起来。请记住，这些输出应仅用于调试目的，不应在生产环境中启用。

以下代码段说明了其他 SHIM API 函数：

```
peer0.org1.example.com:
    environment:
        - CORE_VM_DOCKER_ATTACHSTDOUT=true
```

4.7.5　附加 SHIM API 函数

在本节中，我们概述了可用于链码的其他的 SHIM API 函数。

```
// Returns an unique Id of the transaction proposal.
func GetTxID() string

// Returns an Id of the channel the transaction proposal was sent to.
func GetChannelID() string

// Calls an Invoke function on a specified chaincode, in the context of the
current transaction.
// If the invoked chaincode is on the same channel, the ReadSet and
WriteSet will be added into the same transaction.
// If the invoked chaincode is on a different channel, the invocation can
be used only as a query.
func InvokeChaincode(chaincodeName string, args [][]byte, channel string)
pb.Response

// Returns a list of historical states, timestamps and transactions ids.
func GetHistoryForKey(key string) (HistoryQueryIteratorInterface, error)

// Returns the identity of the user submitting the transaction proposal.
func GetCreator() ([]byte, error)

// Returns a map of fields containing cryptographic material which may be
used to implement custom privacy layer in the chaincode.
func GetTransient() (map[string][]byte, error)

// Returns data which can be used to enforce a link between application
data and the transaction proposal.
func GetBinding() ([]byte, error)

// Returns data produced by peer decorators which modified the chaincode
input.
func GetDecorations() map[string][]byte
```

```
// Returns data elements of a transaction proposal.
func GetSignedProposal() (*pb.SignedProposal, error)

// Returns a timestamp of the transaction creation by the client. The
timestamp is consistent across all endorsers.
func GetTxTimestamp() (*timestamp.Timestamp, error)

// Sets an event attached to the transaction proposal response. This event
will be be included in the block and ledger.
func SetEvent(name string, payload []byte) error
```

4.8 总结

设计和实现功能良好的链码是一项复杂的软件工程任务，它需要 Fabric 体系结构的知识、API 函数和 Go 语言的知识，以及对业务需求的正确实现。

在本章中，我们逐步学习了如何以适合于链码实现和测试的 dev 模式启动区块链网络，以及如何使用 CLI 部署和调用链码。然后我们学习了如何实现具体场景的链码。我们研究了 Init 和 Invoke 函数，通过这些函数，链码接收来自客户端的请求，探索了访问控制机制以及开发人员可用于实现链码函数的各种 API。

最后，我们学习了如何测试链码以及如何将日志功能集成到代码中。为了准备下一章内容，现在应该使用 ./trade.sh down -d true 命令来停止你的网络。

第 5 章
公开网络资产和交易

如果你已经读到这里，那么祝贺你！你已经构建了区块链应用的核心和智能合约，该合约可以直接读取，更重要的是，可以操作作为网络记录系统的账本。但是，你还没有接近完成你的工作。正如你想象的那样，合约是一段敏感的代码，必须防止被误用或篡改。

为了产生一个可靠且安全的应用，并且安全地发布给业务用户，你必须用一个或多个保护层来包装智能合约，并将其设计为客户可以通过适当的安全措施远程访问的服务。此外，希望共享账本和智能合约的各个利益相关者可能有独特和特定的业务逻辑需求，这些需求只需要他们（而不是其他人）在合约之上去实现。基于这个原因，运行一个智能合约的区块链应用最终可能会向不同的利益相关者提供不同的视图和功能。

在本章中，你将首先使用我们的交易应用作为指南和示例从头开始学习构建完整的区块链应用。稍后，你将了解到根据你选择的场景在设计应用时需要考虑的各种因素，以及如何将该应用与现有系统和流程集成。

本章将讨论的主题如下：

1）构建完整的应用程序；

2）将应用程序与现有系统和流程集成。

5.1 构建完整的应用程序

在本节中，你将学习如何围绕核心智能合约构建一个完整的应用程序，这些核心智能合约可供已连接在一起并形成网络的业务实体轻松使用。我们将从概述 Hyperledger Fabric 交易流程开始，告诉读者区块链应用程序从用户（或客户）的角度做什么（以及如何做）。我们将使用代码示例向你展示如何围绕业务实体的需求构建、设计和组织网络，创建适当的配置，以及如何从头到尾影响区块链交易的不同阶段。在这个过程的最后，读者将了解如何设计一个 Fabric 应用程序，并通过一个简单的 Web 界面展示它的功能。在本章开头，我们需要拥有的是合约或链码，它是使用 Go 编程手动开发的（见第 4 章）。

在本章的后面，我们将通过更高级的主题指导经验丰富的企业开发人员，如服务设计模式、可靠性和其他常见的工程问题。尽管这些关注点适用于每个分布式应用程序，但我们将讨论基于区块链的应用程序的特殊需求和问题。

5.1.1　Hyperledger Fabric 应用程序的特性

在前面的章节中，我们看到了如何将 Hyperledger 视为分布式交易处理系统，其中的操作流程分阶段进行，最终可能导致网络对等方维护的共享账本的状态发生变化。对于开发人员来说，区块链应用程序是一组流程，通过这些流程，用户可以向智能合约提交交易或从智能合约中读取状态。基于这一点，开发人员必须将用户请求引导到交易流程的不同阶段，并提取结果，以便在流程结束时提供反馈。从本质上讲，应用程序开发人员的工作是围绕智能合约实现一个或多个包装层，而不管合约是自己动手实现的（见第 4 章），还是使用 Hyperledger Composer（见第 6 章）。

以智能合约（或资产实体模型）为核心开发的应用程序可以视为具有一组视图或服务 API 的交易处理数据库应用程序。但是，开发人员必须记住，每个 Hyperledger Fabric 交易都是异步的，也就是说，在提交交易的同一个通信会话中，交易的结果将不可用。这是因为，正如在前几章中看到的，交易必须由网络中的对等方通过协商一致共同批准。因此，共识可能需要无限的时间，交易结果的通信被设计为发布 / 订阅机制。图 5-1 从开发者的角度说明了区块链应用和交易流程。

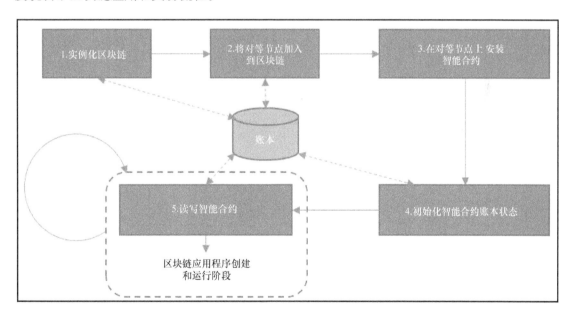

图　5-1

在下面，将更详细地描述此图中提到的操作流程，并将其映射到特定的 Fabric 机制。

1. 应用程序和交易阶段

创建应用程序的第一步是实例化区块链或共享账本本身。在 Fabric 术语中，区块链的一个实例被称为通道。因此，区块链应用程序的第一步是创建一个通道，并使用通道的创世区块引导网络排序相关服务。

下一步是对等网络的初始化，在该初始化过程中，所有选择运行应用程序的对等节点都必须加入到通道中，这一过程允许每个对等节点维护账本的一个副本，该副本初始化为空的键值存储。加入通道的每一个对等方都将拥有账本的提交（更新）特权，并且可以参与到 gossip 协议，以便彼此同步账本状态。

创建对等网络后，将在该网络上安装智能合约。在智能合约运行之前，加入通道的对等方的一个子集将被选中；换句话说，他们将拥有背书特权。合同代码将部署到这些对等端，并被构建以供后续操作使用。如你所知，到目前为止，合约在 Fabric 术语中被称为链码，这是本章其余部分将使用的术语。

一旦将链码安装到背书节点上，它将根据嵌入其中的逻辑进行初始化（见第 4 章）。

此时，除非在前面的一个或多个步骤中出现错误，否则应用程序将启动并运行。现在，可以将交易发送到链码，以更新账本（调用）的状态，或者在应用程序生命周期内读取账本状态（查询）。

 应用程序可能会随着时间变化或演变，需要执行图 5.1 中未捕捉到的特殊操作：区块链应用程序创建和运行的阶段。这些将在第 9 章中进行描述。

在 5.1.2 节中，将通过适当的代码和说明告诉读者如何围绕第 4 章中开发的链码来构建交易应用程序。

2. 应用模型和体系结构

编写 Fabric 应用程序的过程从链码开始，但最终开发人员必须明智地决定终端用户或软件代理商如何与该链码交互。如何将链码的资产以及运行链码的区块链网络的相关操作暴露给用户，这是一个需要谨慎处理的问题。如果这些功能在没有限制的情况下暴露出来，特别是涉及区块链引导和配置的功能，则可能造成严重损害。链码本身的正确操作不仅依赖于其内部逻辑，还依赖于构建在其上面的合适的访问控制。正如我们在前一节中看到的，设置应用程序并准备使用它是一个复杂的过程。此外，更新账本的交易的异步性质要求链码和用户之间有仲裁层。为了让用户专注于影响应用程序的交易，而不是网络模块的细节，所有这些复杂性都应该尽可能隐藏起来。正因为如此，三层体系结构已经发展成为 Fabric 应用程序的标准，如图 5-2 所示。

最底层是直接在共享账本上运行的智能合约，可以使用一个或多个链码单元编写。这些链码运行在网络的节点上，并且公开一组用于调用和查询的服务 API，同时发布交易结果的事件通知，以及在通道上发生配置更改的事件通知。

中间层是协调区块链应用程序各个阶段的功能（见图 5.1 中的区块链应用程序创建和运行的阶段）。Hyperledger Fabric 提供 SDK（目前在 Node.js 和 Java 中可用）来执行诸如通道创建和加入、用户注册和用户登记以及链码操作等功能。此外，SDK 还提供了订阅来自网络的交易和配置相关事件的机制。根据应用程序的需要，可以维护一个链外数据库以方便使用，或者作为账本状态的缓存。

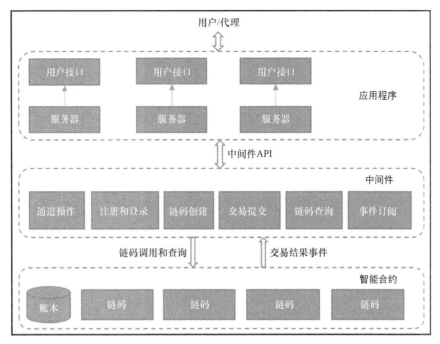

图　5-2

最顶层是一个面向用户的应用程序，它导出的服务 API 主要由特定应用程序的功能组成，但管理员操作（如通道和链码操作）也可能公开给系统管理员使用。通常，还应提供用户接口以便于使用，但如果用户是软件代理商，则定义良好的 API 就足够了。我们将此层简单地称为应用程序，因为这是终端用户（或代理）将看到的。此外，考虑到任何区块链应用程序和网络都是不同参与者的集合体，这一层通常由多个为不同参与者量身定制的应用程序堆栈组成。

这个体系结构不应该一成不变，它仅仅是作为开发人员的指导方针。根据应用程序的复杂性，层的数量和垂直结构（或不同的应用程序）可能会有所不同。对于具有少量功能的非常简单的应用程序，开发人员甚至可以选择将中间件层和应用程序层压缩为一个。不过，更一般地说，这种解耦使不同的功能集能够向不同的网络参与者公开。例如，在我们的贸易使用案例中，监管者和出口商将以不同的方式查看区块链，并有不同的需求，因此，需要为他们构建不同的服务集（应用），而不是强制将所有功能安装到一个具有统一接口的单一应用程序中。然而，这两个应用程序都应该隐藏网络操作的复杂性，例如通道的创建和加入，或者一些特权操作（例如以类似的方式将链码安装到对等节点上），所有这些都受益于通用中间件层。

用户直接与之交互的应用程序层的设计方式有很多选择且同时具有一定复杂性，在本章后面将深入探讨这些选择和复杂性。不过，首先，将描述如何实现 Fabric 应用程序的内部结构，重点介绍基本元素。出于指导的目的，最顶层将是一个简单的 Web 服务器，它公开了一个 RESTful 服务 API。

> 这种体系结构背后的思想和驱动它的原则独立于底层的区块链技术。要在不同于 Hyperledger Fabric 的区块链平台上实现相同的应用程序，只需重新实现智能合约和中间件层的某些部分。应用程序的其余部分可以保持原样，终端用户不会注意到任何差异。

5.1.2　构建应用程序

既然我们不仅了解了设计分层的 Fabric 应用程序的方法，而且了解了其背后的哲学原理，那么现在就可以投入到实现中。在前两章中，我们讨论了如何实现和测试最底层，或者链码。因此，我们可以假设读者现在已经准备好添加中间件层和应用程序层，这将在下面的章节中进行演示。

中间件和应用程序代码测试的先决条件是运行网络。在继续下一节之前，请确保我们在第 3 章中配置并启动的由 4 个组织构成的示例网络（根据业务场景设置阶段）仍在运行。

5.1.3　中间件——封装和驱动链码

图 5-3 将"应用程序和交易阶段"部分中讨论的交易阶段映射到相关 Fabric 术语，并使用 Fabric 术语进行描述。

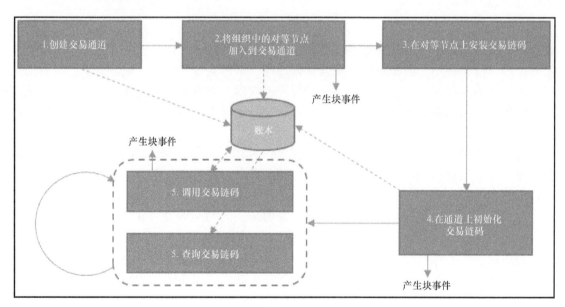

图　5-3

Fabric 节点、排序节点和 CA（或 MSP）通过 gRPC 与由节点生成的用来运行链码的进程（该进程实际上是 Docker 容器）进行通信。此进程为通道和链码运行提供了基于 JSON RPC 2.0 规范的终端服务。我们可以使用服务规范编写一个直接与链码通信的应用程序，但是随后还必须编写逻辑代码来解析和解释其有效负载。由于 Fabric 平台及其规范可能在未来发生变化，因此这不一定是编写应用程序（尤其是出于生产目的）的最佳和最易维护的方法。幸运的是，Hyperledger Fabric 提供了运行链码的方法，同时以两种不同的方式隐藏接口规范和通信协议的详细信息：

1）命令行接口（CLI）：Fabric 提供可以在终端运行的命令，以执行图 5-3（区块链应用程序的创建和运行的相关阶段）所示的各种操作。运行这些命令的工具是 peer（对等节点），它是在下载 Fabric 源代码并构建它（使用 make 或 make peer）时生成的。可以通过输入不同的命令来执行不同的通道和链码操作，你将在本节中看到一些示例。

2）软件开发工具包（SDK）：Hyperledger 提供一个工具包和一组库，用于简单地开发应用程序，用多种语言封装通道和链码运行，例如 Node.js、Java、GO 和 Python。这些 SDK 还提供与 MSP 或 Fabric CA 实例交互的功能。

尽管 CLI 工具可以用于测试和演示，但它们不适合应用程序的开发。除了前面提到的功能外，SDK 库还提供了订阅来自网络事件的能力，从而传递有关驱动应用程序逻辑状态更改的信息。我们将使用 Node.js SDK 演示如何构建中间件层和更高层应用程序。读者可以选择其他语言或者使用其他 SDK 中的一个来构建等价的应用程序。

1. 工具和依赖项的安装

我们所构建的作为中间件层一部分的功能模块可以在代码仓库的中间件层文件夹中找到。

（1）创建和运行中间件层的先决条件

读者应该熟悉 Node.js/JavaScript 编程（尤其是 Promise 模式）以及 Node.js 和 npm 工具的用法：

1）安装 Node.js 和 npm。

2）安装 fabric-client 和 fabric-ca-client 的 npm 库。

你可以通过运行 npm install<package-name> 或在 package.json 文件中设置名称和版本从 npm registry 源安装所需要的软件包，例如，中间件层文件夹中的 package.json 在 dependencies 部分包含以下条目：fabric-ca-client: ^1.1.0 和 fabric-client: ^1.1.0。

3）这意味着安装这些软件包的 1.1.0 版本。

或者，你可以下载 Fabric SDK 节点源代码，并在本地导入两个库，如下所示：

① 在 fabric-client 和 fabric-ca-client 文件夹中运行 npminstall。

② 通过在 middleware/package.json 中指定到上述文件夹的路径，或者使用 npm 链接命令向 middleware/node_modules 中的软件包添加符号链接，将这些软件包作为依赖项进行安装。

在以下部分中，我们将使用 fabric-client 库执行涉及一般节点和排序节点的通道和链码操作，以及使用 fabric-ca-client 库执行涉及 CA（或 MSP）的用户注册和登记操作。

（2）依赖项的安装

在中间件层文件夹中运行npm install来安装package.json中指定的包（库）及其依赖项。你应该看到下载到 node_modules 文件夹的包。常规安装依赖项和配置中间件层的一种更简单的方法是使用 Makefile 自动生成。你可以简单地在中间件层文件夹中运行 make 命令；请参阅第 8 章，了解有关设置和构建开发和测试环境的更多详细信息。

2. 创建和运行中间件

我们现在将编写函数执行和编排图 5-3 所示的各个阶段。但首先，将概述应用程序必须设置的各种配置参数，以便让应用程序能够按预期正常运行。

（1）网络配置

编写中间件的第一步是收集所有必要的配置信息，以识别和连接到我们在前面创建和启动的网络的各个元素。特别是在用 JavaScript 编写代码时，用 JSON 格式表示这种配置非常有用。在示例代码中，config.json 文件正是网络的配置文件。此文件包含网络的描述，其属性包含在 trade-network 对象中。此对象的每个属性描述了作为网络一部分的每个唯一组织的配置，但名为排序（orderer）的属性除外，该属性只引用排序（orderer）节点。（注意：对于仅包含一个排序节点的简单网络来说，这已经足够了。）让我们以 Exporterorg 属性为例来检查每个组织的描述中必须指定的配置项：

```
"exporterorg": {
  "name": "peerExporterOrg",
  "mspid": "ExporterOrgMSP",
  "ca": {
    "url": "https://localhost:7054",
    "name": "ca-exporterorg"
  },
  "peer1": {
    "requests": "grpcs://localhost:7051",
    "events": "grpcs://localhost:7053",
    "server-hostname": "peer0.exporterorg.trade.com",
    "tls_cacerts": "../network/crypto-
config/peerOrganizations/exporterorg.trade.com/peers/peer0.exporterorg.trad
e.com/msp/tlscacerts/tlsca.exporterorg.trade.com-cert.pem"
  }
},
```

mspid 属性的值必须与 network/configtx.yaml 中指定的值匹配，以便我们的中间件能够与为网络创建的通道属性和加密材料兼容。CA 的名称和端口信息必须与 network/docker-compose-e2e.yaml 中指定的内容匹配。因为我们在每个组织中只有一个对等节点（peer），为了方便起见，我们将其命名为对等节点（尽管可以轻松地在设置多对等节点组织的时候定义不同的模式）。请注意，对等节点可以为其他节点的请求和事件订阅提供服务，并且端口与 network/base/docker-compose-base.yaml 中公开的端口匹配。服务器主机名还必须与 configtx.yaml 和 docker-compose 配置中指定的主机名匹配。当我们的网络元素使用 TLS 连接时，还必须在此处指定对方的 TLS 证书的路径。

最后，如果将前面的配置片段与其他组织的配置进行比较，你将注意到列出的端口与 docker-compose 配置中公开的端口完全匹配。例如，出口商、进口商、承运人和监管机构各位维护的节点分别监听了 7051、8051、9051 和 10051 端口的请求。URL 中的主机名指本地主机，因为我们的网络元素的所有容器都是在本地主机上运行。

（2）背书策略

下一步是为我们的链码制定一个背书策略，在实例化期间将其提交给账本。此背书策略规定了需要属于哪些角色和组织的多少个对等节点来为被提交到账本的一笔交易（或调用）作出背书。在示例代码中，constants.js 中列出了不同的背书策略，其中包含中间件使用的各种设置和关键字。我们将使用 ALL_FOUR_ORG_MEMBERS 这个变量：

```
var FOUR_ORG_MEMBERS_AND_ADMIN = [
  { role: { name: 'member', mspId: 'ExporterOrgMSP' } },
  { role: { name: 'member', mspId: 'ImporterOrgMSP' } },
  { role: { name: 'member', mspId: 'CarrierOrgMSP' } },
  { role: { name: 'member', mspId: 'RegulatorOrgMSP' } },
  { role: { name: 'admin', mspId: 'TradeOrdererMSP' } }
];
var ALL_FOUR_ORG_MEMBERS = {
  identities: FOUR_ORG_MEMBERS_AND_ADMIN,
  policy: {
    '4-of': [{ 'signed-by': 0 }, { 'signed-by': 1 }, { 'signed-by': 2 }, {
'signed-by': 3 }]
  }
};
```

背书的主体列表将在策略的属性中指定，指的是 4 个对等节点（peer）组织的成员（或普通）用户，以及排序者（orderer）组织的管理员用户。这里的策略属性说明需要 4 个 peer 组织中每一个组织的成员的认可；总共需要 4 个签名。

变量 TRANSACTION_ENDORSEMENT_POLICY 默认被设置为 constants.js 中的 ALL_FOUR_ORG_MEMBERS，将在本节后面用于配置通道背书策略。

（3）用户记录

对于通道世界状态以及各自组织的用户密钥和证书，我们将使用基于文件的存储，如 clientUtils.js 中所述：

```
var Constants = require('./constants.js');
var tempdir = Constants.tempdir;
module.exports.KVS = path.join(tempdir, 'hfc-test-kvs');
module.exports.storePathForOrg = function(org) {
  return module.exports.KVS + '_' + org;
};
```

在 constants.js 中，tempdir 被初始化为

```
var tempdir = "../network/client-certs";
```

或者，你也可以使用 os.tempdir（）函数将存储位置设置为位于操作系统指定的临时文件夹中；你只需要在那里创建一个子文件夹（例如＜文件夹名＞）。在典型的 Linux 系统上该存储位置将默认为 /tmp/＜文件夹名＞/，并为每个组织在那里创建文件夹。当我们进行各种操作时，将看到这些文件夹被生成，并且相关文件被添加到其中。

（4）客户端注册和登记

虽然可以使用 cryptogen 工具静态创建组织用户的加密材料，但我们必须在中间件中构建动态创建用户标识和凭证的功能，并使这些用户能够登录到网络以提交交易和查询账本状态。这些操作需要具有特权访问权限的用户（或管理员）进行仲裁，这些用户必须在 fabric-ca-server 启动时创建。默认情况下，管理用户被赋予账号 ID admin 和密码 adminpw，

这是我们将在本节中练习的内容。我们创建和启动的网络使用这些默认值，读者可以在 fabric-ca-server 中修改它们，并使用 network/docker-compose-e2e.yaml 来启动命令（以下来自 exporter-ca 部分）：

```
fabric-ca-server start --ca.certfile /etc/hyperledger/fabric-ca-server-
config/ca.exporterorg.trade.com-cert.pem --ca.keyfile
/etc/hyperledger/fabric-ca-server-
config/cc58284b6af2c33812cfaef9e40b8c911dbbefb83ca2e7564e8fbf5e7039c22e_sk
-b admin:adminpw -d
```

通过管理员创建用户的步骤如下：

1）从本地存储加载管理用户凭据。

2）如果凭据不存在，通过注册或登录，管理员将访问 Fabric CA 服务器并获取其凭据（私钥和登记证书）

3）让管理用户向 Fabric CA 服务器注册另一个具有给定 ID、指定角色和关联的用户。

4）使用注册时返回的密钥，注册新用户并获取该用户的相关凭据。

5）将凭据保存到本地存储。

此示例代码可在 clientUtils.js 中找到，其中以下代码段主要来自 getUserMember 函数，该函数接受管理员凭据、用户想要注册的组织名称以及要注册用户的名称 /ID 作为函数参数。同时客户端（Fabric 客户端实例或客户端对象）句柄也必须传递给函数：

```
var cryptoSuite = client.getCryptoSuite();
if (!cryptoSuite) {
  cryptoSuite = Client.newCryptoSuite();
  if (userOrg) {
    cryptoSuite.setCryptoKeyStore(Client.newCryptoKeyStore({path:
module.exports.storePathForOrg(ORGS[userOrg].name)}));
    client.setCryptoSuite(cryptoSuite);
  }
}
```

前面的代码将客户端句柄与本地存储（按组织分区）相关联，以存储管理员和动态创建的其他用户的凭据：

```
var member = new User(adminUser);
member.setCryptoSuite(cryptoSuite);
```

此代码确保管理员用户句柄将与我们的存储关联：

```
var copService = require('fabric-ca-client/lib/FabricCAClientImpl.js');
var caUrl = ORGS[userOrg].ca.url;
var cop = new copService(caUrl, tlsOptions, ORGS[userOrg].ca.name,
cryptoSuite);
return cop.enroll({
  enrollmentID: adminUser,
```

```
    enrollmentSecret: adminPassword
}).then((enrollment) => {
    console.log('Successfully enrolled admin user');
    return member.setEnrollment(enrollment.key, enrollment.certificate,
ORGS[userOrg].mspid);
})
```

这里，我们使用 fabric-ca-client 库连接到与给定组织关联的 fabric-ca-server 实例（其 URL 可以从 config.json 获得；例如，进口商组织的 caUrl 将为 https://localhost:7054）。登录功能允许管理员使用 MSP 登录，并获取登录密钥和证书。

现在，已经以成员对象的形式为管理员用户提供了一个句柄，我们可以使用它来注册一个具有用户 ID 的新用户，用户 ID 由其用户名表示，如下所示：

```
var enrollUser = new User(username);
return cop.register({
    enrollmentID: username,
    role: 'client',
    affiliation: 'org1.department1'
}, member).then((userSecret) => {
    userPassword = userSecret;
    return cop.enroll({
        enrollmentID: username,
        enrollmentSecret: userSecret
    });
}).then((enrollment) => {
    return enrollUser.setEnrollment(enrollment.key, enrollment.certificate,
ORGS[userOrg].mspid);
}).then(() => {
    return client.setUserContext(enrollUser, false);
}).then(() => {
    return client.saveUserToStateStore();
})
```

在注册期间，我们可以指定用户的角色，在前面的代码中是一个客户端，允许通过用户名向链码提交调用和查询。此处指定的隶属关系是在 Fabric CA 服务器配置中指定的组织内的一个子分支（如何更新此配置将留给读者作为练习；此处，我们将使用默认隶属关系）。使用返回的密钥，用户名现在已注册到服务器，并保存其密钥和登录证书。

调用 client.setUserContext 函数将此用户与客户端句柄关联，调用 client.saveUserToStateStore 函数将用户的凭据保存到本地存储。

获取管理员用户句柄的类似函数是 getAdmin 和 getMember 函数，也在 clientUtils.js 中定义。前者检索使用 cryptogen 创建其凭证的管理员用户，而后者动态创建新的管理员成员。

（5）创建一个通道

要创建我们的交易通道，首先需要使用 config.json 中的配置来实例化 fabric-client 实例和 orderer 节点的句柄（请参阅 create-channel.js 中的 createChannel 函数）：

```
var client = new Client();
var orderer = client.newOrderer(
  ORGS.orderer.url,
  {
    'pem': caroots,
    'ssl-target-name-override': ORGS.orderer['server-hostname']
  }
);
```

我们使用基于文件的键值存储来保存账本的状态，如下所示（这里留给读者练习如何使用 CouchDBKeyValueStore.js 尝试其他类型的存储，例如 CouchDB）：

```
utils.setConfigSetting('key-value-store', 'fabric-
client/lib/impl/FileKeyValueStore.js');
```

接下来，我们必须为 orderer 节点注册管理员用户（使用前一部分中讨论的机制），注册成功后，必须提取我们使用 configtxgen 工具创建的通道配置（请参阅 network/channelarti-facts/channel.tx）。此配置文件的路径在 constants.js 中设置：

```
let envelope_bytes = fs.readFileSync(path.join(__dirname,
Constants.networkLocation, Constants.channelConfig));
config = client.extractChannelConfig(envelope_bytes);
```

我们现在需要为 4 个组织中的每个组织注册一个管理员用户。这 4 个管理员以及 orderer 节点管理员中的每一个都必须对通道配置进行签名，并按如下方式收集签名：

```
ClientUtils.getSubmitter(client, true /*get the org admin*/, org)
.then((admin) => {
  var signature = client.signChannelConfig(config);
  signatures.push(signature);
});
```

getSubmitter 函数在 clientUtils.js 中定义，是将给定组织的成员（普通成员或管理员）与客户端对象相关联的间接方式。换句话说，它将客户端对象与用户的签名身份（凭证和 MSP 标识）相关联。在下面，getSubmitter 将使用到函数 getAdmin、getUserMember 和 get-Member，我们在前面的章节中描述过这些函数。

 getOrderAdminSubmitter 类似于 getSubmitter，向 orderer 组织的管理员用户返回一个句柄。

最后，我们准备构建创建通道的请求并将其提交给 orderer 节点：

```
let tx_id = client.newTransactionID();
var request = {
  config: config,
  signatures : signatures,
  name : channel_name,
  orderer : orderer,
  txId : tx_id
};
return client.createChannel(request);
```

　　实际创建通道可能需要几秒钟，因此应用程序逻辑应该等待一段时间才能返回成功的结果。channel_name 参数在 clientUtils.js，我们设置为 tradechannel，这是我们在启动网络时设置的（参见 network / trade.sh）。通道创建步骤包括使用我们在本章前面使用 configtx-gen 创建的创世区块初始化区块链。创世区块只是附加到链的第一个配置块。配置块包括通道的规范和作为其一部分的组织，以及其他内容；这样的块不包含链码交易。当我们讨论如何增强网络时，我们将在第 9 章中再次处理配置块。

　　现在，我们创建通道所需要做的就是调用 createChannel（'tradechannel'）函数并等待结果。这是我们测试代码 createTradeApp.js 的第一步，它执行图 5-3 所示的基本操作序列。

```
var Constants = require('./constants.js');
var createChannel = require('./create-channel.js');
createChannel.createChannel(Constants.CHANNEL_NAME).then(() => { ...... })
```

　　我们用于将不同签名身份与公共客户端对象关联，然后在单个流程中签署通道配置的代码纯粹用于演示目的。在现实构建应用程序中，属于不同组织的不同用户的签名身份是私有的，必须加以保护；因此，不存在将它们集中在一个共同位置的问题。相反，通道配置必须由不同组织的管理员独立签名，并使用一些带外机制传递以累积签名（并验证它们）。更新配置时必须采用类似的机制（参见第 9 章）。对于通道加入和链码安装，也必须遵循独立的、分散的程序，尽管我们使用集中过程为方便起见展示了基本机制。

（6）加入一个通道

　　现在已经创建了 tradechannel，我们的 4 个 peer（每个组织中有一个）必须加入到通道中，这一步骤初始化每个节点上的账本并准备 peer 在其上运行链码和交易。为此，我们需要重用上一步中创建的客户端句柄或使用类似的操作序列实例化一个句柄。此外，我们必须实例化通道的句柄，注册 orderer，并获取创世区块（使用通道配置在创建步骤中隐式发送到 orderer），如 join-channel.js 中的 joinChannel 函数的代码片段所示：

```
var channel = client.newChannel(channel_name);
channel.addOrderer(
  client.newOrderer(
    ORGS.orderer.url,
    {
      'pem': caroots,
      'ssl-target-name-override': ORGS.orderer['server-hostname']
    }
  )
);
tx_id = client.newTransactionID();
let request = { txId : tx_id };
return channel.getGenesisBlock(request);
```

transaction 的 ID 参数在前面的 getGenesisBlock 调用中是可选的。现在，对于每个组织，我们必须获得管理员用户的句柄，然后管理员用户将为属于该组织的 peer 提交加入通道请求：

```
return ClientUtils.getSubmitter(client, true /* get peer org admin */,
org);
for (let key in ORGS[org])
  if (ORGS[org].hasOwnProperty(key)) {
    if (key.indexOf('peer') === 0) {
      data = fs.readFileSync(path.join(__dirname,
ORGS[org][key]['tls_cacerts']));
      targets.push(
        client.newPeer(
          ORGS[org][key].requests,
          {
            pem: Buffer.from(data).toString(),
            'ssl-target-name-override': ORGS[org][key]['server-hostname']
          }
        )
      );
    }
  }
}
tx_id = client.newTransactionID();
let request = {
  targets : targets,
  block : genesis_block,
  txId : tx_id
};
let sendPromise = channel.joinChannel(request, 40000);
```

与在通道创建过程中一样，getSubmitter 函数在提交通道加入请求之前将特定组织的管理员的签名标识与客户端对象相关联。此请求包含创世区块以及该组织中每个 peer 的配置（从包含 config.json 中每个组织内的对等前缀的属性加载，如上面的代码所示）。

上面指出了 40s 的大量等待时间，因为此过程可能需要一段时间才能完成。此加入过程需要由每个组织的管理员独立执行；因此，函数 joinChannel（<org-name>）按顺序调用主函数 processJoinChannel 4 次，在 createTradeApp.js 的测试脚本中调用，如下所示：

```
var joinChannel = require('./join-channel.js');
joinChannel.processJoinChannel();
```

 在典型的生产网络中，每个组织将独立运行加入过程，但仅限于组织里的 peer。我们在存储库中使用的编排代码（join-channel.js 中的 processJoinChannel）是为了方便和测试。

（7）链码的安装

链码的安装导致将源代码复制到我们选择作为背书节点的 peer，并且每个安装都与用户定义的版本相关联。main 函数 installChaincode 在 install-chaincode.js 中实现。该函数依次为 4 个组织中的每个组织调用 installChaincodeInOrgPeers 函数；后一个函数在给定组织的对等方上安装链码。与通道连接的情况一样，我们为给定组织创建客户端和通道句柄，为该组织注册管理员用户，并将该用户与客户端句柄相关联。下一步是创建安装提议并将其提交给 orderer 节点，如下所示：

```
var request = {
  targets: targets,
  chaincodePath: chaincode_path,
  chaincodeId: Constants.CHAINCODE_ID,
  chaincodeVersion: chaincode_version
};
client.installChaincode(request);
```

targets 指的是组织中支持 peer 的配置，并从 config.json 加载。chaincodeId 和 chaincodeVersion 可以由调用者设置（默认值分别在 constants.js 中设置为 tradecc 和 v0），但是 chaincodePath 必须引用包含源代码的位置。在我们的场景中，该位置指的是本地文件系统上的路径：github.com/trade_workflow。

在 SDK 的内部，安装请求将链码的源代码打包成一个名为 ChaincodeDeploymentSpec（CDS）的规定格式。然后签署此包（由与客户端对象关联的组织管理员）以创建 Signed-ChaincodeDeploymentSpec，然后将其发送到生命周期系统链码（Lifecyck System Chaincode，LSCC）进行安装。

上述过程描述了一种简单的情况，其中签名的 CDS 的每个实例仅具有与发出安装请求的客户端相关联的身份的签名。Fabric 支持更复杂的场景，CDS 可以传递给不同的客户（各个组织），并在收到安装请求之前由每个客户签名。建议读者使用可用的 API 函数和 Fabric 数据结构来尝试此变体。

通过检查来自每个目标 peer 的提议响应来确定安装请求是否成功，如下所示：

```
if (proposalResponses && proposalResponses[i].response &&
proposalResponses[i].response.status === 200) {
  one_good = true;
  logger.info('install proposal was good');
}
```

最后，为了在整个网络上编排安装，我们调用 install-chaincode.js 中定义的 installChaincode 函数。为了让 fabricclient 知道从哪里加载链码，我们暂时在进程中设置 GOPATH 以指向我们项目中的正确位置，即链码文件夹：

这个只适用于用 GO 语言写的链码：
```
process.env.GOPATH = path.join(_dirname,Constants.chaincodeLocation);
```

为了成功安装，chaincode 文件夹必须包含名为 src 的子文件夹，在该子文件夹中，安装提议中发送的 chaincode 路径必须指向实际代码。如你所见，这最终解析为我们的代码库中的 chaincode/src/github.com/trade_workflow，它确实包含我们在第 4 章开发的源代码。

在我们的 createTradeApp.js 脚本中，现在可以简单地调用：

```
var installCC = require('./install-chaincode.js');
installCC.installChaincode(Constants.CHAINCODE_PATH,
Constants.CHAINCODE_VERSION);
```

在典型的生产网络中，每个组织将独立运行安装过程（在 installChaincodeInOrgPeers 函数中定义），但仅限于其支持 peer。我们在存储库中使用的编排代码（install-chaincode.js 中的 installChaincode）是为了方便和测试。

（8）链码的实例化

既然网络中的背书节点拥有链码，我们必须在整个通道中实例化该链码，以确保使用正确的数据集（或键值对）初始化分类账的所有副本。这是智能合约设置的最后一步，然后才能将其打开以进行常规操作。实例化是一个事件，它调用 LSCC 来初始化通道上的链码，从而绑定两者并将前者的状态与后者隔离。

任何授权初始化链码的组织都应该集中触发此操作（在我们的示例代码中，使用 Importer 组织的管理员）。同样，这遵循简单的方案（在前面的安装部分中有描述），其中链码包由单个组织管理员签名。

默认的通道实例化策略要求任何通道的 MSP 管理员触发操作，但如果需要，可以在已签名的 CDS 结构中设置不同的策略。此外，触发实例化操作的实体还必须配置通道，我们使用 configtxgen 创建通道配置的过程隐式地为 4 个组织的管理员提供了写权限（有关通道配置策略的详细讨论超出了本书的范围）。

实现链码实例化的函数在 instantiatechaincode.js 中实现为 instantiateOrUpgradeChaincode。此函数既可用于实例化新部署的链码，也可用于更新已在通道上运行的链码（请参阅第 9 章）。与前面的阶段一样，我们必须创建客户端和通道句柄，并与客户端的通道句柄相关联。此外，必须将网络中的所有支持 peer 添加到通道中，然后必须使用与通道关联的 MSP（来自 4 个组织中的每一个）初始化通道对象：

```
channel.initialize();
```

这将设置通道以验证证书和签名，例如，从 peer 收到的签名。接下来，我们构建一个实例化提议，并将其提交给通道上的所有背书节点（来自 buildChaincodeProposal 函数的代码段）：

```
var tx_id = client.newTransactionID();
var request = {
  chaincodePath: chaincode_path,
  chaincodeId: Constants.CHAINCODE_ID,
  chaincodeVersion: version,
  fcn: funcName,
  args: argList,
  txId: tx_id,
  'endorsement-policy': Constants.TRANSACTION_ENDORSEMENT_POLICY
};
channel.sendInstantiateProposal(request, 300000);
```

链码的路径以及 ID 和版本必须与安装提议中提供的路径相匹配。另外，我们必须提供将被发送到链码并执行的函数名称和参数列表。（在我们的链码中，这将执行 Init 函数。）另请注意，该提案包含我们之前设置的认可策略（Constants.TRANSACTION_ENDORSEMENT_POLICY），这需要 4 个组织中的每个组织的成员支持链码调用。oderer 返回的提案响应（每个背书节点一个响应）必须以与安装阶段相同的方式进行验证。使用前面 channel.sendInstantiateProposal 调用的结果，我们现在必须构建一个实例化交易请求并将其提交给 orderer：

```
var proposalResponses = results[0];
var proposal = results[1];
var request = {
  proposalResponses: proposalResponses,
  proposal: proposal
};
channel.sendTransaction(request);
```

对 channel.sendTransaction 的成功响应将允许我们的中间件在成功提交实例化的基础上继续。但是，这并不表示实例化将成功结束对共享账本的提交；为此，我们的代码必须订阅事件，我们将在本节后面看到如何做到这一点。

我们在 createTradeApp.js 中的脚本触发链码实例化，如下所示：

```
var instantiateCC = require('./instantiate-chaincode.js');
instantiateCC.instantiateOrUpgradeChaincode(
  Constants.IMPORTER_ORG,
  Constants.CHAINCODE_PATH,
  Constants.CHAINCODE_VERSION,
  'init',
  ['LumberInc', 'LumberBank', '100000', 'WoodenToys', 'ToyBank', '200000',
'UniversalFrieght', 'ForestryDepartment'],
  false
);
```

最后一个参数设置为 false，表示必须执行实例化而不是升级。第一个参数（Constants.IMPORTER_ORG）表示实例化请求必须由导入程序组织的成员（在此上下文中为管理员）提交。

如果实例化成功，则链码将在 Docker 容器中构建，每个容器对应于每个背书节点，并且部署为代表其 peer 接收请求。如果你运行 docker ps -a，除了在启动网络时创建的内容之外，你还应该看到类似的内容：

```
CONTAINER ID    IMAGE      COMMAND     CREATED     STATUS     PORTS     NAMES
b5fb71241f6d      dev-peer0.regulatororg.trade.com-tradecc-v0-
cbbb0581fb2b9f86d1fbd159e90f7448b256d2f7cc0e8ee68f90813b59d81bf5
"chaincode -peer.add..."     About a minute ago     Up About a minute
dev-peer0.regulatororg.trade.com-tradecc-v0
077304fc60d8      dev-peer0.importerorg.trade.com-tradecc-
v0-49020d3db2f1c0e3c00cf16d623eb1dddf7b649fee2e305c4d2c3eb5603a2a9f
"chaincode -peer.add..."     About a minute ago     Up About a minute
dev-peer0.importerorg.trade.com-tradecc-v0
8793002062d7      dev-peer0.carrierorg.trade.com-tradecc-v0-
ec83c1904f90a76404e9218742a0fc3985f74e8961976c1898e0ea9a7a640ed2
"chaincode -peer.add..."     About a minute ago     Up About a minute
dev-peer0.carrierorg.trade.com-tradecc-v0
9e5164bd8da1      dev-peer0.exporterorg.trade.com-tradecc-v0-
dc2ed9ea732a90d6c5ffb0cd578dfb614e1ba14c2936b0ae785f30ea0f37da56
"chaincode -peer.add..."     About a minute ago     Up About a minute
dev-peer0.exporterorg.trade.com-tradecc-v0
```

（9）调用链码

现在我们已经完成了通道的设置并安装了用于交易的链码，我们需要实现函数来执行链码调用。我们的代码位于 invoke-chaincode.js 中的 invokeChaincode 函数。

调用 chaincode 的过程与我们实例化的过程相同，代码也类似。调用者必须构建一个交易提案，该提案由要调用的链码函数的名称和要传递给它的参数组成。只提供 chaincode ID（在我们的实现中使用 tradecc）就足以识别 chaincode 过程以指导请求：

```
tx_id = client.newTransactionID();
var request = {
  chaincodeId : Constants.CHAINCODE_ID,
  fcn: funcName,
  args: argList,
  txId: tx_id,
};
channel.sendTransactionProposal(request);
```

与实例化提案的一个区别是，此操作通常不需要组织中的管理员用户；任何普通会员都可以。必须将此提案发送给足够的背书节点，以收集正确的签名集以满足我们的认可政策。这是通过将我们网络中的所有 4 个 peer 添加到通道对象（必须以与前一阶段相同的方式创建和初始化）来完成的。一旦以与实例化提案相同的方式收集和验证提案响应，就必须构建交易请求并将其发送给 orderer：

```
var request = {
  proposalResponses: proposalResponses,
  proposal: proposal
};
channel.sendTransaction(request);
```

我们从 createTradeApp.js 中的测试脚本调用 invokeChaincode。我们想要执行的链码函数是 requestTrade，它按时间顺序是用户应该在 Importer 中调用的第一个函数（回想一下，我们

在 chaincode 中构建了访问控制逻辑，以确保只有 Importer 组织的成员可以提交请求交易):

```
var invokeCC = require('./invoke-chaincode.js');
invokeCC.invokeChaincode(Constants.IMPORTER_ORG,
Constants.CHAINCODE_VERSION, 'requestTrade', ['2ks89j9', '50000','Wood for
Toys', 'Importer']);
```

最后一个参数（'Importer'）仅指示 Importer 组织中要提交此交易请求的用户的 ID。在代码中，如果用户已注册 CA，则加载此用户的凭据，否则使用 clientUtils.getUserMember 函数注册具有该 ID 的新用户。

与实例化情况一样，成功的 channel.sendTransaction 调用只是表明 orderer 接受了交易。仅订阅事件将告诉我们交易是否已成功提交到账本。

（10）查询链码

链码查询实现起来比较简单，因为它涉及整个网络，但只需要从客户端到 peer 的通信。应该像前面的阶段一样创建客户端和通道句柄，但是这次，我们将从调用者（或客户端）组织中选择一个或多个 peer 来与通道对象关联。然后，我们必须创建一个查询请求（与调用提案请求相同）并将其提交给选定的 peer：

```
var request = {
  chaincodeId : Constants.CHAINCODE_ID,
  fcn: funcName,
  args: argList
};
channel.queryByChaincode(request);
```

在返回给调用者之前，可以收集并比较对查询的响应。完整的实现可以在 query-chaincode.js 中的 queryChaincode 函数中找到。我们通过在 createTradeApp.js 脚本中运行 getTradeStatus 链码查询来测试此函数：

```
var queryCC = require('./query-chaincode.js');
queryCC.queryChaincode(Constants.EXPORTER_ORG, Constants.CHAINCODE_VERSION,
'getTradeStatus', ['2ks89j9'], 'Exporter');
```

与调用一样，我们指定用户 ID（'Exporter'）和组织：这里我们希望导出组织的成员检查交易请求的状态。由于查询是客户端及其关联 peer 的本地查询，因此响应会立即返回给客户端，而不必订阅（如调用的情况）。

（11）完成循环 - 订阅区块链事件

正如我们在前面的章节中所看到的，对许可区块链上的共享账本的提交需要网络 peer 之间达成共识。Hyperledger Fabric 在其 v1 版本中有一个更独特的过程来提交到账本：交易执行、排序和承诺过程都是彼此分离的，并构成管道中的阶段，背书节点，排序者和提交者彼此独立地执行他们的任务。因此，任何导致块的提交到账本的操作在 Fabric 方案中都是异步的。我们在中间件中实现的三项操作属于该类别：

1）通道加入；

2）链码实例化；

3）链码调用。

在我们对这些操作的描述中，停止在请求成功发送到排序者的位置。但是要完成操作循环，任何使用我们的中间件的应用程序都需要知道驱动应用程序逻辑的请求的最终结果。幸运的是，Fabric 提供了一种发布/订阅机制，用于通信异步操作的结果。这包括用于块的提交，交易的完成（成功或其他）的事件，以及可由链码定义和发出的自定义事件。在这里，我们将研究块交易和交易事件，它们涵盖了我们感兴趣的操作。

Fabric 通过 EventHub 类提供 SDK 中事件订阅的机制，相关的订阅方法分别是 registerBlockEvent、registerTxEvent 和 registerChaincodeEvent，可以将回调函数传递给中间件层（或更高版本）执行操作，来查看一个事件是否是可用的。让我们看看如何能够捕获成功加入我们的中间件代码的事件。回到 join-channel.js 中的 joinChannel 函数，以下代码实例化给定 peer 的 EventHub 对象，其配置从 config.json 加载。例如，要订阅来自 exporter 组织的唯一 peer 的事件，我们的 fabric-client 实例将监听的 URL 是 grpcs://localhost:7053：

```
let eh = client.newEventHub();
eh.setPeerAddr(
  ORGS[org][key].events,
  {
    pem: Buffer.from(data).toString(),
    'ssl-target-name-override': ORGS[org][key]['server-hostname']
  }
);
eh.connect();
eventhubs.push(eh);
```

每个块事件的监听或回调定义如下：

```
var eventPromises = [];
eventhubs.forEach((eh) => {
  let txPromise = new Promise((resolve, reject) => {
    let handle = setTimeout(reject, 40000);
    eh.registerBlockEvent((block) => {
      clearTimeout(handle);
      if(block.data.data.length === 1) {
        var channel_header =
block.data.data[0].payload.header.channel_header;
        if (channel_header.channel_id === channel_name) {
          console.log('The new channel has been successfully joined on peer
'+ eh.getPeerAddr());
          resolve();
        }
        else {
          console.log('The new channel has not been succesfully joined');
          reject();
        }
      }
    });
  });
  eventPromises.push(txPromise);
});
```

每当收到块事件时，代码都会匹配预期的通道名称（我们场景中的 tradechannel）与从块中提取的通道名称。（块有效负载是使用 Fabric 源代码中 protus 文件夹中提供的标准模式构建的。理解和使用这些格式是留给读者的练习。）我们将在代码中设置超时（此处为 40s）防止我们的事件订阅逻辑无限期地等待并阻止应用程序。最后，通道连接的结果不仅取决于 channel.joinChannel 调用的成功，还取决于块事件的可用性，如下所示：

```
let sendPromise = channel.joinChannel(request, 40000);
return Promise.all([sendPromise].concat(eventPromises));
```

对于实例化和调用，我们注册回调不是针对块，而是针对特定交易，这些交易由在创建交易提议期间设置的 ID 标识。订阅代码可以在 instantiateChaincode 和 invokeChaincode 函数中找到，分别在 instantiate-chaincode.js 和 invoke-chaincode.js 中。后者的代码片段说明了交易事件处理的基本工作。

```
eh.registerTxEvent(deployId.toString(),
  (tx, code) => {
    eh.unregisterTxEvent(deployId);
    if (code !== 'VALID') {
      console.log('The transaction was invalid, code = ' + code);
      reject();
    } else {
      console.log('The transaction has been committed on peer '+
eh.getPeerAddr());
      resolve();
    }
  }
);
```

传递给回调的参数包括交易句柄和状态代码，可以检查以查看链码调用结果是否已成功提交到账本。一旦收到事件，就会取消注册事件监听器以释放系统资源（我们的代码也可以监听块事件来代替特定的交易事件，但是它必须解析块有效负载并查找和解释有关该事件的信息和已提交的交易）。

（12）总结

前面描述的步骤序列可以通过适当编码的脚本一次运行。如前所述，createTradeApp.js 包含这样一个脚本，它导致 tradechannel 的创建，4 个 peer 加入该通道，在所有 4 个 peer 上安装 trade_workflow 链码，以及随后在通道上的实例化，最后结束时，从 importer 到 exporter 创建了一个交易请求，并跟进了查询请求状态的后续行动。你可以运行以下命令，并查看在控制台上执行的各个步骤：

```
node createTradeApp.js
```

就像练习一样，为了测试中间件库函数和链码，你可以通过 exporter 接受交易请求开始并最终向 exporter 支付全部款项来创建 createTradeApp.js 脚本完成交易场景。到 importer 成功交付的货物为止。要在操作中查看此信息，请运行以下命令：

```
node runTradeScenarioApp.js
```

5.1.4 用户应用程序——导出服务和 API

为我们的中间件创建一组函数的练习为我们可以在顶部构建的面向用户的应用程序奠定了基础。虽然我们可以用不同的方式构建应用程序，但它应该提供的函数集将保持不变。在演示为区块链用户构建应用程序的方法之前，我们将讨论应用程序应具备的显著特性。

1. 应用程序

参考图 5-2 以及我们在本章的应用程序模型和体系结构部分中的讨论，Hyperledger Fabric 应用程序的不同用户可能需要不同的应用程序。我们的交易场景就是一个例子：代表交易方、银行、托运人和政府机构的用户可能需要与我们的应用程序不同的东西，即使他们共同参与贸易网络并支持智能合约操作。

不同组织的管理员必须具有执行功能的常见操作。这包括从创建通道到链码实例化的各个阶段。因此，如果需要为每个网络参与者构建不同的应用程序，我们应该将这些功能公开给这些应用程序的每个实例。一旦我们触碰到，由链码调用和查询函数组成的应用程序本身，必须创建差异化空间。为交易方及其银行设计的应用程序必须向用户公开交易和 Letter of Credit 操作。但是，没有必要将这些操作暴露给承运人，因此为后者设计的应用程序可以而且应该限制提供给影响承运人角色的能力，例如创建提货单和记录货物位置的功能。

在这里，为简单起见，我们将所有应用程序合并为一个，并演示如何使其工作。基于用户角色和要求的多样化留给读者练习。我们合并的应用程序将以 Web 服务器的形式时间，松散地连接智能合约和中间件。

2. 用户和会话管理

任何面向服务的应用程序的设计都需要确定将被允许访问应用程序并执行各种操作的用户。对于 Hyperledger Fabric 应用程序，应特别考虑用户类之间的区别。每个 Fabric 网络都有一组特权用户（我们称之为组织管理员）和普通用户。角色的这种区分也必须反映在面向用户的应用程序的设计中。

应用程序必须具有身份验证层以及会话管理机制，允许已经过身份验证的用户使用受其角色限制的应用程序。在示例应用程序中，将使用 JSON Web Tokens（JWT）来实现此目的。

3. 设计一个 API

在构建应用程序之前，必须设计一个服务 API 来覆盖中间件所暴露的功能。接下来将设计 RESTful API，如下所示：

1）POST / login：注册新用户（管理员或普通用户）或以现有用户身份登录。

2）POST / channel / create：创建一个通道。

3）POST / channel / join：将网络 peer 加入此用户会话中创建的通道。

4）POST / chaincode / install：在 peer 上安装链码。

5）POST / chaincode / instantiate：实例化通道上的链码。

6）POST / chaincode /: fcn：用传递的参数调用链码函数 fcn（在请求消息体中）; fcn 的示例有 requestTrade 和 acceptLC 等。

7）GET / chaincode /: fcn：用传递的参数查询链码函数 fcn（在请求消息体中）; fcn 的示例包括 getTradeStatus 和 getLCStatus 等。

总的来说，这些 API 函数涵盖了图 5.3 中的交易阶段：区块链应用程序的创建和运行阶段。

4. 创建并且启动一个服务

我们将在 Node.js 中实现一个 express Web 应用程序来公开前面的 API。代码位于存储库中的应用程序文件夹中，其中包含 app.js 中的源代码和 package.json 中定义的依赖项。作为运行 Web 应用程序的先决条件，必须通过在该文件夹中运行 npm install 或 make（请参阅第 8 章）来安装依赖项。

以下代码段显示了如何实例化和运行 express 服务器：

```
var express = require('express');
var bodyParser = require('body-parser');
var app = express();
var port = process.env.PORT || 4000;
app.options('*', cors());
app.use(cors());
app.use(bodyParser.json());
app.use(bodyParser.urlencoded({
  extended: false
}));
var server = http.createServer(app).listen(port, function() {});
```

总而言之，启动 Web 服务器以侦听端口 4000 上的 HTTP 请求。中间件配置为启用 CORS，自动解析 JSON 有效负载并在 POST 请求中形成数据。

> 若我们的 Web 服务器通过不安全的 HTTP 侦听请求。在生产应用程序中，将启动 HTTPS 服务器，以便与客户进行安全、保密的通信。

现在，来看看如何配置各种快速路由来实现我们的服务 API 函数。

（1）用户和会话管理

在执行网络（通道）或链码操作之前，用户必须建立经过身份验证的会话。我们将实现 /login API 函数，如下所示：

1）为过期时间为 60s 的用户创建 JWT 令牌。

2）注册或登录用户。

3）如果成功，将令牌返回给客户端。

服务器期望在请求正文中提供用户名和注册或登录的组织名称作为表单数据。管理用户只需通过管理员用户名识别。请求正文格式为

```
username=<username>&orgName=<orgname>[&password=<password>]
```

必须提供密码，但仅当 <username> 为 admin 时才提供。在这种情况下，中间件只会检查提供的密码是否与用于启动组织 MSP 的 fabric-ca-server 的密码相匹配。如本章前面所述，我们的 MSP 管理员密码已设置为默认的 adminpw。

> 这是一个幼稚的实现，但由于 Web 应用程序安全性不是本教程的重点，这足以说明如何通过智能合约和中间件实现服务器和前端。

可以在 app.js 中配置的以下快速路由中找到用于 JWT 令牌创建和用户注册 / 登录的代码：

```
app.post ('/login', async function (req, res) {...});
```

读者可以尝试其他会话管理机制，例如会话 cookie 来代替 JWT 令牌。我们的 Web 应用程序现在可以进行测试。首先，使用 dockercompose（或 trade.sh）启动 Fabric 网络，如本章前面所示。

如果使用 cryptogen（或 trade.sh 脚本）来为组织创建新的密钥和证书，必须清除中间件用来保存世界状态和用户信息的临时文件夹，否则，如果尝试使用上一次运行应用时使用的 ID 来注册用户，你可能会看到一些错误出现。例如：如果临时文件夹是 network/client-certs，你只需在 network 文件夹下面运行 rm-rf client-certs，即可清除上次运行的内容。

在另一个终端窗口中，通过运行以下命令启动 Web 应用程序：

```
node app.js
```

在第三个终端窗口中，使用 curl 命令向 Web 服务器发送请求，在 importerorg 组织（这是 middleware/config.json 中指定的组织名称）中创建一个名为 Jim 的普通用户：

```
curl -s -X POST http://localhost:4000/login -H "content-type:
application/x-www-form-urlencoded" -d 'username=Jim&orgName=importerorg'
```

你会看到类似下面的输出：

```
{"token":"eyJhbGciOiJIUzI1NiIsInR5cCI6IkpXVCJ9.eyJleHAiOjE1MjUwMDU4NTQsInVz
ZXJuYW1lIjoiSmltIiwib3JnTmFtZSI6ImltcG9ydGVyb3JnIiwiaWF0IjoxNTI1MDAxNzE0fQ.
yDX1PyKnpQAFC0mbo1uT1Vxgig0gXN9WNCwgp-1vj2g","success":true,"secret":"LNHaV
EXHuwUf","message":"Registration successful"}
```

在中间件中，此处执行的是 clientUtils.js 中的 getUserMember 函数，此函数在本章的前面部分介绍过。

为了在同一个组织中创建一个有管理员权限的用户，执行：

```
curl -s -X POST http://localhost:4000/login -H "content-type:
application/x-www-form-urlencoded" -d
'username=admin&orgName=importerorg&password=adminpw'
```

你应该看到如下输出（管理用户已经注册过了，因此这里执行了一个登录调用）：

```
{"token":"eyJhbGciOiJIUzI1NiIsInR5cCI6IkpXVCJ9.eyJleHAiOjE1MjUwMDU4OTEsInVz
ZXJuYW1lIjoiYWRtaW4iLCJvcmdOYW1lIjoiaW1wb3J0ZXJvcmciLCJpYXQiOjE1MjUwMDE3NTF
9.BYIEBO_MZzQa52_LW2AKVhLVag9OpSiZsI3cYHI9_oA","success":true,"message":"Lo
gin successful"}
```

在中间件中，这里执行的是 clientUtils.js 中的 getMember 函数。

（2）网络管理

正如在 app.js 中看到的，API 函数从通道创建到链码的实例化都是以 express 路由实现的：

```
app.post('/channel/create', async function(req, res) { ... });
app.post('/channel/join', async function(req, res) { ... });
app.post('/chaincode/install', async function(req, res) { ... });
app.post('/chaincode/instantiate', async function(req, res) { ... });
```

为了使用这些路由，终端用户必须以管理员身份登录并使用返回的令牌。根据上一个调用的输出，可以使用如下的请求创建通道：

```
curl -s -X POST http://localhost:4000/channel/create -H "authorization:
Bearer
eyJhbGciOiJIUzI1NiIsInR5cCI6IkpXVCJ9.eyJleHAiOjE1MjUwMDU4OTEsInVzZXJuYW1lIj
oiYWRtaW4iLCJvcmdOYW1lIjoiaW1wb3J0ZXJvcmciLCJpYXQiOjE1MjUwMDE3NTF9.BYIEBO_M
ZzQa52_LW2AKVhLVag9OpSiZsI3cYHI9_oA"
```

注意到用于授权的请求头的格式是 Bearer<JWT token value>。服务器默认地假定了通道的名称是 tradechannel，这是在 middleware/constants.js 文件中设置的。（如果你愿意的话，可以让服务器 API 在请求的 body 中接受一个通道名称的参数。）如果一切正常的话，那么输出应当如下所示：

```
{"success":true,"message":"Channel created"}
```

管理员用户可以使用类似的请求来完成加入通道、链码安装和链码实例化操作。例如：实例化 API 的请求方需要类似下面的链码所在路径、链码版本以及用于链码的参数列表：

```
curl -s -X POST http://localhost:4000/chaincode/instantiate -H
"authorization: Bearer
eyJhbGciOiJIUzI1NiIsInR5cCI6IkpXVCJ9.eyJleHAiOjE1MjUwMDU4OTEsInVzZXJuYW1lIj
oiYWRtaW4iLCJvcmdOYW1lIjoiaW1wb3J0ZXJvcmciLCJpYXQiOjE1MjUwMDE3NTF9.BYIEBO_M
ZzQa52_LW2AKVhLVag9OpSiZsI3cYHI9_oA" -H "content-type: application/json" -d
'{ "ccpath": "github.com/trade_workflow", "ccversion": "v0", "args":
["LumberInc", "LumberBank", "100000", "WoodenToys", "ToyBank", "200000",
"UniversalFreight", "ForestryDepartment"] }'
```

如果一切正常，输出将会是

```
{"success":true,"message":"Chaincode instantiated"}
```

在上述提及的每个路由的实现中，用于确保用户（由 JWT 令牌标识）是一个管理用户的检查逻辑，如下所示：

```
if (req.username !== 'admin') {
  res.statusCode = 403;
  res.send('Not an admin user: ' + req.username);
  return;
}
```

如果我们使用了名为 Jim 的用户注册产生的 token 来访问，那么 Web 服务器将会返回一个 403 的错误码给客户端。

（3）执行应用程序

一旦链码已经被管理员用户初始化，我们的应用就可以投入使用了。现在，任何普通用户（例如在 importer 组织中的用户 Jim）都可以请求链码的调用或者查询。例如，可以通过如下方式发起一个交易的请求：

```
curl -s -X POST http://localhost:4000/chaincode/requestTrade -H
"authorization: Bearer
eyJhbGciOiJIUzI1NiIsInR5cCI6IkpXVCJ9.eyJleHAiOjE1MjUwMDU4NTQsInVzZXJuYW1lIj
oiSmltIiwib3JnTmFtZSI6ImltcG9ydGVyb3JnIiwiaWF0IjoxNTI1MDAxNzE0fQ.yDX1PyKnpQ
AFC0mbo1uT1Vxgig0gXN9WNCwgp-1vj2g" -H "content-type: application/json" -d
'{ "ccversion": "v0", "args": ["2ks89j9", "50000","Wood for Toys"] }'
```

注意到在请求的 body 中必须提供链码的版本。如果没有什么问题的话，输出将会是

```
{"success":true,"message":"Chaincode invoked"}
```

随后，可以查询到交易的状态（再次以 Jim 的身份）：

```
curl -s -X GET http://localhost:4000/chaincode/getTradeStatus -H
"authorization: Bearer
eyJhbGciOiJIUzI1NiIsInR5cCI6IkpXVCJ9.eyJleHAiOjE1MjUwMDU4NTQsInVzZXJuYW1lIj
oiSmltIiwib3JnTmFtZSI6ImltcG9ydGVyb3JnIiwiaWF0IjoxNTI1MDAxNzE0fQ.yDX1PyKnpQ
AFC0mbo1uT1Vxgig0gXN9WNCwgp-1vj2g" -H "content-type: application/json" -d
'{ "ccversion": "v0", "args": ["2ks89j9"] }'
```

现在，输出应该包含链码的响应：

```
{"success":true,"message":"{\"Status\":\"REQUESTED\"}"}
```

（4）用户 / 客户端交互模式

虽然运行 curl 命令足以测试我们的 Web 应用程序，但正确的方法是通过一个或多个网页将应用程序公开给用户使用，用户使用网页上的小部件来出发这些命令。

正如我们在中间件实现部分看到的，各种操作包括链码调用都是异步的。在实现中，只有当请求已成功发送到 orderer 并且订阅的事件已接收并验证的时候，才会使用返回调用方一个包装函数的方式屏蔽这一异步行为。我们还可以选择将此异步行为暴露给 Web 应用客户端。通过使用 WebSocket，当已在事件中心注册的事件通知到达回调函数的时候，Web 接口提供给终端用户的内容可以动态更新。

设计优秀的 Web 接口超越了本书所涉及的范围，这部分留给读者使用其他来源的知识来构建合适他们的应用程序。

5. 测试中间件和应用程序

我们已经演示了如何使用示例脚本和 curl 命令来检验基于 Node.JS 的中间件和应用功能。通过观察控制台输出，你可以了解应用程序是否按预期工作。对于一个生产用的应用程序，你将需要一个更加健壮和可维护的、可以持续评估库函数和 API 端点的正确性的测试方法。单元测试和集成测试都应该是评估过程的一部分。这些测试的实践超出了本章的范围，编写单元和集成测试将留给读者作为练习。Mocha 是一个用于异步测试的功能丰富的 JavaScript 框架，可以用于此目的。

5.2 与现有系统和流程的集成

在与客户讨论端对端解决方案时，我们经常解释说，与区块链相关的组件占全部空间的很小比例。这仍然是一组非常重要的组件，即便它们所占的空间确实很小。

本节将重点介绍传统系统与 Hyperledger Fabric 和 Composer API 之间的接触点。

先探讨我们已经使用过的各种集成模式，并了解一些非功能需求如何影响集成部署。最后，将探讨在设计集成层时，集成人员需要牢记的一些额外注意事项。

简言之，在本节中，你将会：

1）了解集成层的设计考虑。

2）回顾一些集成设计模式。

3）探讨非功能需求对集成的影响。

5.2.1　设计考虑

到目前为止，你已经有了使用 Fabric SDK 的经验，并且在第 7 章的末尾，你将会有使用 Composer REST 网关的经验。当涉及集成时，这些当然是交易的主要工具，但它们是生态系统的一部分，需要对企业的业务流程进行协调，以确保集成是有意义的。

根据设计考虑，将研究以下方面：

1）去中心化的影响。

2）流程联合。

3）消息关联。

4）服务发现。

5）身份映射。

5.2.2　去中心化

IT 功能和能力标准化有过诸多尝试，但现实情况是，没有两个组织有相同的 IT 环境。即使对于选择了同一个 ERP 供应商的人，系统也将根据组织流程和需求进行定制。

这意味着当你规划你的集成设计的时候，你必须记住每个组织可能会用他们自有的方式来调用系统合约，同时可能不会有相同的 IT 能力或者策略。

例如，通过 Web Socket 公开事件对于一个熟悉基于云的技术的组织来说是有意义的，但其他组织可能不具有此类技能，或者其 IT 安全策略可能不允许他们使用这个协议。

尽管这似乎令一些人有些惊讶，但请记住，一个网络可以是 500 强企业和创业公司的混合体。稍微考虑一下供应链行业，你会发现存在一些几乎很少甚至没有 IT 基础设施的卡车公司，一直到行业巨头。显然，一种尺寸可能不适合所有。

话虽如此，但从一个网络的视角来看，你应该考虑网络对加入组织的支持程度。有两种可能的方法：

1）网络提供了一个集成资产：这可以采取每个参与者都在自己的基础设施中部署网关的形式。网关是每个人的标准，以一致的方式管理智能合约的调用。这可以提供加速加载流程的好处，但需要考虑谁拥有、管理和支持这个 IT 组件。此外，由于信任问题，一些组织可能不希望部署这一基础结构。

2）每个参与者都构建自己的集成层：这种方法明显的缺点是所有参与者都重新造了一遍轮子，但是它减少了在每个组织中部署一个公共组件所产生的潜在支持问题。对于需要深度系统集成以实现流程优化好处的用例，这也可能是首选的方法。

5.2.3　流程联合

集成层必须要处理两个不同的观点：

1）组织 IT 系统和业务流程观点：一个组织业务流程可以托管在例如 SAP 之类的 ERP 之中。在这种情况下，当特定的业务事件许可智能合约的调用时，可以通过 SAP 系统中的业务 API（BAPI）调用来发出此消息。来自 ERP 的 API 调用可能包含多种数据结构，其中一些结构与区块链网络完全无关。

2）智能合约观点：这种观点具有数据表示的特殊性，即与应用无关。这意味着网络的所有参与者都将了解正在处理的数据的性质。

这取决于集成层来协调两者，并确保两个系统中维护的交易的正确语义。这可能意味着：

1）映射：将数据从一个字段名变换到另一个字段名。

2）转换：基于输入聚合、拆分或计算新值。

3）交叉引用：利用引用表将应用专用的代码映射到可被网络识别的数值。

这里的要点是，即使你的网络同意使用第 7 章中介绍的 Hyperledger Composer REST 网关，仍然需要每个参与者做一些工作，以确保集成适合组织的整体业务流程。

消息关联

虽然消息关联不是经常讨论到的问题，但是忽略它会导致严重的问题发生，这些问题通常会在集成或性能测试期间出现。

我们将消息关联称为当系统短时间内发出一系列相互依赖的交易时发生的情况。因为每一笔交易都是单独发生的，所以它们的处理顺序与客户发起时的顺序不同。

处理的结果可能是不可预测的，如下面的示例所示。为了使其具体化，下面来看一个发布三个独立交易的排序流程，如图 5-4 所示。

图 5-4　按顺序处理服务请求

由于服务提供方是多线程的，因此处理顺序可能因当时的负载而有所不同。一个可能的结果如图 5-5 所示。

图 5-5　可能的服务处理结果

因为订单对象尚未创建，所以第一个乱序处理的项目将被拒绝。但是，随后的两个对象创建成功，并使系统处于这样的状态：订单只记录为一个项而不是两个项。

这种情况的挑战是很难排除故障。不知情的开发人员可能无法在其开发平台上重现这种行为。

现在，你可能想，这和区块链和 Hyperledger 结构有什么关系？考虑到 Fabric 交易是异步处理的，并且是对每个世界状态进行验证的，这种情况可能会出现。客户端将发起该交易，同时可能异步地接收一条该交易无效的消息，因为这个交易与世界状态不一致。

这个故事的寓意在于，设计 API 时，我们确保它们处于完全描述业务事件的粒度级别。如本书所述，太多的细粒度交易只会导致消息相关联、延迟增加和潜在的问题。

5.2.4 服务发现

在同 Hyperledger Fabric 和 Composer 集成的情境中，服务发现的概念主要集中于记录和 Fabric 的工件：CA、peer 和用于调用应用的排序。正如我们现在所经历的，为了使应用获得交易的背书并添加到账本中，它需要能够与这些类型的许多组件交互。如果团队有一种方法将这些信息作为服务配置元素来维护，将能够快速适应网络的不断变化。

目前，使用 Fabric SDK 开发客户端应用时，开发人员负责管理和使用此服务配置。Hyperledger Fabric 的技术路线的一部分是为了使得这个配置更加方便。

依赖如 Composer REST 网关之类的组件的好处之一是，服务发现由网关提供。具体来说，正如你即将发现的，它提供了名片的概念，名片当中包含身份信息和连接配置文件，其中包含可用于执行交易的 Hyperledger Fabric 服务列表。

5.2.5 身份映射

身份映射是将个人或组织的身份转换为网络上可被识别的身份的过程。

从业务网络的角度来看解决方案时，需要识别的身份的粒度是什么？其他组织是否关心 ACME 的 Bob 或 Ann 是否发出了该交易？在大多数情况下，答案是不需要。其他组织知道交易是由 ACME 发出的就足够了。

你可能会想，为什么会这样。这里直接关系到信任的概念。记住第 1 章中提出的概念，而区块链解决了时间和信任问题。了解信任问题的来源有助于我们合理化在网络上进行交易时应使用哪些身份。在大多数情况下，我们的经验是信任问题发生在组织之间。

如果你考虑一个银行客户通过其银行门户进行交易的用例，那么在此用例中客户将不关心后端系统，因为他们信任银行的安全系统。

尽管如此，在某些情况下仍需要映射身份：

1）业务合作伙伴通过组织的集成层进行交易。

2）不同部门有不同的特权级别。

3）用户有不同角色，角色具有不同的访问权限。

在这种情况下，集成层需要将入站凭证（API 密钥、用户 ID 和密码、JWT 令牌等）转换为 Hyperledger Fabric 标识。

使用 Hyperledger Composer REST 网关时，可以将其配置为支持多用户。服务器利用节点证书框架来管理此身份验证。这提供了支持不同模型（例如，用户 ID / 密码、JWT 和 OAUTH）的灵活性。

一旦客户端通过了服务器的身份验证，还有一个额外的步骤，即将 Hyperledger Composer 名片加载到服务器的用户仓库中。客户端和服务器之间需要隐式信任，因为名片中已经包含私钥。

5.2.6　集成设计模式

现在来看看在这个行业中看到的一些可行的集成模式。这个列表不是说详尽无遗的，考虑到我们还处于 Hyperledger Fabric 和 Composer 解决方案的早期阶段，我们预计随着人们和组织对该技术的适应，新的模式将出现。

1. 企业系统集成

在这一类别中，将考虑任何组织在网络加入已经存在的系统。因此，这些系统有自己的概念和范式，我们需要一种抽象的形式来衔接这两个世界。

2. 与现有的记录系统集成

图 5-6 说明了区块链网络与现有记录系统的关系。

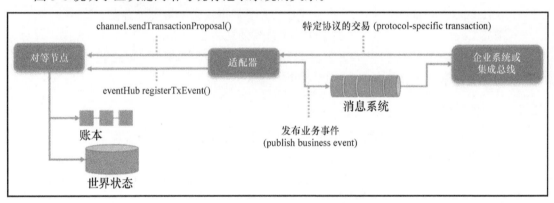

图 5-6　将区块链网络集成到现有记录系统

大多数希望加入业务网络的大型企业最终都将致力于整合他们的记录系统，以确保他们从实时透明的交易分发中获益。在这种情况下，我们前面提到的流程联合将非常重要。

正如上图所示，该方法包括了利用适配器模式在两个世界之间充当数据映射器。适配器将使用企业系统应用协议和数据结构来接收交易请求。或者，它还可利用现有的基础（比如消息传递服务）来传播账本事件。

这里需要注意的一点是，这种类型的集成是特定于一个组织的，并且基本上很难被重用。

作为这种模式的一种变体，一些组织将适配器分为两部分：

1）REST 网关：公开与 Fabric 智能合约一致的 REST 接口。

2）集成总线：映射字段并连接企业系统。

虽然这种变体的重用性更高，但相同的注意事项只会向下移动一层。

3. 与操作型数据存储集成

图 5-7 说明了如何将区块链网络集成到操作型数据存储。

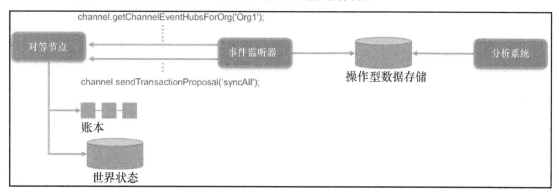

图 5-7　将区块链网络集成到操作型数据存储

通常，组织都在寻找对账本信息进行分析的方法。但是，对组织的 peer 发出多个或较大的查询只会影响系统的在线性能。通常，企业系统设计中公认的方法是将数据移动到操作型数据存储，然后可以轻松地查询数据。通过使用不同的数据源丰富数据，可以创建有关数据的其他视图。

在此模式中，事件监听器订阅 Fabric 组织事件。因此，它可以从组织有权使用的所有通道中接收事务。如果保证数据的完整性很重要的话，事件监听器可以计算每个记录的哈希值，并将它们存储在记录旁边。

注意到，该模式还提到了一个 syncAll 函数。该函数允许事件监听器将数据存储与世界状态的最新视图重新同步。请记住，需要仔细执行这个 syncAll 函数，并且很可能需要该函数支持结果集的分页。

4. 微服务与事件驱动架构

图 5-8 展示了区块链应用的微服务和事件驱动架构。

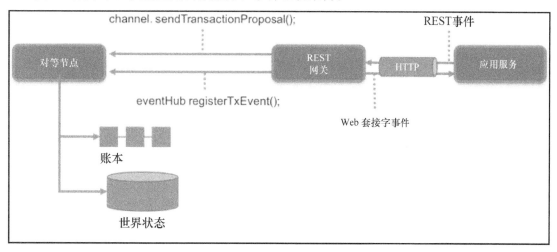

图 5-8　区块链应用的微服务和事件驱动架构

我们将此模式标记为微服务和事件驱动模式，因为这是那些类型的架构最常见的模式。然而，这种模式的特殊性来自于网关。这样的系统不会处理任何数据映射，它利用通用通信协议（HTTP）和数据格式（通常是 JSON，但也可以是 XML）。还有一种希望，即服务将被设计为理解正在处理的数据的语义。事件也通过相同的协议和数据格式传播。

同样，微服务应用往往是较新的应用程序，它们受益于更细粒度的接口。因此，它们往往发展得更快，能够适应和坚持来自网络的事务。类似地，事件驱动的应用将受益于它们与系统其他组件的低耦合，因此这一模式也是很好的候选者。

5.2.7 关于可靠性、可用性和可服务性的思考

对于任何工业应用程序来说，软件或硬件组件的故障都是生命周期中的一个实际存在的情况，因此你必须将应用设计为对故障具有鲁棒性，并将停机的可能性降至最低。下面将讨论在行业中广泛用于构建和维护系统的 3 个关键准则，并简要分析它们如何应用于使用 Fabric 或 Composer 工具构建的应用程序。

1. 可靠性

一个可靠的系统是一个在故障时确保具有很高的概率正确运行的系统。这需要以下事项：

1）系统持续自我监控。

2）检测组件中的故障或损坏。

3）修复问题并且 / 或者能够将故障转移到工作部件。

尽管业界已经发展了各种确保可靠性的实践，但通常（甚至是普遍）使用冗余和故障转移。

在 5.1 节中构建的这种 Fabric 应用的情境中，已经包含了某些这方面的含义。回想一下，Fabric 有许多不同的组件，它们必须协同工作（尽管以松耦合的方式），以确保成功运行。排序服务是这样一个关键组件，如果它失败了，将完全停止交易通道。因此，在构建一个生产版本（例如，我们的贸易应用程序）时，你必须确保排序具有足够的内置冗余。在实践中，如果你的排序是一个 Kafka 集群，这意味着在一个或多个失败时，你能够确保有足够的 Kafka 节点（代理）来分散压力。

同样，对 peer 的可靠性的背书和承诺也是确保交易完整性的关键。尽管区块链是共享的、可复制的账本，并且设计为对 peer 故障具有一定的鲁棒性，但它们的漏洞可能因应用程序而异。如果背书 peer 失败，并且需要其签名以满足交易背书策略，则无法创建交易请求。如果一个背书的 peer 行为不当，并产生错误的执行结果，那么交易将无法被提交。在这两种情况下，系统的吞吐量都将减少或骤降至零。为了防止这种情况发生，你应该确保在每个组织内的 peer 集合中有足够的冗余，特别是那些对于满足背书策略至关重要的 peer。图 5-9 说明了一种可能的机制，即向多个 peer 提出交易提案，并使用多数规则放弃缺少或不正确的响应。

从系统获得的可靠性水平取决于用于监视和故障转移的资源量。例如，前面图中的五个 peer 足以应对两个 peer 故障，但现在需要组织中的 4 个 peer 比我们在示例网络中使用的多。为了确定并确保你的网络产生预期的可靠性水平，你需要在整个系统上运行一段时间的集成测试。

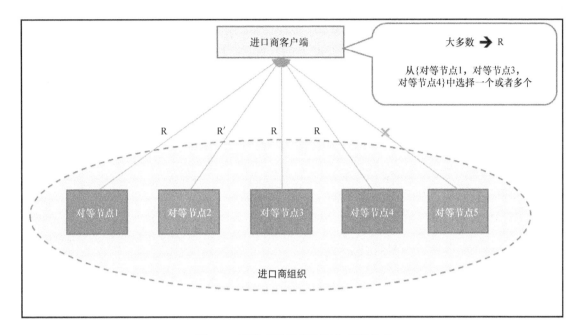

图 5-9　可靠交易背书的冗余对等节点

2. 可用性

可用性准则与可靠性密切相关，但它更多的是以高概率保证系统的正常运行时间，或者作为一种必然结果，最小化系统的停机概率。与可靠性一样，检测故障节点并确保适当的故障转移是确保应用程序保持运行的关键，即使现在有一个或多个组件发生故障。确定所需的可用性级别、以冗余和自我更正组件的形式分配足够数量的资源以及在生产环境中进行测试是确保应用程序获得所需性能的必要条件。

3. 可服务性

可服务性或可维护性是指在不影响系统整体的情况下，你可以轻松地更换或升级系统的一部分。考虑这样一种情况：你必须在一个或多个排序服务节点上升级操作系统，或者如果需要替换组织中出现故障的 peer。与可靠性或可用性一样，在工业规模的系统中，拥有冗余（或并行）资源，并让应用程序操作可以无缝地切换到这些资源，是解决这一问题的方法。所谓的蓝 - 绿色部署，是用于此目的的流行机制之一。简而言之，你有两个并行的环境（例如，对于排序服务来说），一个称为蓝色，一个称为绿色，其中蓝色环境接收实时流量。你可以升级绿色机器上的操作系统，充分测试它们，然后将流量从蓝色切换到绿色。现在，当绿色处理请求时，你可以用同样的方式升级蓝色。

在具有松耦合组件的区块链应用程序中，建议为每个组件（orderer、peer 和 MSP）提供蓝色和绿色环境，并分阶段或一次一个组件集群进行升级和测试，以尽量减少发生事故的概率。

5.3 总结

构建一个完整的区块链应用是一个雄心勃勃且具有挑战性的项目，不仅因为它需要系统、网络、安全和 Web 应用程序开发等一系列技能，还因为它需要跨多个安全域的多个组织协调开发、测试和部署。

在本章中，从一个简单的智能合约开始，以一个 4 个 peer 的区块链网络结束，该网络用于驱动交易场景，并将记录存储在一个防篡改、共享、复制的账本中。在此过程中，我们学习了如何设计组织结构和配置 Fabric 网络。我们学习了如何构建一个通道，或一个结构区块链实例，让网络中的 peer 加入通道，并使用 Fabric SDK 在该通道上安装和实例化智能合约。我们学习了如何通过 Web 应用向终端用户公开我们的网络和智能合约的功能，公开服务 API。我们还了解了 Hyperledger Fabric 交易流水线是如何工作的，以及块提交操作的异步性质必须如何被考虑到端到端应用的实现中。

在本章的后半部分中，我们学习了可用于构建工业级区块链应用的各种设计模式和最佳实践。我们还学习了在将这些应用与现有系统和流程集成时应牢记的注意事项。最后，我们探讨了运行可操作 Fabric 网络的性能方面，并了解了 CAP 定理以及 Fabric 如何在分布式环境中实现数据一致性。

毫无疑问，Hyperledger 平台和工具将随着时间的推移不断发展，以满足行业和开发人员的需求，但是我们在应用程序构建练习中描述的架构和方法以及设计和集成模式，应该继续作为长期的教育指南。

迄今为止，这本书把我们带到了 Hyperledger Fabric 框架的基础上。我们已经使用了链码并使用 Fabric SDK API 集成了一个应用程序。这些是基本技能。在接下来的两章中，将探讨一种不同的业务网络建模和实现方法。

第6章
业务网络

本章介绍并探讨一个新的概念——业务网络。通过了解什么是业务网络及其功能，你将能够理解区块链技术如何从根本上改善业务网络。区块链，尤其是 Hyperledger Fabric 区块链，为业务网络提供了显著的好处，因为它从根本上简化了将企业联系在一起的信息和流程，既降低了成本，又为网络内的企业创造了新的机会。

我们将看到业务网络的概念如何允许你通过查看与之交互的交易双方来分析业务。尽管业务网络是特定于行业的，但单个网络可用于支持多个用例，并与其他业务网络连接以形成网络中的网络。

本章将花一些时间介绍业务网络词汇，介绍关键术语，如参与者、资产、交易和事件。然后将这些元素组合起来定义所分析的业务问题的行为，能够根据业务需求来创建一个可用于实现解决方案的技术蓝图。在本章结束时，你已为下一章使用 Hyperledger Fabric 和 Hyperledger Composer 来实现这些想法做好了准备。

虽然在实现区块链网络之前了解业务网络的概念是必要的，但你会发现对于更广泛的问题（如执行区块链分析、与现有系统集成以及如何构建应用程序和企业架构，业务网络的概念）也很有帮助。从这个意义上讲，本章可以独立阅读。

本章将会涉及以下几个方面的话题：

1）业务网络语言；
2）业务网络概念；
3）定义业务网络；
4）介绍参与者；
5）介绍资产；
6）介绍交易；
7）介绍事件；
8）实现一个业务网络。

6.1 一个充满目的性活动的忙碌世界

想象一下，我们坐着一架飞机在一个大城市上空飞翔，可以看到工厂、银行、学校、医院、零售商店、汽车展厅、港口的船只等，这些是定义城市的结构体。

如果仔细观察，我们会看到这些结构体内部和之间正在发生的事情。卡车可能正在向工厂运送铁矿石，客户可能正在从银行取款，学生可能正在参加考试，那里是一个繁忙的世界！

而且，如果再仔细一点观察，我们会发现，所有这些人和组织都参与了有意义的活动。学生接受老师的评估，这将有助于他们升入大学；银行给客户贷款，然后他们有能力搬家；工厂利用原材料制造部件，这些部件可由客户组装成复杂的物体；人们从经销商那里购买二手车，用来每天上班，或者去度假！

我们可能会惊叹于所有这些结构体的多样性以及它们之间的过程。我们甚至可能想知道，这一切是如何做到如此毫不费力地一起工作的！

我们可能会反思所有这些多样的活动，想知道它们是否都有共同之处？有没有可重复的模式让我们能够理解所有这些复杂性？有没有一种观察尺度让所有这些活动看起来都一样？从某种意义上说，所有这些人和组织都在做同样的事情吗？答案当然是肯定的，下面的章节将会给出更好的解释。

6.1.1　为什么业务网络需要一种语言

业务网络是一种思维方式，允许我们观察所有这些活动，并用一种非常简单的语言来描述它。因为我们正在尝试用一种语言来描述世界，这对于区块链来讲是合理的，而且由于区块链是一种简单的技术，我们希望这种语言的词汇是简单的。在下一节中，你将会看到的确是这样！

但是，在深入研究之前，让我们扪心自问，为什么要创建一种区块链可以理解的语言？好吧，如果可以的话，那么就可以把区块链的所有好处带给这种语言所描述的世界。而且，可以简单地概括这些好处为增加信任。

信任的增加意味着学生可以向他们的大学出示他们的高中证书，大学可以充分信任资格证书的真实性。这意味着银行可以以最低利率向客户提供贷款，因为对客户的财务状况充满信心。这意味着零件制造商可以对他们的产品制定更高的价格，因为他们的客户反过来可以确定原材料的质量，知道他们的来源。最后，二手车的购买者可以对他们的购买充满信心，因为他们可以证明，以前只有一个处处小心的车主！

6.2　定义业务网络

我们可以用业务网络的概念来概括所有这些想法：

业务网络是参与者和资产的集合，由交易描述其生命周期，交易完成时会产生事件。

你可能想知道这意味着什么。在所有这些准备过程之后，我们会告诉你几个显而易见的简单的句子就能够描述所有这些复杂性？

简单回答是肯定的。我们很快会更详细地描述参与者、资产、交易和事件的含义。然后，你将看到所有这些丰富的行为都可以用一个相对简单的语言词汇来描述。

6.2.1　更深层次的想法

事实上，在业务网络背后有一个更深层次的想法，即技术语言和词汇应该与业务领域的语言和词汇紧密配合，从而消除在业务概念和技术概念之间进行翻译的需求。通过用与业务相同的语言描述底层技术，业务网络摆脱了离线技术的概念。使人们更容易思考世界，更准确地将想法转化为一个全面运作的系统。

实际上，这意味着，虽然最初的业务网络词汇很简单，但这是一种语言的开始，只要它描述了现实世界中所发生的事情的细节和细微差别，随着时间的推移，它的结构会变得非常丰富。稍后我们将回到这个想法，但现在让我们从了解参与者开始。

6.3 介绍参与者

威廉·莎士比亚说过，世界是一个舞台，在这个舞台上男人和女人都是演员。类似地，一个业务网络也有一个演员阵容，一组演员为了某种形式的互惠互利而相互交流。我们称这些演员为业务网络的参与者。例如，教育网络的参与者可能是学生、教师、学校、学院、考官或政府检查员。保险网络的参与者可能是投保人、经纪人、承保人、保险公司、保险财团、监管机构或银行。

了解参与者对于理解业务网络至关重要。一开始你可能会觉得这个词令人生畏，但其实没什么好担心的。理解这个词的关键在于名字——参与者参与业务网络。我们感兴趣的是他们的行为。这个词的不同形式用来强调他们互动的不同方面：例如，参与者、一方和另一方，所有这些形式都根植于行为的理念。一如平常，我们发现吟游诗人对世界如何运作略知一二！

学着喜欢"参与者"这个词，因为它是一个开启大门的钥匙！简而言之，你了解商业的基本原则，与谁做生意是至关重要的。不过，比这更重要的是：在确定是否有机会从区块链的使用中获益时，首先要做的是确定业务网络中的参与者。你需要先了解演员阵容，然后才能真正了解发生了什么。而且，当你对参与者之间的互动有了更多的了解，你就能更好地理解作为一个特定参与者意味着什么。

6.3.1 参与者的类型

业务网络中有不同类型的参与者，我们将其分为三大类。出乎意料，我们不会先描述最重要的类别！

1. 个人参与者

希望这是一个相当明显的类别——教师、学生或银行客户都是个人参与者的例子。无论你称他们为个人、人甚至人类，第一类是我们直观上认为的参与者，因为我们把他们跟我们自己联系在一起。

你可能认为个人是网络中最重要的参与者。毕竟，企业是为个人服务的，不是吗？是的，确实是这样，但比那更微妙。虽然业务网络通常是为了满足个人终端消费者的需求而存在的，但是区块链是一种对网络中的企业更有价值的技术。这是因为区块链使它们能够更好地协调彼此的活动，从而降低成本，并为终端消费者提供新产品和服务的机会。这就是为什么你会听到人们说区块链对 B2B 比 B2C 或 C2C 更重要的话，他们试图传达这样一个观点：业务网络的最大赢家是将区块链作为一种普遍存在的结构，用于高效和创造性的

125

企业对企业的交互。

当然，个人参与者很重要。企业需要了解他们的终端消费者，而且通常终端消费者使用业务网络提供的服务进行交互。例如，如果我想通过银行网络向你转账，我们各自的银行需要知道我们是谁，这样交易才能得到正确的验证和路由分发。

最后，一个公平的经验法则是，一个业务网络中已知的个人比网络中的企业要多。这没什么太奇怪的，只是值得指出这一点，你就完全理解了作为一个个人参与者意味着什么！

2. 组织参与者

组织参与者是业务网络中最重要的参与者。汽车经销商、银行、学校和保险公司都是组织参与者的例子。当我们第一次考虑一个特定的业务网络时，先确定这些参与者，然后是他们向彼此和终端消费者提供的商品和服务。这些组织参与者为业务网络提供了基础设施，即使网络能够运转的人员、流程和技术。

虽然组织是由个人组成的，但从概念上讲，它们与个人是完全不同的。一个组织有它自己的身份和目的。组织存在于一个非常真实的意义上，独立于属于它的个人。组织为业务网络提供了一种持久性。一个组织中的个人可能会随着时间的推移而变化，个人数量可能会增加或减少，甚至组织内的不同角色也可能会反反复复，但组织仍然是不变的；它是一个比任何个人成员的生命周期都要长的结构体。

关于个人和他们的组织之间关系的性质，最后一点要注意的是个人履行组织的职能，正如个人的组织角色所定义的那样。银行向客户发放贷款时，由银行员工代表银行执行。这样，个人就是组织的代理人，个人的角色决定了它可以执行的一系列任务。例如，学校老师可以给学生布置家庭作业，但需要学校校长聘请老师。简言之，个人代表组织行事，并以该组织的权威行事。

3. 系统或者设备参与者

系统或设备参与者代表业务网络中的技术组件，他们真的是一种特殊的个人参与者，如果你觉得有帮助，你可以这样理解他们。然而，有两个原因让我们将他们区别对待。

首先，在当今的业务网络中有很多技术组件！例如，有 ERP 系统、支付引擎、预订系统、交易处理器等。事实上，当今业务网络中的大部分的重担都是由这些系统完成的。这些系统与拥有这些系统的组织相关联，就像我们前面讨论的个人一样，这些系统代表他们的组织行事，他们也是其代理。

将区块链融入业务网络将会增加更多的系统参与者，其他参与者（个人、组织和系统 / 设备）可以与之交互。了解这些区块链系统参与者非常重要，因为他们将为业务网络提供非常有用的服务！

其次，设备正成为商业世界中一个越来越重要的部分。而且，虽然现在的许多设备相对简单，但毫无疑问，设备正在获得越来越多的自主特性。我们都听说过自动驾驶汽车的出现，正是本着这种精神，本书引入了设备参与者的概念。考虑这些设备在业务网络中发挥更关键的作用越来越重要。所以，虽然我们并不抱希望汽车在短时间内变得智能化（不管智能化的具体含义是什么！），将这些日益自治的设备称为网络中的主动实体而不是被动实体是很有帮助的。

6.3.2　参与者是代理人

我们对参与者类型的研究表明，他们都有一个共同点即都有很大程度的能动性，他们积极地做事。虽然系统和设备有受到编程和算法限制的自主性，但是这些相对独立的参与者之间的交互作用是对业务网络中下一个概念（即资产）的提示。稍后我们将看到，在参与者资产之间移动的实体没有这种自主性，它们受到参与者施加在它们身上的力量的影响，稍后再谈这个话题。

6.3.3　参与者和身份

最后，也是非常重要的，参与者有身份的。比如，学生有学生证，驾驶人有驾照，市民有社保号。很明显，参与者和用来识别参与者的东西是有区别的。而且，这两个概念既有紧密联系，又相互分离，这一点非常重要。

例如，一个参与者可能以不同的身份来参与不同的业务网络——可能是同一家银行既参与了保险网络又参与了抵押贷款网络，但他在这两个网络中具有不同的身份。此外，即使在一个网络中，参与者的当前身份也可能遭到篡改，从而使他们能够被冒充。在这种情况下，他们被泄露的身份将被撤销，并产生一个替代身份供真正的参与者使用，拒绝冒名顶替，允许恢复信任。不同的身份，但是同一个参与者，这就是简而言之。

正是因为对冒充的担心，某些身份被有意定期终止。例如，X509 数字证书有一个终止日期，终止后将不再有效。但是，不能仅仅因为证书已终止，就认为参与者不再存在。

事实上，恰恰相反。与身份相比，参与者的相对永久性意味着它可以用来提供一个长期的历史参考，以了解谁在业务网络中做什么。参与者随着时间变化提供的身份的一致性有助于我们推断业务网络中交互的历史。我们不需要参与者的概念，而仅仅使用身份也可以做到这一点，并清楚地知道他们之间的关系是如何以及何时发生变化的，但这将不那么直观。

这就是关于参与者的话题；你现在是专家了！正如你所说，参与者或许是业务网络中最重要的部分，这就是为什么我们花了很多时间来讨论他们。现在让我们把注意力转向在参与者之间移动的对象，即资产。

6.4　介绍资产

我们已经了解了业务网络是如何由在其中操作的参与者定义的。这些参与者是在网络中进行有意义的交互的积极参与者，他们的交易是至关重要的。我们现在要问自己一个问题，参与者之间流动的是什么？简单回答就是资产。

为了理解所说的资产是什么意思，让我们看一些例子。我们注意到学生接受老师的作业，同一学生随后可向大学出示其教育证书。汽车经销商把汽车卖给买主，保险公司为投保人投保同一辆车，并签发保险单，投保人提出索赔。这些示例都包含了资产，即课程作业、教育证书、汽车、保险单和索赔。

6.4.1　参与者之间的资产流

我们可以看到，资产是在参与者之间流动的对象。虽然参与者有很大程度的自主权，但资产是相当被动的。这是资产的本性，即资产往往对交换资产的交易对方具有最重要的意义。这并不是说其他参与者对这些资产不感兴趣，但它确实强调了资产的被动性质。那么，是什么让资产如此重要？为什么我们要花时间谈论这些被动对象？

答案在于我们对"资产"这个词的选择。资产是有价值的东西。尽管资产是相对被动的，但它们代表着参与者之间交换的价值。用这个基于价值的视角再次审视这些资产示例（即课程作业、教育证书、汽车、保险单和索赔）。课程作业对老师和学生都有价值；教育证书对学生和大学很有价值；汽车对经销商和购买者有价值；保单对保险公司和投保人有价值；索赔对索赔人和保险公司有价值。希望现在你清楚为什么资产是重要的，为什么它们被称为资产！

作为一个小提示，不要认为因为我们有资产，所以一定有债务，我们不怎么以这种方式使用这个术语。如果要衡量的对象是为我们所有，或者为我们所出，我们将他们称为资产或债务，这是绝对正确的。但在这里，不是这样的，我们使用资产作为一个具体的名词，而不是一个质量或抽象名词。

6.4.2　有形资产和无形资产

让我们通过认识有形资产和无形资产来继续理解资产。有形资产是我们可以触摸到的东西，如汽车、纸币或课程作业。无形资产是指抵押贷款、知识产权、保险单和音乐文件等。在一个日益数字化的世界里，我们将会看到更多的无形资产。你会听到人们说，物品正在变得非物质化，无形资产的概念很好地抓住了这一概念。

为了避免在使用"无形"这个词时出现混淆，应该注意几个小问题。首先，当我们处理数字账本时，从某种意义上讲，区块链上的一切都是无形的。有趣的是物品本身的性质，使用无形这个词可以帮助你记得去寻找那些在物质世界中看不到的东西。

第二，无形资产的使用并不是一种价值陈述。通常，在记账系统中，当我们很难定义某些东西，比如信誉，我们会使用这个术语。再重复一遍，我们并不使用这个词的该项含义，我们的无形资产有一种比这个更具体、更明确、更可交换的形式，因为它们是有价值的东西，即使你摸不着它们。

6.4.3　资产的结构

现在让我们重新审视资产结构。资产具有一组称为性质的属性和一组称为关系的属性。首先，性质属性很容易理解，它们是物品的特征。例如，汽车有制造日期、颜色和发动机尺寸。或者，抵押贷款有一个价值、期限和还款时间表。特定资产由一组特定的属性值标识，例如，我的车可能在 2015 年制造，颜色为白色，排量为 1.8L。比如说，一个 25 年的抵押贷款可能是每月 10 万美元。区分资产的一般结构、类型和资产的特定实例之间的差异是很重要的。

其次，资产还具有一组称为关系的属性。关系是一种特殊的性质，它是对另一种资产的引用！你马上就能明白为什么这很重要。例如，一辆车有保险单据，汽车是有价物，保险单据是有价物。而且，保险单据还指明了投保人的姓名。在我们的例子中，主语和宾语都是资产，它们以提供关键含义的方式相互关联。

稍后我们将看到，描述或建模这些关系是一项极其重要的活动，因为我们在描述世界是如何运作的。在前面的例子中，我们故意犯了一个的错误，是的，真的！这是因为在现实世界中，政策文件才是核心，因为它给汽车和投保人起了名字。在建模中，我们称之为关联关系，我们将了解为什么正确处理这种关系非常重要。例如，在汽车性质的任何地方你都找不到保险凭证，因为汽车是在有效的保单文件中命名的。此外，如果我想让更多的人驾驶汽车，我会把他们的名字加到保险单上，而不是加到汽车上！稍后将对此进行更多讨论，记住资产具有属性和引用，而特定对象具有这些属性的具体值就足够了。

还有一点值得一提的是，什么使一个资产属性成为一个特性，而不是对另一个资产的引用。一个简单的答案是：当属性数量变得太多时，将它们分解为一个资产引用！当然，这是一个令人非常不满意的答案！为什么？因为没告诉你"太多"的定义！更好的答案是，当一个特性满足一个单独的关注点时，需要引用。在任何系统中，关注点分离是一个关键的设计原则。例如，保险单的有效期不是一个单独的关注点，但是汽车和指定的驾驶人是不同的关注点。这一原则有助于我们独立地对保险单、汽车和驾驶人进行推理，从而使我们能够更真实地模拟现实世界。最后，在资产的这一方面，特性和关系属性是特定于领域的，它们与当前问题的性质相关。所以，对于汽车制造商来说，颜色可能是汽车的一个属性，但是对于油漆制造商来说，颜色绝对是一种资产类型！

6.4.4　所有权是一种特殊的关系

有一种特殊的关系在业务网络中特别重要，那就是所有权的概念。所有权是一种关联关系，例如前面讨论过的保险单文档。让我们考虑一个具体的例子——一个人拥有一辆车。车主是汽车的属性吗？汽车是人的属性吗？经过简单地思考，我们可能会意识到这两条语句都没有捕捉到"拥有"某个东西的含义。所有权是人与车之间的映射，是一个与汽车和车主完全不同的概念。

理解这种关于所有权的思考方式是很重要的，因为在很多情况下，我们通过汽车或车主来建模所有权关系，这对于很多用途来说已经足够了。但是，所有权关系的本质是一种关联关系，认识到这一点很重要，因为区块链通常用于记录业务网络中的所有权和所有权转移。例如，政府通常持有土地或车辆的所有权记录。在这些情况下，考虑的主要资产是所有权关系。当车辆或土地在参与者之间转让时，所有权记录会发生变化，而不是资产发生变化。这一点非常重要，因为我们经常对一辆车或一块地的历史信息感兴趣，虽然车辆或土地本身可能不会改变，但它的所有权肯定会改变。因此，重要的是要弄清楚我们是在讨论资产的历史信息，还是所有权的历史信息。这类历史信息通常被称为溯源，它们告诉我们谁拥有资产，以及所有权如何随着时间的推移发生变化。这两个方面都很重要，因为知道资产的来源可以增加我们对它的信心。

6.4.5　资产生命周期

这种溯源的概念很自然地将我们引导到资产生命周期的概念上。如果我们考虑资产的历史信息，那么在某种有价值的意义上，一项资产被创造出来，随着时间的推移而改变，最终不复存在。例如，考虑抵押贷款。当银行同意向客户贷款时，它就产生了，在抵押期内仍然有效。随着利率的变化，它根据固定利率或可变利率确定每月还款金额，抵押期限经银行和抵押权人同意可以变更。最后，在抵押贷款结束时，它将不复存在，尽管可以保留历史记录。如果客户希望提前还清贷款（可能他们搬家了），那么抵押贷款可能会提前终止，如果他们拖欠贷款，就不会那么幸运了。从某种意义上说，我们看到抵押贷款被创建，期限被定期更改，然后抵押贷款要么正常完成，要么意外结束。生命周期的概念在业务网络中非常重要，稍后我们将在讨论交易时详细讨论它。

回到资产，我们可以看到，在资产的生命周期内，资产也可以进行转换。这是一个非常重要的思想，考虑资产转换的两个方面，即资产转换涉及的是分割还是聚合，以及是同种类还是不同种类的转换。这些术语听起来有点令人望而却步，但它们很容易理解，最好用每个术语的例子来描述。

在第一个例子中，我们考虑一块已经开采出的珍贵宝石。一般来说，开采出来的宝石太大，任何珠宝商都无法用在一件珠宝上，它必须被打碎成更小的石头，每一块都可以用来制作一件首饰。如果回顾一个大型的开采出的宝石的历史信息，我们会发现它经历了一个分裂的过程。最初的资产是一块宝石，它被转换成一组较小的宝石，每一块都与原始宝石有关。可以看到，资产转换是同种类的，因为尽管较小的宝石绝对是不同的资产，但它们与原始资产的类型相同。类似的同种类转换过程通常发生在无形资产上，例如，当一笔大额商业贷款或保险请求在多家公司之间联合起来分散风险时，或者当一只股票被拆分时。

在下一个例子中，我们考虑使用较小宝石的珠宝商。想象一下，他们用宝石为顾客制作一个精美的戒指。为了制作这枚戒指，珠宝商穷尽技能将宝石镶嵌在一个通过肩部与一个环相连的边框上。珠宝商的手艺是令人钦佩的，他们把一小块银和一块宝石变成了一件贵重的珠宝。让我们思考一下当前讨论的资产，可以看到，金属块和宝石已经融合或聚合成戒指。我们还注意到，戒指与作为输入的宝石或银块是不同的资产。我们可以看到，由于产出资产的类型不同，这些宝石经历了不同种类的转换。

在许多资产生命周期中都可以看到这些聚集和分割的过程，这在制造业的生命周期中非常流行，但是以无形资产的形式。例如，我们可以看到并购即公司可以合并在一起，或者收购即一家公司通过并入另一家公司而不再存在。分拆的反向过程被巧妙地描述为资产分割。

6.4.6　通过交易详细描述资产的生命周期

让我们考虑一下资产在其生命周期中是如何流动的。我们已经了解到，资产是被创造、转换并最终消失的。虽然生命周期是一个非常有用的概念，但这些步骤似乎有些局限。对于资产在其生命周期中经历的一系列步骤，确定有更丰富的描述吗？答案是肯定的！交易定义了一个丰富的、特定于领域的词汇，用于描述资产如何随着时间的推移而演变。例如，保险单请求、完善、签署、交付、索赔、支付、失效或续保。这个生命周期的每一步都是一个交易，我们将在下一节详细讨论交易。

最后，与资产一样，参与者可以经历一个由交易描述的生命周期。所以，你可能会想，资产和参与者之间有什么区别？好吧，归根结底还是要考虑形式与功能。仅仅因为资产可以有一个由交易描述的生命周期，参与者同样具有类似的生命周期，并不能让它们成为一回事。正如鸟类、昆虫和蝙蝠能飞一样，它们绝对没有关联。在一般意义上，我们认为参与者和资产只是在最一般意义上相关的资源。

关于资产的讨论到此为止！正如我们在本话题的结尾所看到的，交易对于描述资产和参与者生命周期是至关重要的，所以现在让我们转向这个主题！

6.5 介绍交易

到目前为止，我们的内容包含了解业务网络的基本性质，即由涉及有价值的资产交换的参与者组成。现在让我们集中讨论业务网络中最重要的概念——交易。

6.5.1 变化是一个基本概念

为什么交易是最重要的思想？因为如果没有它，参与者和资产就没有意义了！这似乎是一个过于夸张的说法！然而，如果你想一想，参与者只有在彼此交换商品和服务（统称为资产）的意义上存在。如果一个参与者不与另一个参与者交易，它们就不会以任何有意义的方式存在。资产也是一样，如果参与者之间没有交易，那么它们也不会以任何有意义的方式存在。如果资产不在不同的参与者之间移动，那么它的生命周期就没有意义了，因为资产对参与者是私有的，在参与者的私有上下文之外的业务网络中没有任何用途。

因此，变化是业务网络的基本原则。当我们考虑交换、转让、商业、买卖、协议和合同时，所有这些激励性的思想都与变化的业务和影响有关。变化给世界带来了商业运动和方向，捕捉变化的方式是交易。这就是为什么交易是业务网络中最重要的概念，它定义并记录资产的变化、资产所有权的变化、参与者的变化。当业务网络中发生任何变化时，都有一个交易需要处理。

6.5.2 业务定义和实例

"交易"一词通常用在两种密切相关但又不同的方式中，意识到这种差异是很重要的。一种使用术语"交易"来概括地描述交易中发生的事情。例如，我们可以定义，财产交易涉及买方支付约定金额给财产所有人，以换取对财产的占有权，并交换所有权契约。（往往买方也获得随后出售财产的权利。）在这个意义上，交易一词通常用于描述参与者和所涉资产的交换过程。

另一种使用"交易"一词的意义是描述一个特定的交易。例如，我们可以说，2018年5月10日，Daisy 花 300 英镑从温彻斯特自行车商店买了一辆自行车，在这里我们使用术语交易来描述交易的特定实例。这两个用法是非常密切相关的，而且上下文几乎总能清楚地表明我们在谈论哪一个含义。

这两种用法的根本区别在于前者定义了交易的含义，而后者抓住了交易的特定实例。在现实世界中，我们经常看到交易实例的例子，每当我们走进商店购买商品时，都会收到一张收据！在前面的例子中，Daisy 可能拿到了一张自行车的收据。收据可能是纸质的，但现在它经常发送到我们的电话或电子邮件地址。这张收据是交易的复印件——它是 Daisy 的个人记录。自行车商店也为自己的审计用途保留了一份交易记录的副本。

6.5.3　隐式和显式交易

请注意，对于以下交易，你通常不会看到显式的交易定义即定义是在与你交互的人员、流程和技术中编码的。对于像 Daisy 这样的较低风险交易，交易的定义是隐式的。只有在有争议的情况下，我们才能知道交易是如何定义的。例如，如果 Daisy 的自行车链条在几天后断裂，她可能顺理成章地认为链条会免费修理，或更换自行车，或拿回她的钱。这是 Daisy 决定她与温彻斯特自行车商店交易的真正性质的时候。

看起来这种隐式交易定义只有缺点，但事实并非如此。首先，每个国家的法律都明确规定了公平交易的概念，这将使 Daisy 在进行交易时有合理的预期。在大多数国家，这被称为货物销售法，它规定了任何商业交易中所有交易双方的权利和责任。其次，缺乏明确的合同简化了 Daisy 和自行车商店之间的互动。考虑到在大多数情况下，自行车在购买后的较长时间内工作良好，对于大多数实际用途来说，收据就足够了。每一次简单的购买都要重申每个人都知道的事实，这是既昂贵又耗时的，这种简化就是人们常说的减少摩擦的一个例子。

对于高风险的交易，或有特殊情况的交易，情况截然不同——事先明确交易定义至关重要。如果我们再看一下 Daisy 的交易会发现，如果发生纠纷，会有其他后续交易，例如，自行车的链条可能被更换，或者在极端情况下，她可能会拿回自己的钱。可以看到，一般来说，需要几个条件交易来描述一个交易的参与者之间令人满意的交互。这意味着，如果 Daisy 得到的是抵押贷款，而不是自行车，那么就有必要具体说明几笔交易以及它们可以执行的条件。你很可能听说过这样一个交易集合和条件的术语——合约。

6.5.4　合约的重要性

对于高价值的资产，签订合约是非常重要的。它定义了事件发生的一组相关的交易与条件。合约通常以特定资产类型为中心，涉及明确定义的参与者类型集合。如果查看现实世界的合约，它通常由包含有关实例和有关定义的陈述语句组合而成。在合约的最高层，所有资产和参与者将按特定价值列出，即 Daisy（买方），Winchester bicycles（卖方），300 英镑（价格），2018 年 5 月 10 日（购买日期）等。只有在完成所有这些类型到实例的映射之后，合约才会根据这些类型、交易和条件来定义，而不参考特定的实例值。这也使得合约一开始读起来会有些奇怪，但是一旦你能够看到参与者、资产和交易的结构以及它们各自的价值，它们就会变得很容易理解，而且具有更强有力的结构。

6.5.5　签名

我们会在合约的末尾看到合约的最后一样东西——签名！从很多角度来看，签名都是合约中最重要的部分，因为它表示了合约中的各方都已同意其中所包含的信息。当然，我们在现实世界中看到了很多签名。Daisy 的商店收据通常包含有他的物理形式的签名或者是以私钥形成的数字签名。在简单的交易中，商店的签名实际上是隐式的——他们将交易代码放在品牌收据上，同时为了满足签名的目的，他们自己也保留了一份副本。

但是，对于高风险的交易，所有交易双方都需要显式地签名。更进一步地，为了确保每一方都认真理解了合约，那么就可能需要一个独立的第三方，如律师、公证人或监管者，他们可能被要求在合约上签名：用于确定参与合约的各方都是自由且自愿加入合约的。

6.5.6 用于多方处理的智能合约

了解上面的相关术语是十分重要的。它们并不是特别复杂，特别是如果它们与你每天所做的事情有联系时！在了解区块链如何帮助多方同意和创建与高价值资产相关的低风险交易时，我们需要了解这些术语及其重要性，不仅仅是术语本身，而且还有不同术语之间的关系。

现在，当我们将目光转向业务网络时，可以看到里面充满了受合同约束的多方交易！这就是为什么交易是业务网络中最重要的概念：它们定义并捕捉了不同交易对手之间商定的有价值资产交换的过程。

当我们将这个问题转向区块链中时，通常会使用一个你也许听过很多次的术语——智能合约。它们只是上面的想法的数字表现形式。智能合约是合约的数字形式——也就是说它们可以由计算机系统解释和执行。实际上，无论是能实现高或低风险交易的计算机系统都可以实施合同。但是，与区块链不同，这些系统没内置概念集合的技术，这项技术的重要性也在于它能够降低将这些思想转化为技术平台的难度。

6.5.7 数字交易处理

正如我们在本章开头提到的那样，这是在区块链上实现业务网络的重要思想。它们使从现实世界到计算机系统的翻译尽可能简单。特别是 Hyperledger Fabric，它使所有想法变得非常明确，因此我们可以轻松地对业务网络进行建模和实现。它保留了所有现存的想法，但是以基本的数字方式实现它们——使用计算机进程、网络和存储。

因为交易对资产和参与者起作用，所以它们是业务网络的核心。但是，并不仅仅是这样。即使我们向业务网络添加了更多概念，它们也必须受到交易的限制。交易性是与业务网络的所有方面都相关的通用属性。这就像我们在本章前面提到的飞行一样——业务网络中的每个对象都会并且必须受到交易的限制。

6.5.8 发起交易

暂时搁置一下前面的东西，在这里我们可以看到交易通常由业务网络中的一个参与者发起。该参与者通常是特定服务提供商所提供服务的使用者。例如，Daisy 希望在购买自行车时使用 Winchester 自行车商店提供的服务。

参与者发起的大多数交易都关注资产状态的变化，但在某些情况下，交易可能涉及参与者状态的变化。例如，如果我通过契约改变我的名字，那么在某种意义上，正在转变的资产就是我——参与者本身。这强化了交易的核心性质——无论对象是什么，它们都会捕捉其中的变化。

6.5.9　交易历史

在之前当我们讨论资产的来源时，我们发现资产的历史信息很重要——它为网络中的参与者提供了对交易的信心——这增加了信任度。同样，交易历史同样也很重要，因为它也会增加信任。为什么？它回到那些签名本身，合约中的任何变更必须得到参与交易的所有参与者的同意，并且每笔交易中的签名提供了交易中的任意双方对交易置信与否。交易历史更好的一点在于它提供了时间维度上的所有信息，即网络中的每个参与者都同意每笔交易所描述的任意一个变化！

区块链的历史记录包含了有序的交易顺序。虽然订单似乎意味着交易以时间定义的顺序发生，但这实际上并不完全正确。例如，如果我在上午 11 点转账到我的银行账户，然后在上午 11 点 30 分从我的银行账户转出，这时候第一笔交易的确在第二笔交易之前发生。

类似的，如果你在上午 11 点转账到你的银行账户，然后在上午 11 点 30 分转出，那么你的交易有明确的顺序。但是现在问题是，我们上午 11 点的交易是在彼此之前还是之后发生的？或者，我们上午 11 点 30 分的交易？我的上午 11 点的交易是否在你上午 11 点 30 分之后的交易记录，清晰区分出这个是否真的有意义？

6.5.10　交易流

这个例子告诉我们，在讨论交易历史时，需要考虑交易之间的依赖性；如果一个交易依赖于前面的交易，那么就需要记录在该交易后面。但是对于独立的交易流，这种排序不太重要。我们必须要小心一点的是：交易总有一种讨厌的习惯，他们通常会彼此交叉在一起。例如，如果你在上午 11:30 进行交易转账到我的银行账户，那么两个看似独立的交易流已经开始相互交叉了。这意味着我们不能随意延迟交易记录。

请注意，我们不是在某特定时间或特定地点讨论交易的实际发生情况，而是在交易历史记录中记录该交易。这有点像这样一个记录：它记录了拿破仑于 1800 年游览意大利，并同时记录了 1800 年美国国会图书馆成立、本居宣长在 1880 年在日本完成的《古时记传》。在这里最重要的是这些事情都被记录下来了，只要它们大致出现在相同的时间，那么它们在书中的顺序反而变得不是那么重要。

6.5.11　将交易分成不同的业务网络

这个看似人为的交易历史实例实际上为我们提供了对业务网络设计的深刻洞察 ——仅仅使用一个复杂的交互网络去记录所有的交易历史并不是一个好的主意。该示例说明了将业务网络与特定问题关联起来可能是更好的设计，而不仅仅是尝试将所有历史记录合并到单个网络中。在我们的比喻中，最好有关于法国，美国和日本历史的不同历史书籍，并相互参考借鉴！

这个想法对于你如何设计区块链网络具有重要的影响。这不仅仅是良好的设计，而是将业务网络分离成单独的模块，然后将它们连接在一起的必要设计。它会使系统变得更简单，更易于理解，更具可扩展性，更具弹性。你能够从一个小的方面开始构建，无论事情如何变化都能轻易应对。你将看到 Hyperledger Fabric 明确支持使用被称为网络和通道的多业务网络，我们稍后将更详细地讨论这些。

6.5.12 交易历史和资产状态

如果更详细地检查业务网络历史记录，我们可以看到资产（或参与者）的历史记录有两个元素，即其当前值和产生该值的交易序列集。如果我们从任意时间点顺序应用影响它的所有交易，就可以得到所有时间点的资产价值。实际上，我们可以将交易历史视为在业务网络中的不同时间和地点发生的一组交易事件，从而确定业务网络在任何给定时间点的状态。

我们将通过账本 world state 以及账本区块链来说明在 Hyperledger Fabric 中明显显示出来的业务网络的两个重要方面的特点。world state 拥有业务网络中资产的最新价值，而区块链则保存着业务网络中所有交易的记录。这使得 Hyperledger Fabric 比其他区块链更强大——不但像它们一样会记录区块链中的所有交易，同时还可以计算资产的当前值，让你很轻松确认到你正在使用最新状态。而这些最近的值往往是最重要的，因为它们代表了当前的 world state。并且这是大多数参与者在发起新交易时感兴趣的内容。

6.5.13 作为交易历史的业务网络

从真实的意义来看，我们可以将业务网络视为交易历史。这是什么意思？好吧，我们已经看到，业务网络是由参与合同定义的多方资产交换的参与者组成。但是，如果我们稍微重新调整一下思维，就会发现网络其实是对应的交易历史的产物，而交易历史又不能与发起交易的资产以及参与者分离开来。

所有这些概念都是整体的一部分，它支持整体并且可以强化自身。参与者只是我们理解的第一步——作为研究业务网络的一个入口。通过学习更多内容，我们意识到交易实际上是所有内容的核心，同时除非它们的创建、更改和描述都关联到网络中的资产和参与者，否则它们都是无意义的！交易历史将所有内容汇集成一个连贯的整体，从这个意义上讲，它就是业务网络。

6.5.14 监管机构和业务网络

最后，对于各种类型的业务网络，一般都涉及一类特殊参与者——监管机构。大多数业务网络有一个作用是确保交易遵守某些规则的参与者。例如，在美国证券交易委员会（SEC）确保参与证券资产交易的参与者根据商定的法律和规则进行交易，从而使投资者对股票市场有信心。或者，在英国驾驶员和车辆牌照局（DVLA）根据英国法律确保车辆取得适当的保险，进行纳税以及交换。另一个例子，在南非食品科学和技术协会（SAAFoST）确保涉及农业、食品分配、加工、零售符合对应的南非法律。

每个业务网络都有某种监管机构，以确保适当的监督。简而言之，监管机构确保各方都按照业务网络的规则来进行交易。同时也可以看到，对于所有交易都会在区块链上以数字方式记录的业务网络，监管机构可以更有效和及时的方式完成工作。

当然，有人可能会问：如果所有交易都可以被授权能够判定正确与否的参与者所知，那我们为什么还需要监管机构？答案是监管机构有能力制裁网络中的某些参与者——特别是将他们排除在网络之外，并没收他们的资产或他们非法交易的资产。这些制裁可以算得上是网络中最强有力的交易，因为它们具有最终极的权力，因此也仅仅能在极端情况下使用。

恭喜你，至此，你已经真正了解了业务网络的基本特性。更值得庆祝的是，通过我们对业务网络的讨论，最后实际上要考虑的只有一个概念：事件。接下来让我们继续讨论关于业务网络需要理解的最后一个方面。

6.6 从使用 Composer 设计业务网络的角度讨论事件

到目前为止，我们已经了解了业务网络中包含一组紧密相关的概念——参与者、资产和交易。虽然只是几个概念，但这些概念非常具有表现力——它们包含很多意义，各个方面相互支持和加强。

现在虽然整个系统并不缺少任何组件了，但是通过增加一个额外的概念，我们可以大大增加这个概念集合的描述性和设计能力。这个最后的概念是事件——在组合中的最后一个成分！而好消息是你之前可能已经听过这个词了，从它能够延展出来的想法都很明显。但不要搞错，事件是一个非常强大的概念，值得花一点时间掌握——你对这个问题的付出将获得丰厚的回报。

6.6.1 一个普适的概念

我们认为一个事件表示特定事实的发生。例如，国家总统抵达澳大利亚、股市今天收涨 100 点、卡车到达配送中心，这些都是事件的例子。它的基本思想似乎很简单——事件是一些关键东西发生的时间节点。事件代表某种转移——将世界从一个状态转移到另一个完全不同的状态。这是事件的本质——历史会从一组连接的点的一段平滑地转移到另一端——而这里每个点都代表一个重要事件。

我们在业务网络领域的任何地方都会看到事件。参与者发起交易是事件，资产经过系列的变化是事件。同样，参与者之间交换资产也是事件。资产的生命周期就可以看作是一系列事件！我们现在把参与者加入和离开业务网络也作为事件。那么对于交易历史，可以将其视为关于参与者和资产的事件组。当我们睁开眼睛的时候，事件真的无处不在！

6.6.2 消息中包含事件通知

我们将消息视为事件通知的载体。在现实世界中，我们会通过短信、电子邮件甚至新闻来发送事件的通知。因此，我们需要区分事件和事件的通知。这是非常重要的，因为它说明了我们通过某种媒介与事件连接。

我们将会在稍后实现这个想法。虽然现在只有单一的事件，但它可以通过单独的消息通知来提醒多个参与者。我们可以发现事件生产者和事件消费者之间存在比较松弛的耦合。这一切都意味着事件具有一点无形的性质——除非通过它们感知到的信息，这些略微抽象的性质使得它们难以确定。

现在可能需要稍微谨慎一些——如果我们可以更多地关注事件，那么可以对其他重要的东西放松关注。首先，显而易见的是：我们只需要考虑重大事件——也就是可能会导致某种行为的事件。除了事件之外的一切都只是噪声——也就是说我们不需要考虑它。当然，构成重要的东西将是领域相关、问题相关的、特殊的。例如股票市场价格上涨在金融网络中是重要的，但在教育网络中并不重要。所以从现在开始，我们将事件作为一种工具，在业务网络中发生重要事情时，我们需要了解是什么促使参与者采取行动。接下来将看看如何使用事件这个工具。

6.6.3 举例说明事件结构

举一个股票市场事件的例子。每当股票价格上涨或下跌时，我们都可以将其视为一个事件。例如：

> At UTC: 2018-11–05T13:15:30:34.123456+09:00
> The stock MZK increased in price by 800 from 13000 JPY

我们可以看到这就是一个事件的描述，它描述了股票 ABC 在 2018 年 11 月 5 日的某个特定时间上涨了 800 日元。

就像资产和参与者一样，我们可以看到具体的事件可以引用事件的类型或实例。在我们的示例中，我们将类型和实例信息显示成同一个内容。该事件具有 Stock Market Tick 的类型，它的结构包括时间：2018-11-05T13:15:30:34.123456+09:00，符号 :MZK，货币：JPY，之前的价值：13000，价值的改变量：+800。对于结构中的每个元素，我们都已经显示了这个事件的对应特定实例。我们可以从这个事件中非常清楚地看到结构化形式中发生了什么。

6.6.4 事件和交易

我们可以看到事件是与交易密切相关的。实际上，因为事件通常可以用来描述交易，所以看到这些术语被互换着使用的情况并不罕见。但是，事件描述的东西通常比交易更广泛。具体而言，当事件描述更改时，交易会捕获发生更改的记录元素。交易通常是外部事件的结果，外部事件通常是不会因特定参与者或资产的行为结果而产生的事件。在这种情况下，结果交易使用来自外部事件的信息的子集作为输入。但是，除了这种特定的意义外，事件本身并不是交易的一部分。这需要一点思考——我们真正在挑选的是一些微妙但重要的差异。

所以事情变得有些矛盾了——交易也可以产生事件！这看起来变得更复杂了！但自己想一想——事件只是描述发生的事情，有时事件是由交易显式创造的，而不是来自任何交易之外的力量。在我们的股票定价的例子中，一个交易可能会生成一个事件：表明 MZK

股票在单次的定价中上涨了超过 5%！此事件可能是 Rapid Stock Rise，它的结构符号为：MZK，上涨：6.1%，它由交易显式生成。该交易体现了业务流程的一部分，即高百分比的股票变化的识别与通报。事实上，该事件是交易的一部分。

6.6.5　外部与显性事件

因此，我们可以看到，事件分为两类——外部事件和显性事件。我们通常不会将这两个术语视为对立面，但它们巧妙地描述了业务网络中的两种不同类型的事件。第一个事件类型是外部事件——它是在业务网络外部生成的。此事件由参与者处理，因此可能会导致交易——但是不要忘记，我们只考虑重大事件，也就是将导致行动的事件。对于外部事件，大量事件信息会被捕获为交易的输入，但不会存储有关该事件的任何其他非关键内容。如果我们想要保存外部事件，会生成一个显式交易来执行此操作。

而显性事件是不同的。因为它们是在交易中生成的，所以它们自动成为交易历史记录的一部分。当交易被提交到账本时，这些事件将被释放到网络中——任何对它们感兴趣的参与者都可以作为消费者使用它们。在显性事件的情况下，账本本身就是事件生产者。

6.6.6　事件导致参与者采取行动

因此，我们可以发现事件很重要，因为它们可以识别导致参与者采取行动的变化！就像在现实世界中一样，当事件发生时，人们和组织会听说到它，然后处理其中的信息，并为了应对而生成动作。我们也可以看到，事件通常通过发起新交易或者有时也通过产生新事件来为参与者提供行动的主要激励动机之一。

6.6.7　松耦合的设计

现在让我们回到松耦合的想法。事件生产者和事件消费者并不直接了解彼此，他们被认为是松耦合的。例如，当参与者被添加到业务网络时，现有参与者不需要联系新的参与者来自我介绍。相反，如果他们感兴趣，现有参与者会听取新的参与者事件。同样，如果参与者加入网络，则不需要联系每个人以及他感兴趣的所有内容，它只是监听它认为重要的事件——可能导致其采取行动的事件。我们可以看到，事件生产者和事件消费者并没有明确地了解彼此，他们只知道事件，因此沟通可以非常容易地发挥作用，它更具可扩展性。

我们现在看到，松耦合是事件和交易之间的主要区别。交易明确地将参与者彼此绑定——在交易中，我们为所有交易对象命名。在事件中，我们完全不知道与事件的生产者和消费者是如何，甚至是否相关。从设计角度来看，这意味着我们可以创建一个非常灵活的系统。参与者可以通过事件以几乎无限灵活的方式相互耦合，这确实反映了我们在现实世界中看到的丰富性。

6.6.8　事件的作用

我们现在看到了为什么我们要在业务网络的定义中添加事件了。事件使业务网络变得极其灵活。如果我们沉浸在其中一段混乱的信息中，那么事情会变得更加难以分析，虽然这样问题也不太大。无论从哪个角度看，现实世界都是不可分析的——而事件在参与者之间提供了一种高效的协作机制，以便通过多方交易对重要的改变达成一致并将它们记录。

恭喜！还记得业务网络的定义吗？

业务网络是参与者和资产的集合，而不是通过交易描述的生命周期。事件发生于交易完成之时。

我们现在已经意识到，这几句话可能比最初出现的时候更强大——因为它们确实描述了一个非常丰富多彩的世界。让我们通过一个有效工作的例子来看看这些想法在现实中的效果！

6.7 实现一个业务网络

我们已经了解了业务网络的世界，然后我们也看到了参与者之间资产的多方交易处理的重要性——这是这些网络的生命线。实际上，由于当今业务网络的重要性，即使是在发展它的阶段也已经在实际中部署了大量的应用。如果你已经在 IT 部门工作了一段时间，那么可能已经听说过企业对企业（B2B），甚至可能是电子数据交换（EDI）[协议]。这些术语描述了企业如何相互交换信息的想法和技术。你甚至可能听说过或者有过接触网络协议的经验，例如 AS1、AS2、AS3 和 AS4。它们定义了如何在两个组织之间交换业务数据的标准机制。如果你还没有听过这些条款也没关系——更加关键的问题是现在业务网络非常真实地存在于实践中，并有大量的技术辅助它们的实现。

实现业务网络意味着什么？好的，当涉及交换像汽车、设备、重要文件等这样的有形资产时，区块链会捕获业务网络中资产、参与者、交易和事件的表示。但是，就无形资产而言，它则有些不同——在某种意义上来讲，随着资产去物化倾向的加强，它们在计算机系统中的表示也会越来越像资产本身。

6.7.1 去物化的重要性

考虑一下音乐的情况。一百年前，它被记录在胶木上，然后通过一系列技术创新，它逐渐转向黑胶唱片、光盘、数字迷你光盘。每一步都使得产品比以前更便宜，质量更高。但是几十年前，发生了一些不同的事情：人们引入了第一种 MP3 格式来支持高保真音频的获取。

这是一个去物化的步骤，与其他步骤完全不同。是的，它更便宜，质量更高，但关键的是它阻止了音乐在物理形式呈现的进一步发展。这种去物化的模式越来越普遍——诸如债券、证券、掉期、抵押等金融产品主要以数字方式呈现。越来越多的文件和表格正在变得数字化——从简单的飞机票和火车票到更重要的教育证书，以及就业和健康记录。这种向数字化的转变意味着区块链具有超出我们假设的更多实用性。

因此，当我们在区块链上实现业务网络时，我们实际上更接近于处理业务网络中的实际资产。而且更有争议的是，即使在有形资产的情况下，有关资产的信息也与资产本身同等重要！这也许看起来很夸张，但仔细想一想。假设你拥有一辆汽车。汽车需要汽油，需要征税，维修和保险。它需要每年进行一次测试，以确保它适合行驶。围绕着你的这辆车有很多经济活动！这也就意味着有关汽车的信息是非常有价值的——在汽车的使用寿命期间，总维护成本通常是汽车本身价格的两倍。因此也许有关汽车的信息比汽车更有价值！？

6.7.2 区块链对 B2B 和 EDI 有益

区块链可以为跨多组织的企业对企业（B2B）信息处理提供更简单、更全面的方案。电子数据交换（EDI）协议仅涉及信息交换，而区块链可以将数据存储在账本中，使用智能合约处理数据，并通过合约进行数据通信和交换。区块链为多方交易处理提供了一种整体方案。在区块链中，业务网络中的所有数据、处理过程和通信都是从一个相关系统访问的。这与传统的 B2B 方法形成了对比，后者的数据、处理过程和交换是由不同的系统管理的。这种分离直接导致跨这些系统加入信息需要进行大量的处理，并且缺乏整体透明度。此过程被称为为对账——它确保业务网络的不同部分的信息之间没有显著差异——这是及时而且成本高昂的。

我们现在看到在区块链上实现业务网络的好处。它并不是记录资产的相异系统集合，以及操作资产的不同程序，而是以共享视图呈现资产及其完整的交易生命周期。区块链提供对资产及其生命周期、参与者、交易和事件的明确的共享理解，它的这种共享特性通过提高透明度提供了更多的信任，并且从根本上简化并加速了处理流程。例如，组织不必为了确保系统正常与其他组织进行定期核对，因为这些任务一直都在区块链中处理。

所以，假如我们想要获得区块链的好处，以便进行多方交易处理，那我们要如何做到这一点呢？这就是我们将在本章的其余部分中关注的内容——基本的架构方法，主要集中在设计工具，你可以使用它来为业务网络实现区块链技术平台。

6.7.3 与区块链互动的参与者

什么样的参与者会与区块链互动？首先需要说明的是：业务网络中区块链的主要受益者是拥有最多数据的参与者，通常是一个组织。这并不是说个人不能管理区块链账本，但更有可能的是他们将与管理部分区块链的组织进行互动。实际上，他们甚至可能不知道他们正在使用区块链。在组织内部，虽然是个人在使用与区块链进行交互的应用程序，但关键是他们是代表着组织的，也就是说他们是组织的代理人。

同样，当涉及系统和设备参与者时，设备不太可能管理区块链账本的副本。在这种方式下，设备更像是个人参与者。相反的，网络中的系统可以代表组织行事，或者在某些情况下，实际上就代表组织。这意味着什么，系统代表一个组织？好吧，如果我们考虑一个 B2B 系统，那么一个组织确实在网络中看起来像它的 B2B 网关——考虑所有意图和目的，网关也就是组织。通过这种方式，我们可以看到，大型系统与区块链账本的实例密切相关是有意义的。

6.7.4 使用 API 访问业务网络

组织、个人、系统和设备通过一系列的业务网络 API 与区块链进行交互。我们马上就会看到这些 API 是如何创建的，但现在知道区块链网络就像普通的 IT 系统一样被使用了就足够了。区别在于内部——这些 API 在区块链基础设施上实现，这最终提供了相比一般系统更简单、更丰富的 API。但是，区块链 API 的使用者不需要担心这一点——他们只要发布 API，他们需要的服务就会发生。这时候发生的权衡是区块链基础设施需要在业务网络中的组织之间进行更多协调。他们必须提前就参与者、资产、交易和事件以及它们如何发展达成一致。虽然他们可以并且应该在区块链之外处理、存储和传递信息，但他们必须在区块链上达成一致。这就是权衡：对在正常运行阶段的业务流程进行及其简化的前期协议。

从高层次来看，业务网络 API 易于理解。在车辆网络中，我们可能有 API，例如 buyVehicle（）、insureVehicle（）、transferVehicle（）、registerVehicle（）等。这些 API 是针对特定领域的，也就是刚刚提到的 API 与商业票据网络中的 API［issuePaper（），movePaper（）和 redeemPaper（）］非常不同。API 是针对特定于特定领域的这点非常重要，因为它使得它们对使用它们的网络中的参与者有意义——这样的 API 描述了参与者进行交流的语言。

6.7.5　3 层系统架构

这些 API 在非常标准的系统架构中工作。通常，终端用户在其 Web 浏览器或移动设备上运行表示层。它通过应用开发的整体解决方案定义的 API 与应用服务器层进行通信。这些应用层可能正在云中或内部部署的系统上运行。它是应用程序的所有程序逻辑所在的位置，也是区块链提供的业务网络 API 的使用者。此应用可能正在执行其他工作，例如访问数据库或运行分析——但从我们的角度来看，它是与区块链网络的交互点。它使用区块链API，而不是终端设备。总而言之，这些 API 在表示、应用和资源管理的典型 3 层系统架构中运行。

或者，如果我们有一个设备或系统与区块链交互，那么它没有表示层——它直接使用应用 API 或区块链 API。在实际的意义上，设备是表示层，系统是应用层。同样，这也是符合标准的。

6.7.6　Hyperledger Fabric 和 Hyperledger Composer

基本设计方法同样非常直接简单。我们使用 Hyperledger Composer 为特定业务网络中的参与者、资产、交易和事件建模。然后，使用该模型生成区块链智能合约和区块链账本，通过它们实现这些元素并部署到使用 Hyperledger Fabric 创建的区块链网络上。我们还使用 Hyperledger Composer 模型生成一组特定领域的 API，以访问在 Hyperledger Fabric 区块链中操作它们的交易。正如我们所见，这些 API 将由应用程序代表个人、组织、系统和设备使用。

6.8　总结

在本章中，我们已经介绍了业务网络并详细探讨了它们。通过了解参与者、资产、交易和事件的关键组成部分，我们已经看到，在某种意义上，所有业务网络都有相同的关注点。

通过对不同类型的参与者：个人、组织、系统和设备进行分类，我们能够正确地描述谁发起获取业务网络变化的交易。通过理解资产的概念：有价值的东西，无论是有形的还是无形的，我们都能够描述和理解在参与者之间移动的资源，以及它们如何表达参与者彼此互动的原因。了解参与者和资产使我们能够了解如何在交易中捕获对这些变更的影响。最后，事件的概念使我们能够理解网络发生重大变化的时间，并对它们采取行动。

我们花了一些时间讨论如何利用 API 去使用这些概念，在下一章中，我们将更多地关注这一方面：如何在业务网络的真实示例中演示所有这些想法。我们将特别集中在使用 Hyperledger Fabric 和 Hyperledger Composer，以便你可以了解如何在实践中应用这些想法。

第7章
一个业务网络实例

在本章中，我们将把已经讨论过的所有概念整合起来组成并展示一个业务网络，一个实际使用的例子。具体来说，要做的是一个通过编写 Hyperledger Compose 实现的信用证，让你能了解到参与者、资产、交易和事件是如何在代码中实现的。我们会展示如何使用、分析、定义业务网络，以及如何使用该定义生成 API，测试 API，并将它们集成到示例应用程序中。这将会是一个对所学内容全方位理解的过程，让你从抽象的概念到现实实例理解的过程。我们使用信用证，因为它有一个广为人知的与区块链有关的过程。让我们先讨论一下这个过程，然后看看为什么用它作为例子。

7.1 信用证实例

在我们的例子中，Alice 是意大利 QuickFix IT 公司的所有者，希望从美国 Conga 计算机公司的 Bob 那里购买计算机。Alice 将通过她所属的 Dinero 银行发送一个信用证，Bob 所属的 Eastwood 银行将会接受这个信用证，并作为交易的凭证。

7.1.1 安装例子

如果你已经学过第 3 章，应该就有了所有的前期准备知识。现在从仓库 https://github.com/hyperledger/composer-sample-application fork 复制一份到你的仓库，然后再复制到你本地的机器上，可以使用这样的命令：

```
cd <your local git directory>
git clone git@github.com:<your github name>/composer-sample-
applications.git
```

跳转到应用的目录，然后使用下列的命令下载和安装信用证例子应用，这将花费一点时间。

```
cd composer-sample-applications
cd packages/letter-of-credit
./install.sh
```

安装的脚本将通过浏览器向你展示应用。让我们来试试这个应用，并理解整个过程吧。

7.1.2 运行实例

你将会在浏览器中看到打开的几个不同的标签页，这些标签页代表了网络中不同的参与者，通过单击不同的标签你将查看到网络中不同的参与者的信息。我们将会通过运行这个例子来看看这些角色在网络中的作用，如图 7-1 所示。

图　7-1

步骤 1—准备申请一个信用证

我们开始准备申请。

1）在浏览器中选中第一个标签页，如图 7-2 所示。

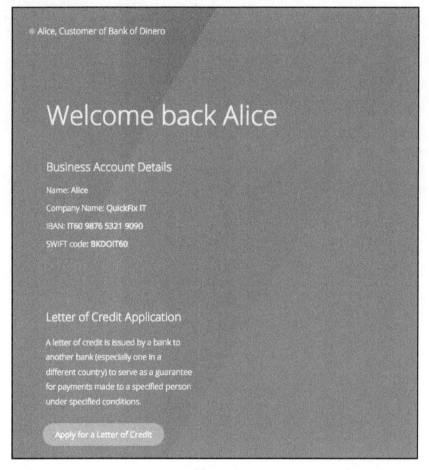

图　7-2

2）你现在就是 Alice，你可以看到你的银行和账户的详情。你能够通过与单击下方的"Apply for a Letter of Credit"按钮申请一个信用证。

3）你将看到一个满足你需求的信用证的网页，如图 7-3 所示。

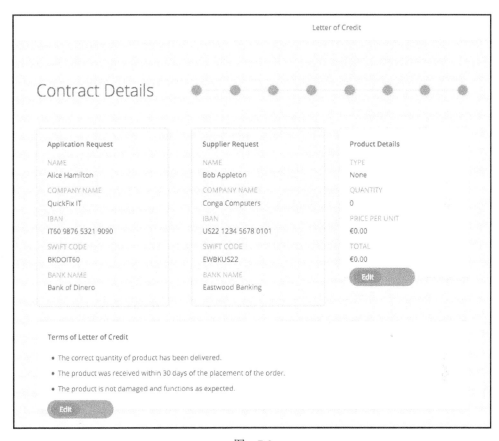

图　7-3

步骤 2—申请信用证

这是第一个阶段，你将需要一个信用证来从 Bob 那里购买计算机！在每一个屏的上方，你将会看到你现在处于整个流程的具体的阶段，如图 7-4 所示。

图　7-4

在网页的左边，你将看到商人的详情，分别是 Alice 和 Bob。注意公司的名字以及账户的详细信息，如图 7-5 所示。

你将作为 Alice 来使用应用。在屏幕的右边，你将能够了解到交易的详情。Alice 将从 Bob 那里获取 1250 台计算机，每台的价格是 1500 欧元，所以总的价格为 187.5 万欧元，如图 7-6 所示。

图 7-5

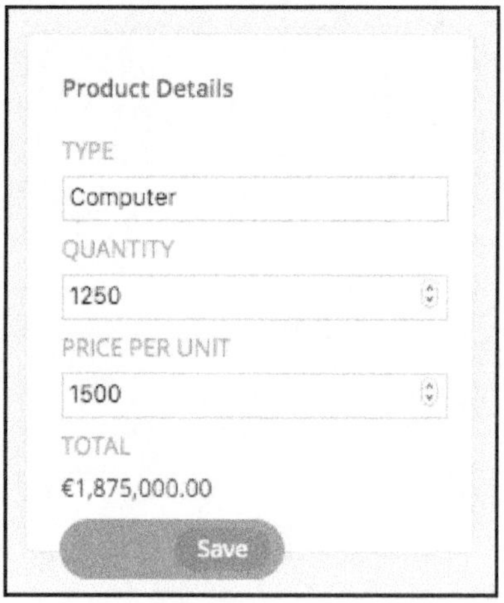

图 7-6

同时也记录了一些 Alice 能够选择（银行同意）的在应用中使用的合约条件和条款。Bob 需要满足这些重要的条款和合约，否则他将不会收到付款，如图 7-7 所示。

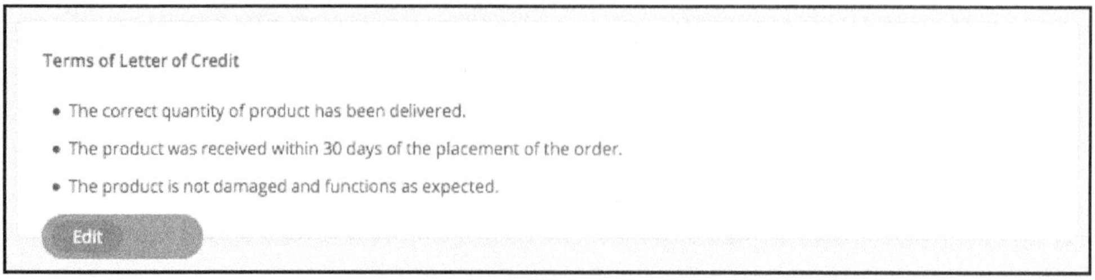

图 7-7

你能够编辑你要求的条件，这些条款中可以包含即使在这一过程中不会被影响的条件。

当你准备进入下一个阶段的时候单击"Start approval process"（启动批准流程）按钮，如图 7-8 所示。

祝贺你，你已经申请到了一个信用证。

步骤 3—导入银行批准

进入过程的下一阶段，在你的浏览器中单击下一个标签页。你现在是 Matias，是 Dinero 银行的一个雇员，你需要处理 Alice 的请求。你将会看到下面的页面，如图 7-9 所示。

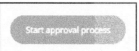

图　7-8

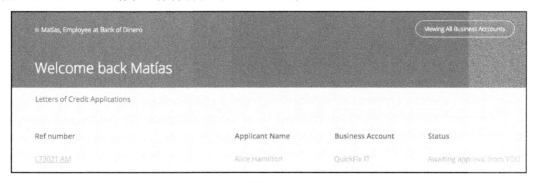

图　7-9

这展示了从 Alice 那里获得申请，这个申请还正在等待 Matias 的批准。他代表了 Dinero 银行，这个过程适用于任何需要批准的或者拒绝的证书，我们可以想象，在一个复杂的过程中 Matias 只需要去批准那些无法自动批准的异常证书。

如果 Matias 单击这个申请，他将看到这个申请的详细信息，这些信息就是 Alice 所要求的，如图 7-10 所示。

Application Request	Supplier Request	Product Details
NAME	NAME	TYPE
Alice Hamilton	Bob Appleton	Computer
COMPANY NAME	COMPANY NAME	QUANTITY
QuickFix IT	Conga Computers	1250
IBAN	IBAN	PRICE PER UNIT
IT60 9876 5321 9090	US22 1234 5678 0101	€1,500.00
SWIFT CODE	SWIFT CODE	TOTAL
BKDOIT60	EWBKUS22	€1,875,000.00
BANK NAME	BANK NAME	
Bank of Dinero	Eastwood Banking	

图　7-10

在我们的场景中，Matias 将会批准这个信用证，并且流程将会继续。选择"I accept the application"按钮将进入下一步，如图 7-11 所示。

图　7-11

步骤 4—导出银行批准

进入过程的下一阶段，在你的浏览器中单击下一个标签页。你现在是 Ella，是 Eastwood 银行的一个雇员，被告知 Alice 想和 Bob 做生意，如图 7-12 所示。

图　7-12

这个例子中使用了一些创造性的条例，Ella 可以看到这个证书。通常情况下 Alice 会给 Bob 这个证书，然后 Bob 将这个证书展示给 Ella。然而，我们可以知道因为每个人都可以提前查看证书，Ella 就可以在 Bob 之前看到证书，所以这个创造性的流程是可以的。后面我们将详细讨论。

可以看到 Ella 授权了流程的下一个阶段——可以看到证书在流程中的位置。Ella 在选择信用证的时候，能够看到合约的细节，如图 7-13 所示。

图　7-13

注意，货币类型已经更改了。因为 Bob 想要美元，所以 Alice 必须用美元支付。但是 Ella 和 Matias 已经同意 Alice 和 Bob 之间的汇率（美元和欧元），这样他们就可以各自使用自己选择的货币。Alice 将被收取欧元，Bob 将被支付美元。

在屏幕顶部，你将看到与此过程相关的信息。可以看到在这个过程中的位置。由于区块链的独特性，增加透明度成为可能，尽管不同的组织分别通过自己的系统支撑和审批流程的各阶段，如图 7-14 所示。

图 7-14

我们再来做一遍。Ella 通过单击"I accept the application"按钮来批准证书，如图 7-15 所示。

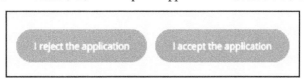

图 7-15

步骤 5—出口商获得的证书

在浏览器中选择下一个标签页。你现在就是 Bob，你将可以看到从 Alice 那里获得的信用证，如图 7-16 所示。

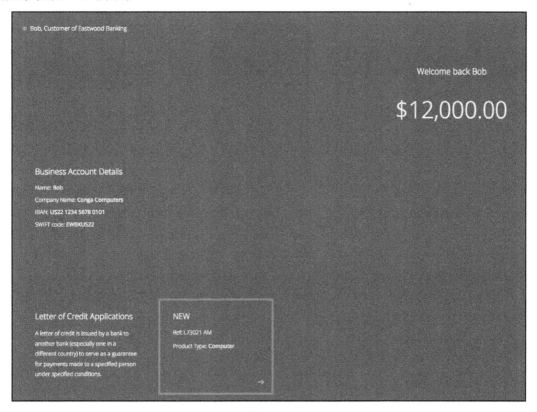

图 7-16

在这个例子中，Bob 可以非常确定 Alice 是可信的，因为他的银行已经提前告诉了他。如果 Bob 选择了这个合约证书，他将看到它的详细信息，如图 7-17 所示。

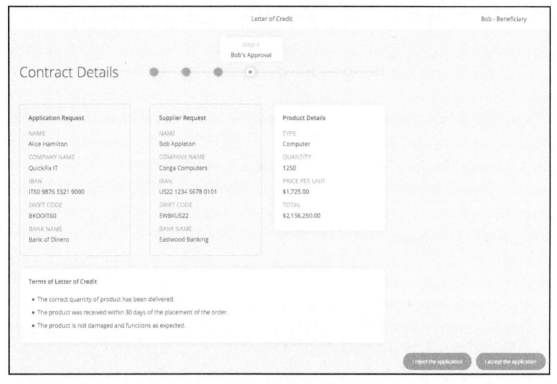

图　7-17

希望你现在已经了解了这个过程，所以我们不需要再详细说明所有的细节了！只要注意 Bob，因为他可以通过透明的过程来增加信任。Bob 接受这个支付证书（单击 "I accept the application" 按钮），现在就必须将货物发送给 Alice!

步骤 6—邮寄

你将返回到 Bob 的初始界面，注意到现在有一个选项可以将货物运输给 Alice，如图 7-18 所示。

单击运输命令来标记货物已经被运输给了 Alice，如图 7-19 所示。

Bob 现在能够看到，就信用证流程来说，他完成了，订单已经发货。

但是 Bob 还没有收到付款，在那之前 Alice 必须接收货物。注意历史在 Bob 的 Web 界面的右下角。Bob 可以看到总体流程中他所处的位置，但是在他收到付款之前，还有一些步骤要完成，如图 7-20 所示。

让我们回到 Alice 视角来继续流程的下一步。

步骤 7—接收货物

在浏览器中回到 Alice 的页面，如图 7-21 所示。

图　7-18

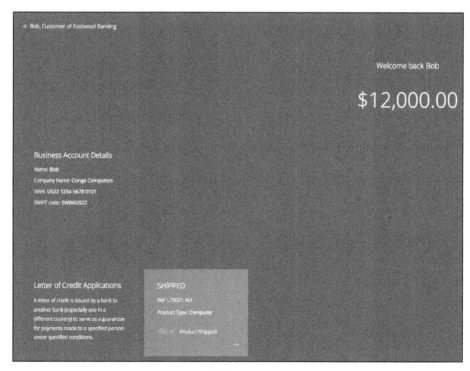

图　7-19

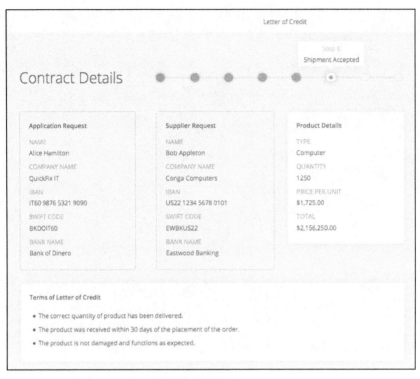

图 7-20

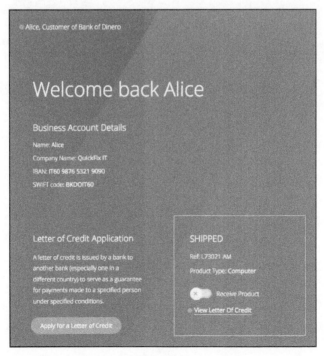

图 7-21

当 Alice 接收到 Bob 的计算机时，她可以单击接收命令来标记，并查看信用证。此时，所有银行都可以发布支付凭证。让我们移动到 Matias 的 Web 界面来观察这个流程的步骤。

步骤 8—支付

Matias 能够看到 Alice 和 Bob 都很满意，所以交易可以正常进行。单击 Matias 的初始页面，查看当下凭证的细节，如图 7-22 所示。

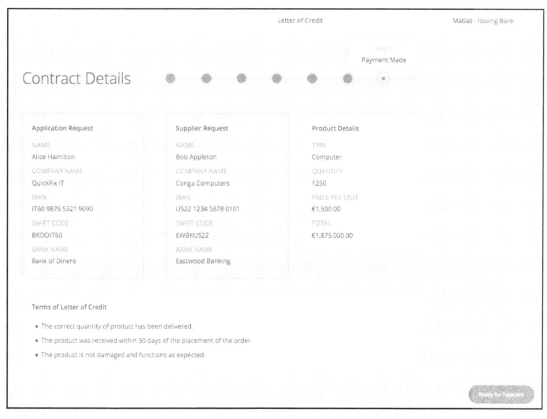

图 7-22

Matias 能看到 Alice 已经接收了货物，同时 Matias 能单击准备支付来继续下一步。

步骤 9—关闭凭证

Ella 现在能够关闭凭证并且将付款发送给 Bob，如图 7-23 所示。

对于 Ella，单击关闭来继续流程的最后一步。

步骤 10—Bob 接收支付凭证

如果我们回到 Bob 的 Web 页面并且刷新，能看到 Bob 有一些新的好消息！单击查看他增加的余额，如图 7-24 所示。

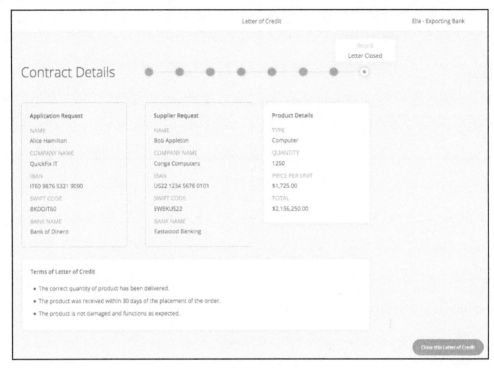

图　7-23

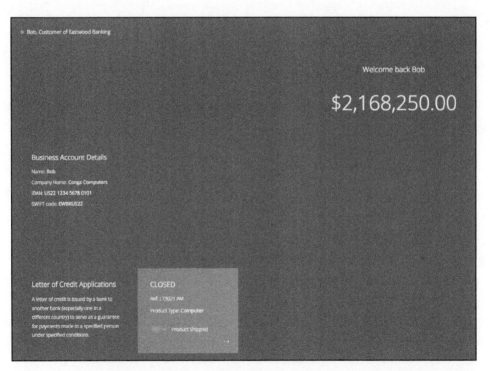

图　7-24

Bob 现在已经接收到了他邮寄给 Alice 的计算机的付款，交易流程结束了。

7.1.3　回顾流程

Alice 想要向 Bob 购买计算机，并且使用信用证来推送这个交易。购买货物需要使用美元，但是她用欧元支付，她在支付之前就能够保证货物符合她的预算和要求。

Bob 向 Alice 出售计算机，但之前他并不认识这位海外的顾客。信用证保证一旦 Alice 对货物满意，他就能够接收到兑换为本地货币（美元）的付款。

Matias 和 Ella 分别代表 Dinero 银行和 Eastwood 银行提供交易系统，可以确保 Alice 和 Bob 能够在完全相互信任的状态下交换凭证。他们能够为 Alice 和 Bob 提供公平的货币兑换服务。在交易过程中，他们能几乎实时同步。

现在让我们来看看这个交易如何借助 Hyperledger Composer 和 Hyperledger Fabric 进行。

7.2　分析信用证的过程

业务网络的核心是一个包括资产、交易者、交易、事件的正式描述的业务网络定义。我们将用这个概念来检验信用证应用。在本章的末尾，你将会知道应用如何运作和接入网络。此外，你还能够知道如何搭建属于你自己的网络和消费它的应用。

7.2.1　练习场

如果你转到 demo 的下一个标签页，你会发现 Hyperledger Composer 练习场是开放的，如图 7-25 所示。

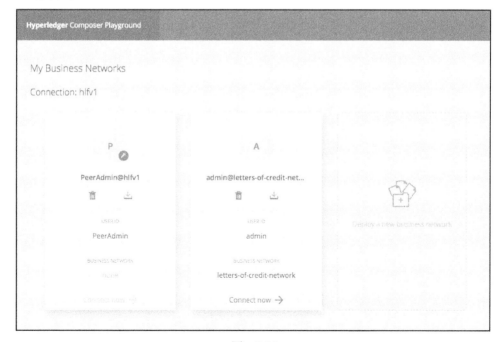

图　7-25

练习场是一个能够帮助你研究业务网络的工具。练习场的初始化页面有一个充满着业务网络名片的钱包。它就像一个真实的钱包，这些名片能够帮助你连接到不同的网络。当你使用一个特定的名片连接网络时，你会成为特定网络的参与者。这对测试网络来说是很有帮助的。让我们作为管理者连接网络，查看里面有什么！（稍后我们会创建自己的网络名片。）

7.2.2 查看业务网络

在业务网络名片上标记 admin@letters-of-credit-network，单击马上连接。你会看到这样的 Web 界面，如图 7-26 所示。

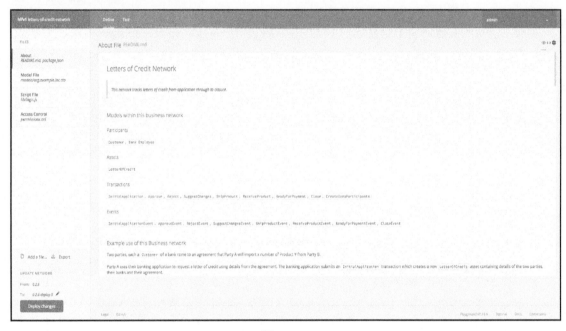

图　7-26

这是一个业务网络定义的视图。它为信用证定义了我们在业务网络章节中提到的参与者、资产、交易和事件。在页面的左手边我们能看到业务网络的描述。让我们稍微深入地研究这个描述——这是很重要的部分。

7.3　业务网络的描述

README 文件包含着该业务就网络而言的参与者、资产、交易和事件的自然语言描述。

7.3.1　参与者描述

参与者在业务网络的描述中列出

```
Participants
 Customer, BankEmployee
```

在我们的例子中，一共有 4 个参与者实体——Alice、Bob、Matias 和 Ella。但是注意只有两种参与者身份，分别称为消费者和雇员。在我们的网络中，Alice 和 Bob 作为消费者参与，Matias 和 Ella 作为银行雇员参与。我们能够看见这些类型是从银行视角命名的，这是因为网络服务由 Dinero 和 Eastwood 银行提供，为 Alice 和 Bob 所用。

我们将很快看到更多关于这些参与者身份和参与者实体的细节。但是现在只需思考我们如何将网络中的参与者简化为两种简单的表示。尽管我们在应用中看到了复杂的行为，就参与者而言，网络是简单的。你能够在交易网络中见到，尽管可能有很多参与者的实体，但参与者类型的数量总是十分有限的，通常很少超过 10。当然，规则是用来打破的，但是你会发现用这种方法对于理解网络很有帮助，这让分析变得更加可易于管理。

7.3.2 资产描述

如果你对网络中参与者类型的数量感到惊奇，当你看到资产类型的数量时你会更加惊讶：

```
Assets
 LetterOfCredit
```

现在，这里有一个简单的网络能帮助我们认识交易网络的概念，胜过列举出详尽的信用证表示。然而，如果你推敲一下我们的例子，整个流程主要只关心一种资产类型：凭证。

公平起见，我们不把注意力集中在货物的转移：计算机或者付款。在一个真正的系统中，这些会被描述为资产。尽管如此，请注意资产类型的数量仍然非常少。我们能创造出无限的信用证、计算机、付款实例，但是仍然只有少量的资产类型。

我们稍后会讨论这种资产类型的细节。

7.3.3 交易描述

现在让我们看一下业务网络中的交易类型：

```
Transactions
 InitialApplication, Approve, Reject, SuggestChanges, ShipProduct,
ReceiveProduct, ReadyForPayment, Close, CreateDemoParticipants
```

最后，可以看到很多交易类型！这是非常典型的情况——虽然参与者的类型和资产类型非常有限，但资产具有丰富的生命周期。如果考虑我们的应用程序，信用证会经历很多状态，因为它与网络中的不同参与者交互。这些交易可直接与这些交互对应起来。（忽略 CreateDemoParticipants，这是一个设置演示样例的交易！）

交易名称很容易理解——它们与信用证的生命周期密切相关。它们是你作为不同参与者使用应用程序所经历的步骤。Alice 利用 InitialApplication 初始化应用，并有权执行 SuggestChanges 修改凭证的条款和条件。Matias 和 Ella 可以批准或拒绝这个凭证。Bob 调用 ShipProduct 来表示他已经完成了交易，Alice 使用 ReceiveProduct 来表示她已经收到了计算机。最后，Matias 指出，这个凭证已经处于 ReadyForPayment 状态即可以支付，然后，Ella 发出 Close 交易结束这个过程，并触发对 Bob 的付款行为。

没有理由限制交易类型的数量必须大于资产类型的数量。人们可以很容易想象许多不同的资产类型具有相同的、相对简单的生命周期。例如，想象一个零售商的产品库存——商品可以被采购、交付、销售和退货。这是一个相对简单的生命周期，但不同类型的商品数量可能相当大。然而，我们可能期望这些不同的商品通过一些共同的行为来共享生命周期；毕竟，它们都是产品。关于继承这一想法，后面会有更多的讨论。

我们将会更详细地讨论这些交易的实现，但现在，最重要的是理解网络参与者之间资产流的概念图，正如交易所描述的那样，而不是担心这些交易更改背后的确切逻辑。

7.3.4 事件描述

最后，让我们看一下业务网络中的事件列表：

```
Events
 InitialApplicationEvent, ApproveEvent, RejectEvent, SuggestChangesEvent,
 ShipProductEvent, ReceiveProductEvent, ReadyForPaymentEvent, CloseEvent
```

我们可以看到事件的名称与交易类型相互匹配，这是非常典型的情况。这些是由交易生成的显式事件，用于指示业务网络中何时发生何种事件。在我们的场景中，用户界面使用这些事件来保持网页的最新状态，当然还可以用于更复杂的通知处理，例如，CloseEvent可以用于触发对 Bob 的付款行为。

当你第一次定义业务网络时，你会发现这些事件几乎是交易的镜像。但是，随着时间的推移，你会发现更复杂的显式事件加进来，例如，Matias 或 Ella 可能希望为 HighValue 的凭证或者 LowRisk 的应用生成特定的事件。

7.4 业务网络模型

既然我们已经通过自然语言的描述理解了业务网络中的类型，那么让我们看看它们是如何在技术上定义的。在 Playground 的左侧，选择"模型文件"。

在这个业务网络中，只有一个模型文件定义了参与者、资产、交易和事件。在一个更大的应用中，我们会将来自不同组织的信息保存在它们自己的文件中，通常在它们自己的命名空间中。分开存放是允许的，但必要时需要放在一起。让我们看看命名空间是如何工作的。

7.4.1 命名空间

这里的例子采用单一的命名空间：

```
namespace org.acme.loc
```

此名称空间表示该文件中的类型定义是由 Acme 组织的信用证流程定义的。命名空间只是一个简化的名字！使用名称空间会帮助你清晰地分离，更重要的是，交流你的想法。我们建议使用分层命名，以便清楚网络中哪些组织正在定义被网络使用的相关类型。

7.4.2　枚举

接下来，看一个枚举类型的集合：

```
enum LetterStatus {
  o AWAITING_APPROVAL
  o APPROVED
  o SHIPPED
  o RECEIVED
  o READY_FOR_PAYMENT
  o CLOSED
  o REJECTED
}
```

以上是凭证将要经历的状态。当我们阅读一个凭证时，将能够识别出业务流程在什么地方使用了此枚举类型。所有状态的名字都可从字面上看出来其含义。

7.4.3　资产定义

现在开始讨论第一个真正重要的定义——信用证资产：

```
asset LetterOfCredit identified by letterId {
  o String letterId
  --> Customer applicant
  --> Customer beneficiary
  --> Bank issuingBank
  --> Bank exportingBank
  o Rule[] rules
  o ProductDetails productDetails
  o String [] evidence
  --> Person [] approval
  o LetterStatus status
  o String closeReason optional
}
```

让我们花点时间来研究这个定义，因为它是理解业务网络和 Hyperledger Composer 的关键。首先，注意 asset 关键字，它表示接下来在描述资产的数据结构时，就像普通编程语言中的类型定义一样，但是有一些独特之处，稍后将会看到。

从上文可以产出，资产属于信用证 LetterOfCredit 类型。在这个例子中，我们只有一种资产类型。在更复杂的例子中，我们会有更多的资产类型。例如，可以扩展此模型以包含 Shipment 资产和 Payment 资产：

```
asset Shipment
asset Payment
```

现在，让我们跳过 identified by 语句，转到资产定义中的第一个元素：

```
o String letterId
```

字母 o 表示该字段是资产的一个简单属性。这是一个有点奇怪的表达方式，所以只管把它当作修饰符。第一个属性是 letterId。回想一下，当在业务网络中创建凭证时，会为其分配一个唯一的 ID。如果你还记得，在我们的示例中，存在 Letter Id L64516AM 或

L74812PM，这是由具有字符串类型的字段表示的 ID——正如大家将看到的，有很多类型可用。我们看到这个定义将可读的标识符与资产关联起来。请注意，标识符必须是唯一的！

现在返回到 identified by 语句：

```
identified by letterId
```

现在我们理解，这个语句表明 letterId 属性是唯一标识资产的属性。这是一个简单但有效的想法，与现实世界密切相关。例如，一辆车有一个可唯一标识它的车辆识别号（VIN）。

下面讨论另外一个属性：

```
--> Customer applicant
```

我们注意到的第一符号"-->"是装饰器！（在键盘上键入两个短划线和一个大于号）。这是一个引用属性——它指向某个对象！在这个案例中，它指向一个不同的客户（Customer）类型，并且该元素的命名是申请者（applicant）。至此可以理解引用概念是如何比我们之前看到的简单属性更复杂一点——这是因为它可以做更多的事情。此字段表示凭证中有客户（Customer）类型的申请人，你需要通过此引用进行查找。

在我们的示例中，一个凭证的实例将指向 Alice，因为她是 Dinero 银行的一个客户，正在提出申请。注意，这个引用属性引用了业务网络中的一个不同的对象。这个引用的概念非常有用——它允许资产指向其他资产以及参与者，对于参与者也是如此。通过引用，我们能够代表我们在世界上看到的丰富结构。这意味着我们可以创建可以合并和分割的资产，参与者也可以这样做。在我们的示例中，我们通过导航引用来查看谁申请了一个凭证。同样，我们可以看到这个模型以银行为中心。稍后我们将看到客户实际上是一个参与者，我们将看到如何定义参与者，如 Alice。但现在，让我们继续了解资产定义。

正如在第 6 章中讨论的一样，我们的应用使用了一种简单的所有权建模方法，在现实世界中，它通常是一个关联引用。可以很容易地将这种更复杂的关联关系建模为 OwnershipRecord，它指向资产，如果我们愿意的话也可以指向参与者：

```
asset OwnershipRecord identified by recordId {
    o String recordId
    --> LetterOfCredit letter
    --> Customer letterOwner
```

我们可以瞬间看到这种方法强大的功能，能够对现实世界中存在的关系进行建模，使我们的应用更真实，因此也更易于使用。就我们的目的而言，目前的模型是完全足够的。

接下来看一下另外一个字段，即

```
--> Customer beneficiary
```

这是一个与前一个非常相似的字段，在我们的示例中，这个元素的一个实例是 Bob。没有必要在这个定义上花时间。当然，这很重要，但它只是让信用证指向 Bob。如果你还记得，我们的申请总是有两个交易双方与信用证相关联。

下面两个字段的结构类似，但我们将花更多时间讨论它们：

```
--> Bank issuingBank
--> Bank exportingBank
```

可以看到，这些字段也是对其他对象的引用，给定名字 issuingBank 和 exportingBank，我们可能会怀疑它们是参与者！例如这些类型的实例可以是 Dinero Bank 和 Eastwood Bank，分别作为 Alice 和 Bob 的代表。

通过前 4 个参考字段的介绍，我们已经对资产的丰富结构进行了建模。前文已经展示了信用证实际上有 4 个参与者参与其中。我们给了它们符号化的名称和类型，并展示了它们与资产的关系。而且，没有编写任何代码。稍后，我们将不得不写一些代码，但是现在，请注意我们是如何在模型中捕捉到信用证的基本性质的。花点时间真正理解这一点是值得的。

我们将只考虑资产定义中的另一个字段，希望你能够掌握其中的诀窍！这是一个重要的字段：

```
o LetterStatus status
```

还记得那些在文件顶部定义的 ENUM 枚举类型吗？很好！这个字段将包含这些不同的值，例如 AWAITING_APPROVAL 或者 READY_FOR_PAYMENT。在你的业务网络中，你经常（如果不是总是）会遇到这样的字段和枚举类型，因为它们以非常简单的形式捕获你在建模的业务流程中的位置。如果你对工作流或有限状态机感到满意，可能会把它们看作状态——它们是一个非常重要的概念。

7.4.4　参与者定义

下面介绍模型文件中的另外一些定义，即参与者。

首先看一下第一个参与者定义：

```
participant Bank identified by bankID {
  o String bankID
  o String name
}
```

这是我们第一个 participant（参与者）类型定义，即银行。在示例应用中，有这种类型的两个实例，即 Dinero Bank 和 Eastwood Bank。

我们可以看到，参与者是由关键字 participant 标识的，后面跟随的是类型名——Bank。在本案例中，参与者类型是组织，而不是个人。与资产一样，每个参与者都有一个唯一的 ID，我们可以看到，对于银行来说，是 bankID 字段：

```
participant Bank identified by bankID
```

在我们的示例中，对银行的建模非常简单，只有一个 bankID 和一个名称，它们都是字符串，即

```
String bankID
String name
```

可以看到银行比信用证要简单得多，这不仅仅是因为它们有更少的字段和更简单的类型。更重要的是，它们没有提到任何其他参与者或资产，这就是为什么它们简单—缺少引用，只是一个简单的结构。你的模型也会是这样的——一些资产和参与者的结构相对简单，而其他的资产和参与者则要复杂一些，包括对其他资产和参与者的引用。

回顾一下，这些类型是从资产定义中引用的。如果需要引用，请再次查看信用证类型定义以查阅引用：

```
--> Bank issuingBank
--> Bank exportingBank
```

你现在能看到信用证资产和银行参与者是相互关联的吗？太棒了！

现在来看一下另外一类参与者。它跟之前看到的有些不同，现在忽略 abstract 关键字：

```
abstract participant Person identified by personId {
  o String personId
  o String name
  o String lastName optional
  --> Bank bank
}
```

感觉我们的应用程序中有 4 个 Person 类型的实例——Alice 和 Bob、Matias 和 Ella！让我们看看个体参与者是如何定义的：

```
abstract participant Person identified by personId
```

再次忽略 abstract 关键字。这条语句定义了 Person 类型的参与者，这些类型由其类型定义的唯一字段标识。这些类型将是应用程序中的单个参与者，而不是前面定义的组织（即银行）。（我们可能期望银行（Bank）和个人（Person）在结构上是相关的——稍后再看！）

如果我们更加详细地查看这个定义，就会发现它们的结构比 bank 更有意思：

```
o String personId
o String name
o String lastName optional
--> Bank bank
```

我们看到 Person 也有一个名字和一个姓，但是，注意到姓是可选的，即

```
String lastName optional
```

现在可以看到可选关键字 optional 表示 lastName 可能存在，也可能不存在。你可能记得在我们的例子中，Alice 和 Bob 提供了姓氏（即 Hamilton 和 Appleton），但银行的雇员 Matias 和 Ella 没有。这种可选性已经建模——看看它如何让我们的应用程序更像真实世界。

然而，最重要的字段是下一个字段：

```
 --> Bank bank
```

为什么？因为它揭示了结构。我们能够看到个人与银行有关联。就 Alice 和 Bob 而言，与他们有关的是他们的开户银行。对于 Matias 和 Bob 来说，与他们有关的则是他们的雇主。我们后面将会回到这个问题上，即这是否是建立这种关系模型的正确场合，但就目前而言，重要的是我们有一个与团体性参与者有关系的独立参与者。你可以看到，不仅资产具有复杂的结构，参与者也可以拥有复杂的结构！

但等一下，事情并不那么简单。我们在定义中忽略了一些东西，不是吗？请参见以下内容：

```
abstract participant Person identified by personId {
```

抽象（abstract）关键字几乎完全破坏了我们刚才所说的关于 Person 类型的一切！抽象类型很特殊，因为它们不能有实例。真的？似乎有些反直觉，因为我们能够看到 Alice 和 Bob，还有 Matias 和 Ella。

要理解究竟发生了什么，下面需要转到下一个参与者的定义：

```
participant Customer extends Person {
    o String companyName
}
```

仔细看一下这个定义的第一行：

```
participant Customer extends Person {
```

现在可以看到，这里定义了一种特殊的 Person 类型，称为 Customer！比前面好多了，因为 Alice 和 Bob 是顾客。在我们的应用中，实际上没有 Person 类型的参与者实例——我们拥有的是 Customer 类型的实例。

现在可以看到，Customer 类型定义中的 extends 关键字与 Person 类型定义中的 abstract 关键字成对出现。它们是前面提到的类型特化和继承这一更大概念的一部分：

```
abstract participant Person
participant Customer extends Person
```

就是这个 abstract 关键字阻止了我们定义 Person 的实例！这一点很重要，因为在本文的示例中，这的确是正确的——没有 Person 类型的实例，只有 Customer 类型的实例。可以看到当扩展 Person 类型时，一个客户（Customer）有一个特殊的属性，即客户的公司名称：

```
o String companyName
```

对于 Alice 来说，公司名称是 QuickFix IT，对于 Bob 来说是 Conga 计算机公司。最后，让我们看一下最后一个参与者类型，BankEmployee：

```
participant BankEmployee extends Person {
}
```

这里不需要详细描述——你可以看到，客户（Customer）、银行职员（BankEmployee）扩展了 Person 类型，但与此不同的是，BankEmployee 没有增加任何额外的属性。在应用中，Matias 和 Ella 就是这种类型的实例。

现在明白为什么 Person 类型非常有用，它不仅不能被实例化，而且捕获了 Customer 和 BankEmployee 之间的共同点。这样不仅节省了打字的时间，还揭示了一种内部结构，可以增加并反映出我们对业务网络的理解。考虑到这一点，你可能会思考按照如下方式建模是否更实际一些：

```
abstract participant Person identified by personId {
    o String personId
    o String name
    o String lastName optional
}
```

```
participant Customer extends Person {
    o String companyName
    --> Bank customerBank
}

participant BankEmployee extends Person {
    --> Bank employeeBank
}
```

> 在真实的场景中，参与者的身份会存储在模型之外，这是由于事实上，个人身份和不可变的账本并不是好的组合。在账本上存储 Alice 的个人信息意味着这些信息会永远存在那里。

你能看到这个模型如何展示银行与客户（Customer）和银行与银行职员（BankEmployee）之间的关系的性质是不同的吗？这里有一点很重要——没有正确的模型。模型仅仅服务于一个目的——它们要么满足要求，要么不满足。我们提出的两种模型都完全满足我们的目的，因为我们不需要根据客户（Customer）和银行职员（BankEmployee）与银行的关系来区分他们。关于参与者的说明已经够多了，下面继续讨论模型定义中的下一个元素。

7.4.5 概念定义

先看产品细节（ProductDetail），而不是规则（Rule），因为它更容易理解：

```
concept ProductDetails {
    o String productType
    o Integer quantity
    o Double pricePerUnit
}
```

概念是模型中数量少但非常有用的元素。它们既不是资产也不是参与者——它们只是定义所包含的结构元素。前面的概念定义了 ProductDetail，我们可能会说，这实际上就是一种资产——就我们的应用而言，它不是在参与者之间转移的东西！当我们看到规则（Rule）概念时，可能会更清楚一些，它包含了信用证的条款和条件：

```
concept Rule {
    o String ruleId
    o String ruleText
}
```

这是一个不太像资产或参与者的类型，但是作为一个独立的类型是非常有用的，因为它揭示了一个重要的结构。

7.4.6 交易定义

继续往下看！下一节非常重要——交易！让我们从交易定义开始：

```
transaction InitialApplication {
    o String letterId
    --> Customer applicant
    --> Customer beneficiary
    o Rule[] rules
    o ProductDetails productDetails
}
```

我们可以看到，与资产和参与者一样，交易是由自己的关键字定义的：

```
transaction InitialApplication {
```

transaction 关键字标识的后面是交易的类型定义，就像资产或参与者关键字一样。注意，在交易定义中没有 identified by 语句。此交易定义表示 Alice 对信用证的初始申请。很明显，不是吗？ Alice 使用的应用程序将创建交易的特定实例，我们可以看到其中包含的信息如下：

```
o String letterId
--> Customer applicant
--> Customer beneficiary
o Rule[] rules
o ProductDetails productDetails
```

如果回顾一下 Alice 的网页，就会看到所有这些信息：申请人 Alice、受益人 Bob、条款和条件（规则）以及产品的详细信息。请注意，申请人和受益人是对参与者的引用，而规则和产品细节是概念。

我们可以看到，交易的结构相对简单，但非常有效地抓住了申请人（applicant）（例如 Alice）申请信用证与受益人（beneficiary）（例如 Bob）开展业务的意图。

7.4.7 事件定义

看一下模型文件中的另外一个定义：

```
event InitialApplicationEvent {
    --> LetterOfCredit loc
}
```

这是一个事件！你会经常会看到这样的结构——事件定义就在同名交易的旁边。这是因为它的确是一个外部事件——只是记录了申请信用证的申请人。它只是简单地指向生成事件的凭证。在应用程序中，它用来保持可视化界面的最新状态，但一般来说，各种处理都可以由这个初始应用触发。继续查看模型文件，你将看到为流程的每个步骤所定义的交易和事件，有时还会看到与该交易步骤相关的额外属性。花点时间看看这些——它们很有趣！

正如我们所看到的那样，还可以声明更加显式的事件，例如高价值凭证或者低风险申请。假设应用程序利用以下事件完成这些声明：

```
event highValueLetterEvent {
    --> LetterOfCredit loc
}

 event lowRiskLetterEvent {
    --> LetterOfCredit loc
}
```

你认为模型文件中的哪些交易与之关联？为了确定这一点，需要考虑这样一个过程——在申请之后会立即知道哪一个是高价值凭证，因此它将与InitialApplication交易相关联。然而，在双方银行对交易进行初步处理并且申请人和受益人都进行了评估之前，很难确定这凭证的风险很低。这意味着此类事件将与批准（Approve）交易关联得更紧密。

此外，在高分辨率的方案中，我们将考虑为进口商银行批准和出口商银行批准，即ImportBankApproval和ExportBankApproval创建单独的交易。

7.5 测试在线业务网络

现在已经了解了如何在业务网络中定义参与者、资产、交易和事件的类型，让我们看看如何创建这些类型的实例。"练习场"（Playground）工具有另一个非常好的功能，它允许我们在运行时查看内部业务网络，要查看这些类型的实例，并选择"练习场"页面顶部的"测试（Test）"选项卡，如图7-27所示。

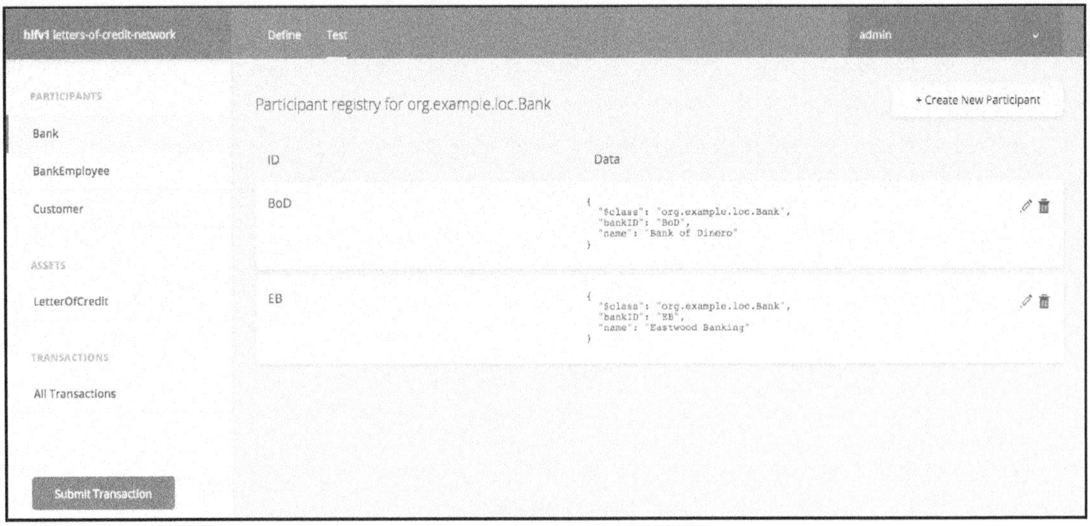

图　7-27

你会看到这里的视图发生了一些变化，在左侧，可以看到为此业务网络定义的参与者、资产和交易，即Bank、BankEmployee、Customer和LetterOfCredit以及交易。你可以选择这些选项，一旦选择，将会看到右侧窗格发生变化。试试吧！

选择LetterOfCredit资产，在右侧窗格中，将看到以下内容（使用"全部显示"展开视图），如图7-28所示。

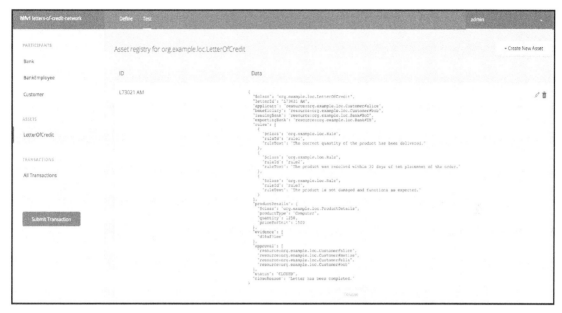

图　7-28

这很有趣！这是我们申请的实际的信用证。让我们详细看看这份凭证，它是如何映射到我们之前研究过的类型结构。

7.5.1　验证信用证实例

我们可以看到 ID（即 L73021 AM）和实例信息。它显示为一个 JSON 文档，你可以看到该结构在 LetterOfCredit 定义中反映了这一点，但它包含真实的实例数据。

你可以看到，证书中包含的每个资产和参与者都有一个类（$class），它是由拼接了类型名的名称空间构成的。例如：

```
"$class": "org.example.loc.LetterOfCredit"
"$class": "org.example.loc.ProductDetails"
```

请注意如何捕获此证书的信息：

```
"letterId": "L73021 AM"
"productType": "Computer"
"quantity": "1250"
```

最后，注意这份证书的最后状态是怎样的：

```
"status": "CLOSED"
"closeReason": "Letter has been completed."
```

所有这些数据都非常强大。为什么？因为类型和实例信息被保存在一起，就像在真实的契约中一样，它可以在被编写之后被正确地解释。你可以想象这对于喜欢在数据中寻找模式的分析工具有多大帮助！

对于引用属性，可以看到结构有点不同：

```
"applicant": "resource:org.example.loc.Customer#alice"
"beneficiary": "resource:org.example.loc.Customer#bob"
"issuingBank": "resource:org.example.loc.Bank#BOD"
"exportingBank": "resource:org.example.loc.Bank#ED"
```

可以看到这些属性是对参与者的引用，如果单击参与者（PARTICIPANTS）选项卡，就可以看到它们！单击银行（Bank）选项卡，如图 7-29 所示。

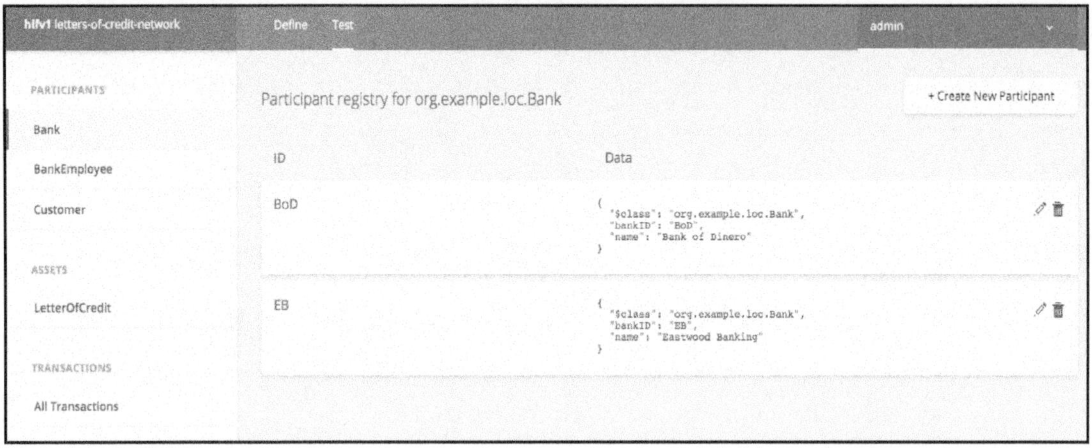

图　7-29

7.5.2　验证参与者实例

可以看到网络中的两个银行的类型和实例信息！单击不同的参与者和资产选项卡，检查数据，查看类型在场景中是如何实例化的。花点时间来做这件事——重要的是要了解这些信息，将其链接到类型，并真正考虑它与业务网络的关系。不要被误导——信息看起来很简单，这里有一些的强大的创意需要花一点时间联系起来。但是，我们鼓励你这样做——这真的值得理解每件事是如何联系在一起的，这样你就可以做到同样的事情！

7.5.3　验证交易实例

单击所有的交易（All Transactions）选项卡，如图 7-30 所示。

可以看到应用程序运行期间产生的完整的交易生命周期。（你的时间可能有点不同！）如果滚动浏览交易，可以确切地看到我们的场景中发生的事情——Alice 申请了一份证书，Matias 批准了它，等等。如果单击"查看记录"（view record），则可以查看单个交易的详细信息。

例如，让我们看一下 Alice 创建的 InitialApplication 交易，如图 7-31 所示。

```
"$class": "org.example.loc.InitialApplication",
"letterId": "L73021 AM",
"applicant": "resource:org.example.loc.Customer#alice",
"beneficiary": "resource:org.example.loc.Customer#bob",
"transactionId":
"c79247f7f713006a3b4bc762e262a916fa836d9f59740b5c28d9896de7ccd1bd",
"timestamp": "2018-06-02T06:30:21.544Z"
```

图　7-30

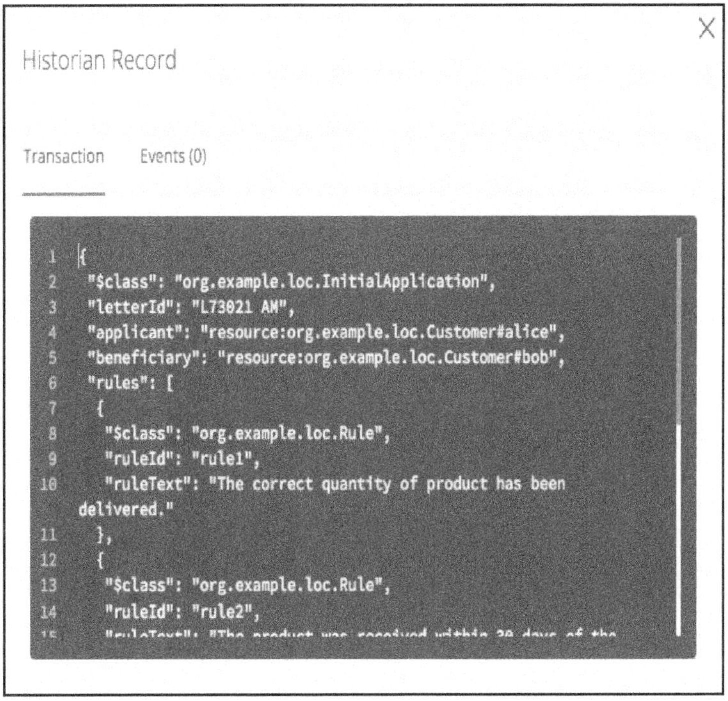

图　7-31

请注意我们如何查看此交易确切的详细信息！再强调一次，这个功能非常强大！花一些时间查看此视图中的交易记录。

169

7.5.4　向业务网络中提交一个新的交易

我们可以在 Playground 上做很多事情；现在开始与业务网络动态交互！

确保在"Test"视图中选择了 LetterOfCredit 资产类型。请注意左侧窗格中的"Submit Transaction"按钮，如图 7-32 所示。

图　7-32

我们将通过提交一个新的 LetterOfCredit 申请与业务网络进行交互。如果按"Submit Transaction"按钮，将显示以下输入框，如图 7-33 所示。

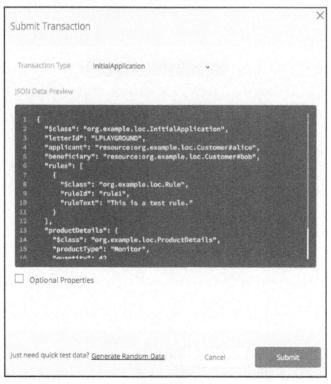

图　7-33

在 Transaction Type 下拉列表中，你将看到列出的所有可能的交易。选择 InitialApplication 并将 JSON Data Preview 替换为以下数据：

```json
{
  "$class": "org.example.loc.InitialApplication",
  "letterId": "LPLAYGROUND",
  "applicant": "resource:org.example.loc.Customer#alice",
  "beneficiary": "resource:org.example.loc.Customer#bob",
  "rules": [
    {
      "$class": "org.example.loc.Rule",
      "ruleId": "rule1",
      "ruleText": "This is a test rule."
    }
  ],
  "productDetails": {
    "$class": "org.example.loc.ProductDetails",
    "productType": "Monitor",
    "quantity": 42,
    "pricePerUnit": 500
  }
}
```

你能看到这个交易描述了什么内容吗？你能看到 Alice 和 Bob 分别作为客户（Customer）和受益人（Beneficiary）的新 LetterID 吗？你能看到产品的详细情况（ProductDetails）、数量（Quantity）和价格（Price）吗？

如果按"提交（Submit）"按钮，你将返回到主视图，并且已经创建了一个新的信用证，如图 7-34 所示。

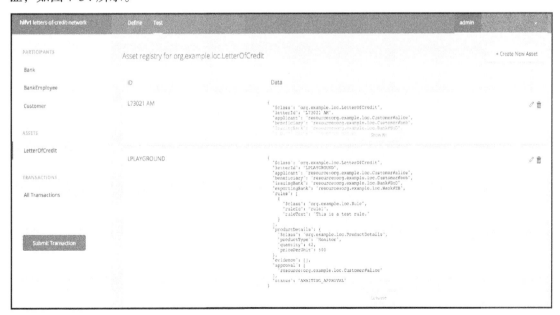

图　7-34

恭喜，你刚刚提交了一份新的信用证申请！但是等等！如果我们已经与实时网络进行了交互，那么如果我们返回到应用视图，会发生什么情况呢？如果你回到 Alice 的视图，你会发现她有一个新的信用证，如图 7-35 所示。

图　7-35

Hyperledger Composer Playground 允许我们与实时业务网络互动！此外，如果选择 Matias 的页面，可以看到这个信用证正在等待批准，如图 7-36 所示。

图　7-36

请注意，所有属性都是你在示例交易中输入的属性！现在，你可以使用 Playground 来操作此证书的整个生命周期。我们建议你花点时间做这件事，这将有助于巩固你的知识。

7.5.5 理解交易是如何实现的

上面描述的场景令人印象深刻，但它是如何工作的——实现这些操控参与者和资产并创建事件的交易的逻辑在哪里呢？为了理解这一点，需要查看交易程序——当交易提交到引用这些资产、参与者和事件的网络时运行的代码。

交易代码保存在脚本文件（Script File）中，如果你在定义（Define）菜单中选择脚本文件（Script File），将会看到以下内容，如图 7-37 所示。

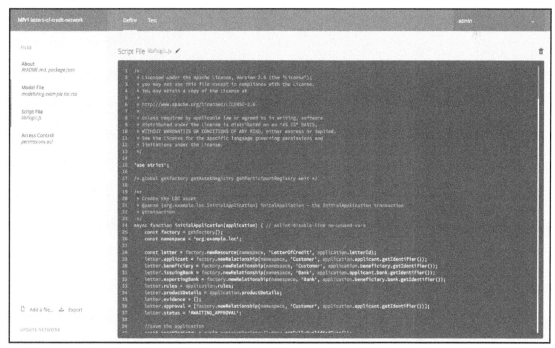

图 7-37

这是实现交易的代码！今天，Hyperledger Composer 使用 JavaScript 来实现这些功能，这就是你在本页看到的——JavaScript。如果翻阅脚本文件，将看到模型文件中定义的每个交易都有一个函数。

让我们来看看目前为止一直使用的一种交易——InitialApplication 交易。请注意函数是如何启动的：

```
/**
 * Create the LOC asset
 * @param {org.example.loc.InitialApplication} initialApplication - the
InitialApplication transaction
 * @transaction
 */
async function initialApplication(application) {
```

注释和程序代码的第一行实际上是在说明以下函数实现了 InitialApplication 交易，该交易需要 org.example.loc.InitialApplication 类型，并将其分配给作用到本地的 application 变量。简而言之，它将程序逻辑连接到我们在模型文件中看到的交易定义。

第一行重要的代码如下所示：

```
const letter = factory.newResource(namespace, 'LetterOfCredit',
application.letterId);
```

factory.newResource（）在 org.example.loc 命名空间中创建新的本地信用证（LetterOf-Credit），使用调用函数提供的输入交易变量 application.letterId 作为标识符，这条语句将函数的结果赋值给局部变量 letter。

重要的是，要明白这条语句并没有在业务网络中创建新的证书；factory.newResource（）只创建一个格式正确的 JavaScript 对象，该对象现在可以由后续逻辑操作，在利用调用者提供的输入进行正确的格式设置之后（例如，Alice 正在使用的申请），才可以添加到业务网络中！

注意申请者（applicant）和受益者（beneficiary）是如何赋值的：

```
letter.applicant = factory.newRelationship(namespace, 'Customer',
application.applicant.getIdentifier());
letter.beneficiary = factory.newRelationship(namespace, 'Customer',
application.beneficiary.getIdentifier());
```

这个交易确保 Alice 和 Bob 的 ID 被正确放置到信用证上。在我们的网络中，通过 application.applicant.getIdentifier（）可以获得 resource:org.example.loc.Customer#alice 或者 resource:org.example.loc.Customer#bob。交易逻辑系统地使用提供的输入和存储在业务网络中的信息来构造信用证。

接下来，请注意 issuingBank 和 exportingBank 是如何通过参与者导航到它们的银行的。程序逻辑通过以下程序导航参与者和资产定义中的引用：

```
letter.issuingBank = factory.newRelationship(namespace, 'Bank',
application.applicant.bank.getIdentifier());
letter.exportingBank = factory.newRelationship(namespace, 'Bank',
application.beneficiary.bank.getIdentifier());
```

可以从这些程序语句中看到交易如何使用模型中定义的结构。可以添加任何专有的业务逻辑来实现这一点，但它必须符合结构的定义。检查每一行给 letter 赋值的语句，看看你是否理解这些术语的含义。这需要一点时间来适应，但理解这一点非常重要——交易正在使用此逻辑将业务网络从一个状态转换到另一个状态。

注意给 letter 赋值的最后一条语句：

```
letter.status = 'AWAITING_APPROVAL';
```

可以看到枚举类型是如何用来设置 letter 的初始状态。

函数中下一个极为重要的语句是

```
 await assetRegistry.add(letter);
```

这样就把信用证添加到了业务网络中！现在，我们已经在业务网络中创建了一个新的信用证申请。我们在本地存储中创建的信用证已发送到网络，现在是指向网络中参与者和资产的活动资产。

最后，我们产生一个事件来表示交易已经发生：

```
const applicationEvent = factory.newEvent(namespace,
'InitialApplicationEvent');
applicationEvent.loc = letter;
emit(applicationEvent);
```

与上述证书一样，我们创建一个具有正确格式的本地事件——InitialApplicationEvent，完成它的详细信息，然后执行 emit( ) 函数。检查不同的交易和它们的逻辑，以适应每一个交易的精确处理——你的付出将获得丰厚的回报。

7.6　创建业务网络 API

作为本章的最后一部分，将向你展示应用程序如何在业务网络中使用 API 与这些交易函数交互。示例应用和 Playground 都使用 API 与业务网络交互。事实上，你可以从服务消费者的角度来看，Alice、Bob、Matias、Ella 都没有意识到区块链的存在——他们只是与一些用户界面进行交互，这些用户界面导致这些交易功能（或类似功能）按照编码在交易处理函数中的业务逻辑来操控业务网络。

这些用户界面和应用程序正是使用 API 与业务网络进行交互。如果你是一个 API 新手，那么你可以在这里（here）查阅。虽然技术上更准确，但很少有人使用 Web API 这一术语——只是使用 API，如图 7-38 所示。

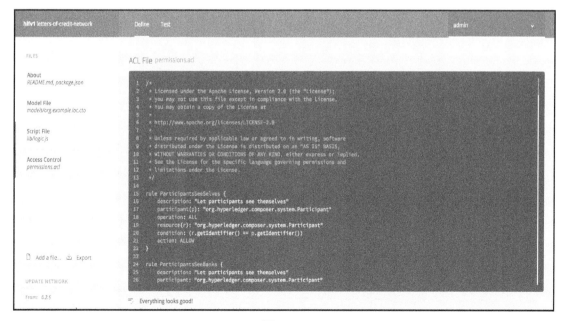

图　7-38

让我们来看看业务网络中的 API！如果在演示中选择最后一个选项卡，你将看到以下页面，如图 7-39 所示。

Hyperledger Composer REST server

Approve : A transaction named Approve	Show/Hide	List Operations	Expand Operations
Bank : A participant named Bank	Show/Hide	List Operations	Expand Operations
BankEmployee : A participant named BankEmployee	Show/Hide	List Operations	Expand Operations
Close : A transaction named Close	Show/Hide	List Operations	Expand Operations
CreateDemoParticipants : A transaction named CreateDemoParticipants	Show/Hide	List Operations	Expand Operations
Customer : A participant named Customer	Show/Hide	List Operations	Expand Operations
InitialApplication : A transaction named InitialApplication	Show/Hide	List Operations	Expand Operations
LetterOfCredit : An asset named LetterOfCredit	Show/Hide	List Operations	Expand Operations
ReadyForPayment : A transaction named ReadyForPayment	Show/Hide	List Operations	Expand Operations
ReceiveProduct : A transaction named ReceiveProduct	Show/Hide	List Operations	Expand Operations
Reject : A transaction named Reject	Show/Hide	List Operations	Expand Operations
ShipProduct : A transaction named ShipProduct	Show/Hide	List Operations	Expand Operations
SuggestChanges : A transaction named SuggestChanges	Show/Hide	List Operations	Expand Operations
System : General business network methods	Show/Hide	List Operations	Expand Operations

[BASE URL: /api , API VERSION: 1.0.0]

图 7-39

这是 Hyperledger Composer REST server，用于显示业务网络中的 API，这些 API 使用标准的 SWAGGER 格式描述。

7.6.1 SWAGGER API 定义

SWAGGER 是一个用于描述 API 的开放标准。这些 API 是由 Hyperledger Composer 使用与模型中定义相同的词汇表生成的，这些词汇表用于描述为业务网络定义的参与者、应用和交易！这意味着 SWAGGER API 对业务和技术用户都有明显的意义。

对于业务网络中的每一类参与者、资产和交易，都有与之相应的 API。

7.6.2 使用 SWAGGER 查询网络

选择其中一种 API 即 LetterOfCredit，如图 7-40 所示。

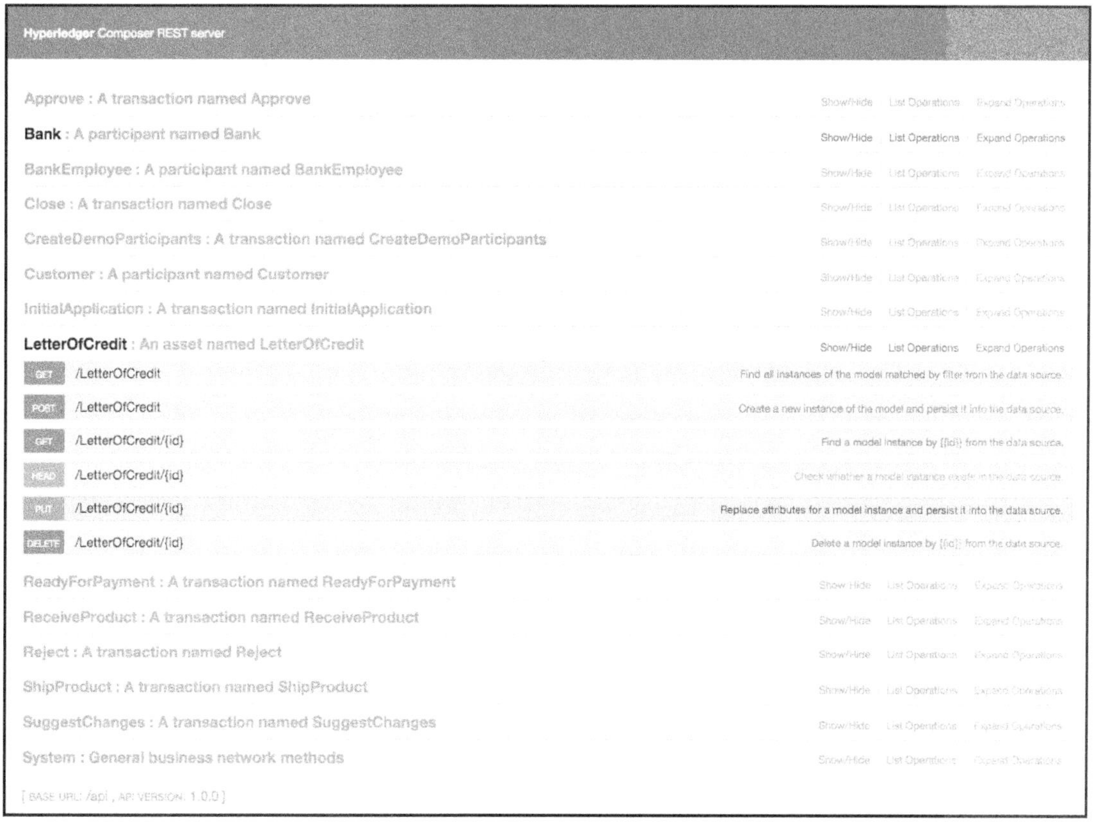

图　7-40

注意与这个 API 相关的 GET 和 POST 动词。大多数现代 API 都是使用 REST 和 JSON 定义的，正如你在这里看到的。你可以展开和折叠视图以查看所有不同的选项。

当你高兴的时候，选择 InitialApplication GET，如图 7-41 所示。

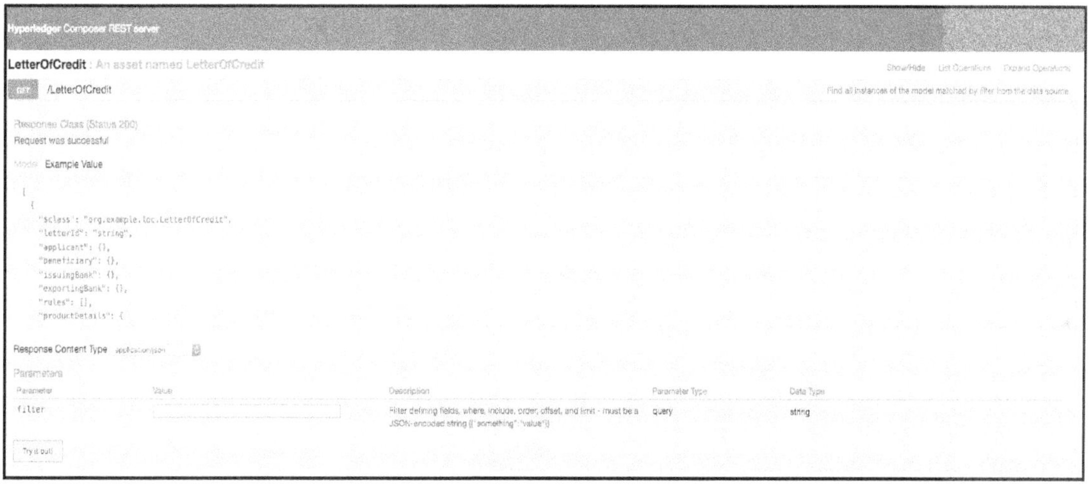

图　7-41

就像 Playground 一样，你可以使用与应用程序相同的 API 与业务网络进行交互。作为一个视图，它的技术性稍高一点，不过这没关系——作为一个程序员，你应该对此感到很适应。

我们选择的 API 允许程序查询（GET）业务网络中的所有证书。如果你选择试一试按钮（Try it out！），将看到以下响应，如图 7-42 所示。

```
Hyperledger Composer REST server

Curl

curl -X GET --header 'Accept: application/json' 'http://localhost:3000/api/LetterOfCredit'

Request URL

http://localhost:3000/api/LetterOfCredit

Response Body

  [
    {
      "$class": "org.example.loc.LetterOfCredit",
      "letterId": "L73021 AM",
      "applicant": "resource:org.example.loc.Customer#alice",
      "beneficiary": "resource:org.example.loc.Customer#bob",
      "issuingBank": "resource:org.example.loc.Bank#BoD",
      "exportingBank": "resource:org.example.loc.Bank#EB",
      "rules": [
        {
          "$class": "org.example.loc.Rule",
          "ruleId": "rule1",
          "ruleText": "The correct quantity of product has been delivered."
        },
        {
          "$class": "org.example.loc.Rule",
          "ruleId": "rule2",
          "ruleText": "The product was received within 30 days of the placement of the order."
        },
      ]

Response Code

  200
```

图　7-42

此详细信息展示了请求 API 的精确结果。这是一个 GET 请求，响应正文显示返回的数据。你应该可以看到它的结构跟 Playground 上的数据结构非常相似，如果沿着响应数据滑动，你会看到网络中的两个证书。

7.6.3　从命令行测试网络

你也可以使用 curl 命令从终端与网络交互，语法如下所示：

```
curl -X GET --header 'Accept: application/json'
'http://localhost:3000/api/LetterOfCredit'
```

在终端中尝试上述命令，将会在命令行中看到数据，如图 7-43 所示。

```
$ curl -X GET --header 'Accept: application/json' 'http://localhost:3000/api/LetterOfCredit'
[{"$class":"org.example.loc.LetterOfCredit","letterId":"L73021 AM","applicant":"resource:org.example.loc.Customer#alice
","beneficiary":"resource:org.example.loc.Customer#bob","issuingBank":"resource:org.example.loc.Bank#BoD","exportingBan
k":"resource:org.example.loc.Bank#EB","rules":[{"$class":"org.example.loc.Rule","ruleId":"rule1","ruleText":"The correc
t quantity of product has been delivered."},{"$class":"org.example.loc.Rule","ruleId":"rule2","ruleText":"The product w
as received within 30 days of the placement of the order."},{"$class":"org.example.loc.Rule","ruleId":"rule3","ruleText
":"The product is not damaged and functions as expected."}],"productDetails":{"$class":"org.example.loc.ProductDetails"
,"productType":"Computer","quantity":1250,"pricePerUnit":1500},"evidence":["dl6af7lee"],"approval":["resource:org.examp
le.loc.Customer#alice","resource:org.example.loc.BankEmployee#matias","resource:org.example.loc.BankEmployee#ella","res
ource:org.example.loc.Customer#bob"],"status":"CLOSED","closeReason":"Letter has been completed."},{"$class":"org.examp
le.loc.LetterOfCredit","letterId":"LPLAYGROUND","applicant":"resource:org.example.loc.Customer#alice","beneficiary":"re
source:org.example.loc.Customer#bob","issuingBank":"resource:org.example.loc.Bank#BoD","exportingBank":"resource:org.ex
ample.loc.Bank#EB","rules":[{"$class":"org.example.loc.Rule","ruleId":"rule1","ruleText":"This is a test rule."}],"prod
uctDetails":{"$class":"org.example.loc.ProductDetails","productType":"Monitor","quantity":42,"pricePerUnit":500},"evide
nce":[],"approval":["resource:org.example.loc.Customer#alice"],"status":"AWAITING_APPROVAL"}]$
```

图　7-43

它远没有 Playground 或 SWAGGER 的视图漂亮，但如果你是一个程序员，就知道这有多强大！例如，想想这对自动化测试有何帮助。

7.6.4　使用 SWAGGER 创建一个新的信用证

也可以从 SWAGGER 视图创建一个新的信用证申请，选择 InitialApplication API。

将使用 POST 动词为 Alice 创建另一个申请，如图 7-44 所示。

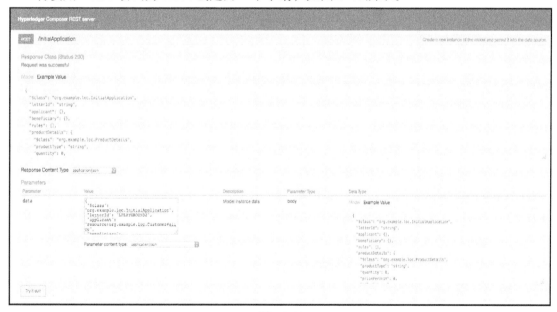

图　7-44

将以下数据复制到值（value）框中：

```
{
  "$class": "org.example.loc.InitialApplication",
  "letterId": "LPLAYGROUND2",
  "applicant": "resource:org.example.loc.Customer#alice",
  "beneficiary": "resource:org.example.loc.Customer#bob",
  "rules": [
    {
```

```
  "$class": "org.example.loc.Rule",
  "ruleId": "rule1",
  "ruleText": "This is a test rule."
 }
],
"productDetails": {
 "$class": "org.example.loc.ProductDetails",
 "productType": "Mouse Mat",
 "quantity": 40000,
 "pricePerUnit": 5
 }
 }
```

你能看出来这个申请是做什么用的吗？你能看出 Alice 是如何申请一个信用证，以每个 5 美元的价格向 Bob 购买 4 万个鼠标垫吗？

如果你按下试一试按钮（Try it out！），将创建一个新的信用证！现在可以使用 SWAGGER 控制台、应用程序或 Playground 查看这个新的信用证。让我们每一种都尝试一下：

这是使用 SWAGGER 的视图，如图 7-45 所示。

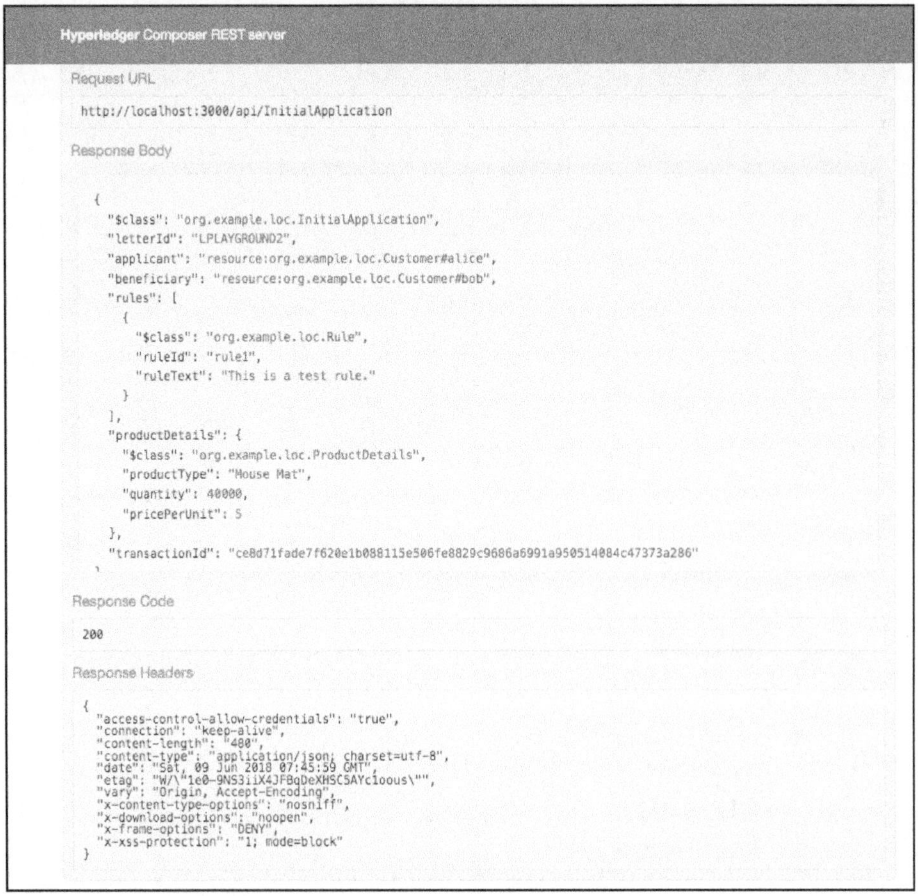

图　7-45

这是使用 Playground 的视图，如图 7-46 所示。

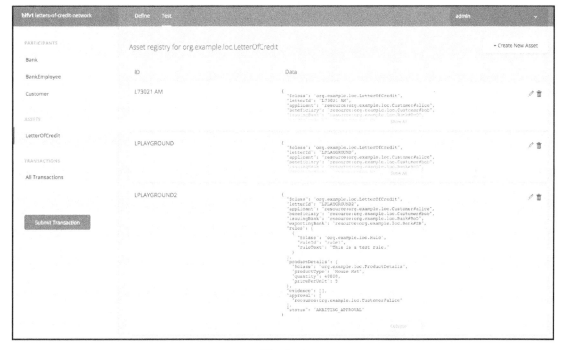

图　7-46

这是使用应用程序看到的视图（Matias 的视图），如图 7-47 所示。

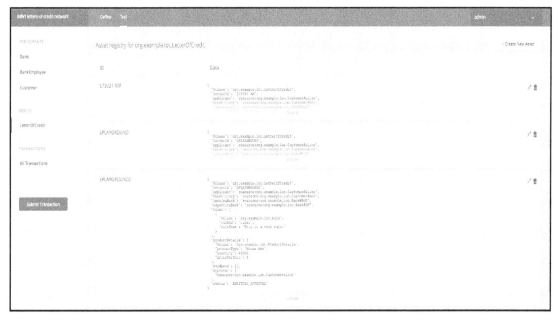

图　7-47

7.6.5 网络名片和钱包

最后,在结束本章之前,将你添加到这个业务网络,以便你可以提交交易!要做到这一点,需要回到最初允许我们连接到网络的名片和钱包。回想一下,所有的应用程序,包括 Playground,都有一个钱包,里面装着可以用来连接不同网络的名片。当应用程序使用特定名片连接网络时,它被标识为网络中特定参与者实例。

1)先创建一个新的参与者!在"Test"选项卡上,选择"Customer"参与者,如图 7-48 所示。

hlfv1 letters-of-credit-network	Define Test		admin
PARTICIPANTS	Participant registry for org.example.loc.Customer		+ Create New Participant
Bank			
BankEmployee	ID	Data	
Customer	alice	{ "$class": "org.example.loc.Customer", "companyName": "QuickFix IT", "personId": "alice", "name": "Alice", "lastName": "Hamilton", "bank": "resource:org.example.loc.Bank#BoD" }	
ASSETS			
LetterOfCredit			
	bob	{ "$class": "org.example.loc.Customer", "companyName": "Conga Computers", "personId": "bob", "name": "Bob", "lastName": "Appleton", "bank": "resource:org.example.loc.Bank#EB" }	
TRANSACTIONS			
All Transactions			

图 7-48

2)你将看到 Alice 和 Bob 的参与者信息。单击"Create New Participant"按钮,如图 7-49 所示。

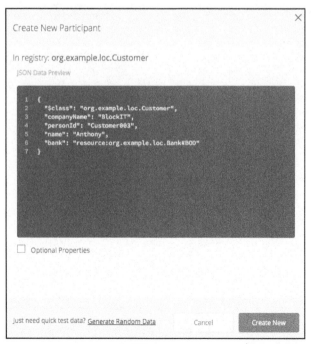

图 7-49

此页面将允许你请求 API 以创建新的参与者。我们可以看到一个名叫 Anthony 的新参与者的详细信息，这名参与者为 BlockIT 工作。

```
{
    "$class": "org.example.loc.Customer",
    "companyName": "BlockIT",
    "personId": "Customer003",
    "name": "Anthony",
    "bank": "resource:org.example.loc.Bank#BOD"
}
```

注意他的 ID 和 Dinero 银行的引用，单击"Create New Participant"，并留意参与者注册表是如何更新的，如图 7-50 所示。

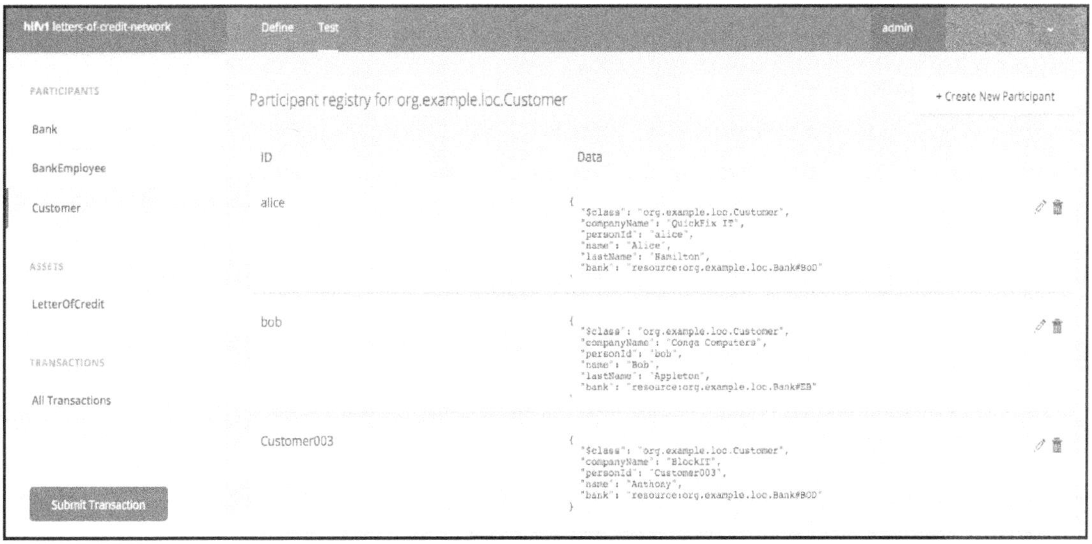

图　7-50

我们在网络中创建了一个新的参与者。（你可以随意使用自己的详细信息，只需确保你的参与者拥有有效的数据，特别是对现有银行的引用。）单击"admin"标签下的 ID Registry 项。现在，你将看到与 Playground 相关联的身份列表。

虽然 Alice 和 Bob 的数字证书对其应用程序是私有的，但我们可以看到与当前 Playground 用户（业务网络管理员）关联的身份，如图 7-51 所示。

图　7-51

单击"Issue New ID"选项，如图 7-52 所示。

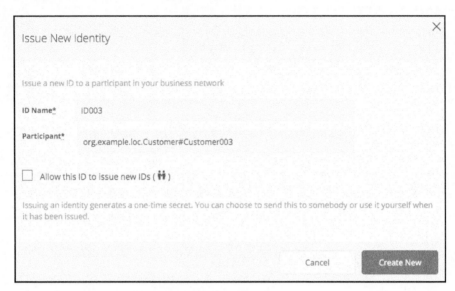

图　7-52

为 ID 名字输入 ID003，并且将它与我们创建的新参与者关联起来，即 org.example.loc. Customer#Customer003，然后单击"create new"按钮，如图 7-53 所示。

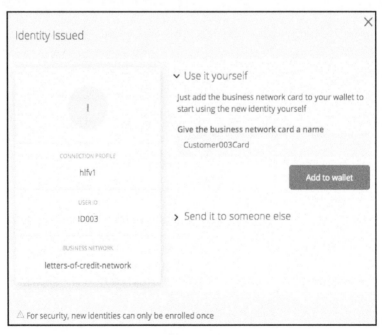

图　7-53

为网络名片命名，然后单击"Add to wallet"。你将看到 ID 列表已经与 Customer003 关联，并且已经更新过了，如图 7-54 所示。

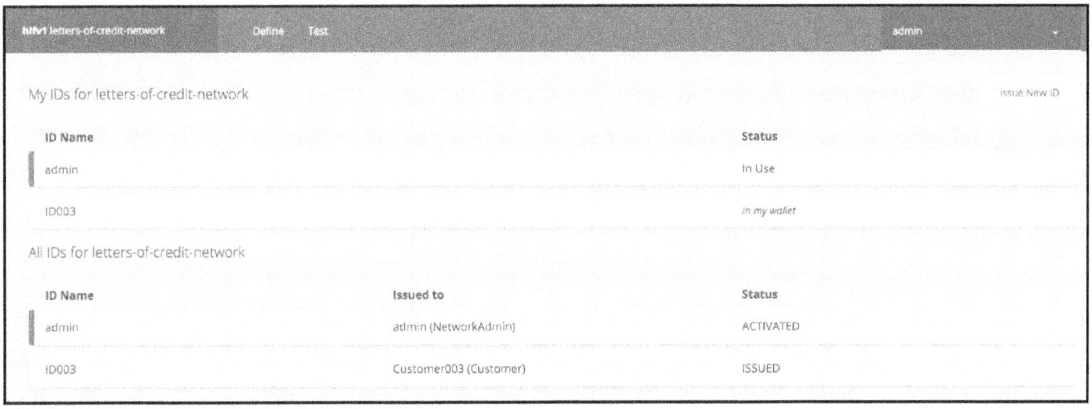

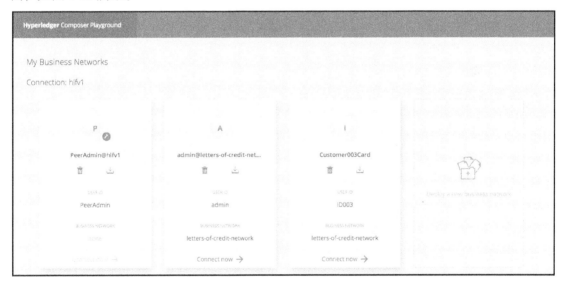

图　7-54

单击 admin 标签中的 "My Business Networks" 返回到 Composer Playground 的初始页面，如图 7-55 所示。

图　7-55

现在可以看到 Playground 钱包包含一个新的业务网络名片，这张名片允许我们连接到业务网络。单击 "Connect now" 获取 Customer003Card。现在就以 Customer003 的身份连接到网络，而不是管理员身份。

7.6.6　访问控制列表

所有应用程序，包括 Composer Playground，都使用其钱包中的电子名片（本地文件系统中的文件）连接到网络。该名片包含网络的 IP 地址、参与者的姓名和他们的 X509 公钥。

业务网络使用此信息来确保他们只能对网络中的资源执行某些操作。例如，只有特定的银行雇员才可以授权信用证。

通过检查网络的访问控制列表（ACL），你可以看到业务网络如何定义这些权限。在"Define"选项卡中选择"Access Control"，如图 7-56 所示。

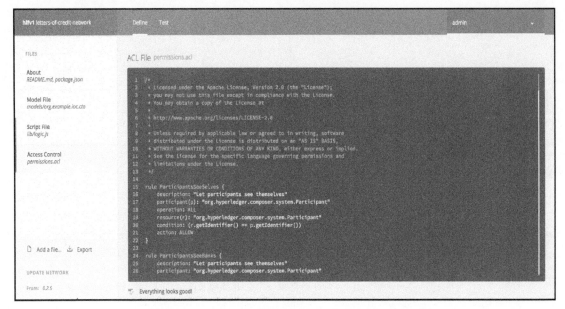

图　7-56

滚动访问控制列表，可以查看不同用户在网络上拥有的不同权限。这些权限规则与类型或实例相关，尽管前者更常见。花点时间研究这个文件中的 ACL 规则。

7.7　总结

至此，你已经学会了如何使用 Hyperledger 技术建立一个真正的业务网络；知道如何作为用户、设计人员和应用程序开发人员与业务网络交互；知道如何定义参与者、资产、交易和事件，以及如何在代码中实现它们的创建；知道如何将它们以 API 的形式显示出来，以便外部应用程序可以使用它们！你可以了解更多有关 Hyperledger Composer 和 Hyperledger Fabric 的信息，请参阅产品文档。具备了这些信息和本章的知识，你就可以开始建立自己的业务网络了！

现在让我们把注意力转向如何在区块链网络中管理开发生命周期，如何在区块链网络中实现敏捷性。我们将会了解帮助建立和管理区块链软件开发的日常操作的流程和工具。

第 8 章
区块链网络中的敏捷性

到目前为止，如果一切正常，读者应该已经拥有一个功能完善的去中心化的应用程序，相关的智能合约运行在 Hyperledger Fabric 上。知道这些知识，生活就会变得美好，对吗？好吧，就像任何事情一样，解决方案在随时间进化。不管原因如何——规则发生变化、联盟中新成员的引入或者智能合约中的一个简单的 bug，解决方案都会改进。如果没有可靠的开发和运营实践，这些改变会很缓慢，你的生活也会非常痛苦。

维护一个 IT 机构开发过程中的敏捷性已经是充满挑战性的工作，在联盟中又该如何进行呢？具有不同文化、不同速度的公司如何共同产生和维护一个时间范围内的解决方案，从而使这些公司能够保持由网络提供的竞争优势。

之前在 IT 敏捷性和 DevOps 话题中已经描述了很多内容，本章聚焦在将其中部分的概念应用于区块链网络。"部分"是指只关注对于区块链来说比较特殊和不一样的概念。通过自动化和持续集成 / 交付（CI/CD）流水线，本章将会讨论区块链网络对人、流程和技术的影响。

在本章中，将会涉及下面的话题：

1）定义升级流程；

2）配置持续集成流水线；

3）保护来源控制；

4）更新网络；

5）联盟对团队结构的影响。

8.1 定义升级流程

如读者已经知道的那样，升级流程定义了任意系统修改所需要经过的活动和门槛的关键集合。升级流程通常包含开发、打包、测试（例如，单元测试、功能性验证和集成测试）、版本化和部署。一个机构通常拥有一套标准化的方式来描述什么是项目和运维团队所期望的，这套方式会被文档化。在 Hyperledger Fabric 网络中，至少有以下两种不同的升级流程：

1）智能合约：鉴于这些组件对于系统参与者之间的业务交互至关重要，不可避免的，每一位参与者都要同意合约的内容。

2）集成层：鉴于它们位于网络边界上，它们的升级流程取决于谁在拥有它们（一个联盟还是一个特定的机构）。

有些情况下也会有一个流程来控制网络策略的改变；然而，这个流程与智能合约的升级流程非常接近。在直接进入流水线配置之前，让我们花点时间来理解这两种升级流程。

8.1.1　智能合约的考虑

如我们提到的一样，智能合约对任何区块链网络中参与者之间的业务交互至关重要。由于智能合约本质上包含了一次交易被视作有效的规则和条件，我们需要确保每一个参与者和机构都同意它的有效性——否则，信任将会打折。

升级一个智能合约需要满足的条件如下：

1）问题单的可跟踪性：这个问题单是 bug 修复还是一种新的特性？除了这一元素，在问题单进行实现之前，可能还会有对机构批准这个问题单的需求。

2）所有测试的成功执行：对于某些情况是不证自明的，但是大多数的测试还是需要自动进行并且捕捉到测试结果。

3）来自关键交易方的代码检视：读者会在没有检视合约的项目和条件的情况下签署合约吗？代码检视有着相似的目的。

4）影响评估：智能合约的新版本向后兼容吗？不支持向后兼容的改动需要额外的规划。

5）来自关键交易方的签收：在所有其他因素之前，读者拥有所有相关交易方的认可吗？读者会把它记录在哪里？

关键交易方的定义留给联盟来完成。关键交易方可以是当前使用这个智能合约的所有机构，或者可能是指向部分技术领导者或者创办机构成员的条款。

先于升级一个智能合约的条件，升级频率也可能会引起争论。有些机构习惯于季度周期而有些则习惯于按周来部署。由于升级频率会对一个机构需要为维持它在所期望级别的联盟中的参与度需要支付的运营费用产生直接影响，如果这一个因素没有事先讨论好，一定会产生摩擦。同样应该注意到智能合约的作用域可能是整个网络，也可能是一对或者几组交易方。智能合约的作用域和不同的排列组合代表了升级所需要的相关系统修改。

关键点在于联盟应该事先定义好修改一个智能合约的条件和流程来避免任何的误会和挫折。在某种意义上，这和修改一个传统合约没有区别；关于合约修改条件的条款应该事先达成一致以避免冲突。

8.1.2　集成层的考虑

正如我们在第 5 章，机构和联盟可以用一些模式来调用网络上的交易。所选择的模式将会帮助驱动对升级流程的管理。

如果一个应用程序的服务层直接调用 Fabric SDK，那么这个应用的所有者将不得不管理它的升级流程。如果是联盟使用了 RSET 网关，那么它的部署将会遵从和智能合约中应用同样的流程。

不管所有者是谁，集成层提供的这层抽象都应该将智能合约和应用隔离开来，这样它们就可以独立改进。然而，这并没有改变影响评估的重要性。

8.1.3　升级流程概览

定义了这些概念，下面将注意力转移到应用程序的升级流程。由于这里使用 Git 作为软件配置管理工具，我们会利用它的社交编码特性来支撑升级流程：

1）可以使用 Git issues 来记录新的特性或者 bug 修复。

2）可以使用 Git branches（分支）来隔离所提交的修改。

3）Git GPG 用来签名每一个提交和标签。

4）Pull（拉取）请求用来加强管理。

图 8-1 总结了用来配置应用程序的流程。

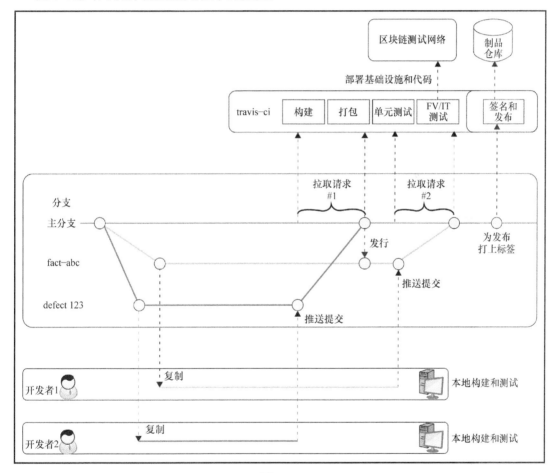

图　8-1

好奇什么是 pull（拉取）请求吗？本章假设读者已经熟悉了很多 Git 概念。如果不是这样，那么不妨停下来去探索 Git 提供了哪些功能。简要来说，一个 pull 请求就是大家可以提交在 fork 间（不同的代码库）或者分支间（同一个代码库）的代码变更的流程。它提供了一个可控的方法来检视、评论和最终批准所有的代码变更。

我们接下来将会细致地介绍升级流程并且聚焦在代码的信任和出处问题。如已经讨论的，由于智能合约位于区块链网络的核心位置，我们需要确保能够密切跟踪智能合约的进化来避免不幸事件的发生。从这个角度，我们需要从请求（Git issues）直到部署的可跟踪性。

这样的话，每一个代码修改应该开始于 Git 问题单的建立。问题单应该适当地确定它的作用域是什么——是特性请求还是 bug 修复——然后准确地描述什么工作是被期望的。

本书将会用几个章节来阐述管理，但是现在假设问题单已经具有了优先级并且工作是按照联盟的优先级来分配的。

一旦开发者被分配了关于该问题单的工作，他的首要步骤将会是创建一个临时的 Git 分支来跟踪所有与这个 Git 问题单相关的代码修改。因为 master 分支代表了代码的稳定版本，代码修改永远不会在主分支上完成，并且新的特性和 bug 修复应该在集成到稳定流之前被检视。

期望开发者会在他们自己的本地环境中进行所有适当的测试，并且只有当代码准备好而且所有单元测试完全通过后才提交回分支。

当提交代码变更时，Git 提供了一个特性可以使用 GPG 来为开发者的工作签名。什么是 GPG? 它代表 GNU Privacy Guard，是 openpgp 标准的一种开源实现。本质上它为开发者提供了一个使用自己的私钥签名和加密数据的工具。每一个提交操作或者标签均可以使用作者的 GPG 密钥来签名，从而提供了提交的不可抵赖性。

为什么使用 GPG 来签名代码修改? 有些人会说这会产生开销，但是要意识到被修改的代码代表着一个法律契约并且是整个网络信任的根本。从这个角度来讲，这种做法能够确保代码作者的认证是可证明的而不是充满争议的，是可取的。

常规的提交使用单因子认证可能不足以证明提交的作者身份；参考所有关于互联网上人们对其他人瞒骗身份的报告。

没有为提交签名，我们可以想象一种场景，一个无赖开发者为了他们自己的利益修改了智能合约并且通过声明他们不是代码修改的真正作者而逃脱。这样的事件会危害到网络的生存，这比为提交签名带来的不便远重要得多。

现在开发者已经为提交签了名，他们准备提交一个 pull 请求。这个请求已经被配置成检查下面的准则：

1）临时分支与 master（主分支）内容保持一致。

2）每一个提交都签了名。

3）代码所有者检视过并且接受代码修改。

4）持续集成流水线已经成功完成。

当 pull 请求创建时流水线会自动触发。一旦所有条件都满足，代码所有者中的一位会将代码合并到主分支并且提交这些变更（当然会为这些提交签名）。

在真实场景中，联盟会有额外的环境（用户验收环境，预演环境等等）来测试完整的解决方案栈。

图表的最后一步聚焦在为发布打标签。这里的思路是一个单独的发布可能是由一系列的 pull 请求发展而来。当联盟准备发布一个新版本，应该为它打标签来表示这是正在部署的正式版本。

发布事件会再一次触发流水线，但是目标不同：构建、测试、签名和向一个人工的代码库发布智能合约。这个人工代码库可以是诸多流行的实现方案中的一种，但是在我们的例子中，为了简便，我们将智能合约添加到一个 Git release 分支中。

部分读者可能会怀疑为什么我们不直接部署到网络上。这样做的意图是在中心化的构建过程和去中心化的网络之间维持一个清晰的划分。每一个机构会被通知新的智能合约要被部署，拉取（pull）归档文件，验证签名然后部署它。

概括起来，下面是升级流程中的一些关键点：

1）每一次代码变更与一个变更请求绑定。

2）开发者使用 GPG 为他们的修改签名。

3）主分支完整性由 pull 请求流程来保证。

4）流水线为 pull 请求构建和测试代码。

5）在变更加了标签后流水线发布智能合约到人工代码库。

6）当一个新的版本可用时每个机构会收到一个通知。

在下面一节将开始配置刚才定义的持续集成流水线。

8.2 配置持续集成流水线

不是所有的编程语言都是不分高下的，我们可以争论说强类型语言如 Java 和 Go 相较于弱类型语言如 JavaScipt 的优点，因为我们需要依靠单元测试来确保代码按意图工作。这本身不是一件坏事——每一个代码工件应该有一组覆盖范围足够的测试来支撑。

读者或许会怀疑，这与持续交付流水线有什么关系？原因都是在于测试，在 JavaScipt 代码中测试尤为重要。流水线需要保证：

1）代码满足所有的质量规则。

2）所有的单元测试都成功。

3）所有的集成测试都成功。

一旦这些步骤都完成，流程接下来就能够打包和发布结果。

所以，在下一节，将会使用一种流行的基于云的持续集成服务 Travis CI 来部署和配置流水线作为实验。我们将会覆盖到下列要素：

1）定制流水线流程。

2）向代码库发布智能合约。

在这之后，将会继续介绍配置 Git 代码库来控制变更如何被验证和集成。所以让我们立即开始吧。

8.2.1 定制流水线流程

读者可能记得在升级流程中，我们确定了生命周期内会触发流水线的两种事件：

1）Pull 请求。

2）Tag 发布。

有些读者可能会怀疑为什么只有这些事件被特别选中。如果读者记得流程，开发者被期望在他们的本地环境人工进行测试，所以每次有人发布代码到他们的本地分支时并没有一个触发流水线的绝对需求。然而，当向主分支发布代码的流程初始化时，在接受变更到主分支之前验证代码可以被构建、部署和测试是非常重要的。为一个发布打标签同样会触发流水线——这是一个新的版本被切割的象征，所以最后再一次执行流水线来发布部署单元（在我们的例子中指智能合约包）是有意义的。

不管怎样，我们对流水线的设置是一个指南，其他团队可能会选择不同的方式。读者应该将其视作指南而不是一个确定性的持续交付方式。

1. 本地构建

在深入流水线配置之前，先快速了解构建流程是怎么组织的。首先要注意的是我们的解决方案充满技术含量：Fabric、Composer、go、node.js。为了实现构建这些技术需要满足一些依赖；想想 Fabric 和 Composer 的前置需求，go 和它的库，NVM、NPM、Node 和所有部署的包。

为了得到在本地和远程环境中一致的构建输出，需要有一种减少和控制依赖的方法。这就是使用 Docker 和 make 的地方：

1）Docker 为我们提供了一个可以控制依赖的环境，并且执行结果在不同环境中保持一致。

2）make 帮助我们管理依赖，由于它已经集成进大多数的操作系统（不幸的是 Windows 除外），减少了额外的工具部署和配置。

这个组合允许开发者用最少的精力在他们的系统上运行构建。不需要部署额外的包，如果系统有 Docker 和 make 就可以。

 读者可以按照命令安装，Docker 提供了一个存在于容器内部的预构建环境，因此避免了在本地工作站上部署过多的工具。

下面是 composer 任务：

```
.PHONY: composer
composer:
  echo ">> Building composer package within Docker container"
  docker run --rm -v $(COMPOSER_PATH):/src -v $(DIST_DIR):/dist -w /src
node:8.11 sh -c "$(COMPOSER_BUILD_CMD)"
```

docker run 命令拆解来看：

- --rm：在构建最后移除容器。
- -v：从 git clone 文件夹挂载源路径和目标路径。
- -w：让容器的 /src 目录作为工作目录。
- node:8.11：在节点 8.11 上部署和配置容器镜像。
- sh-c "$（COMPOSER_BUILD_CMD）"：需要执行的构建命令。

如读者所见，构建发生在容器内，只需最小的配置，同时使用本地 git clone 文件和文件夹。这样的好处在于不管是本地运行还是在构建流水线中容器都会有同样的表现。

为什么是 .PHONY？ Makefile 是强大的但是过于陈旧。因此，它最初主要是关注文件的依赖。

如果有人曾经定义一个名为 build 或者 test 的文件，make 将会认为任务是最新的并且什么都不做。

.PHONY 告诉 make 不要将那些标签当成文件。

Makefile 剩余的任务请自由探索。Chaincode 将会使用一个不同的镜像（golang:1.9.6）构建，但是是利用同样的方式。

从 Makefile 任务的角度来看，如图 8-2 所示，依赖关系被定义。

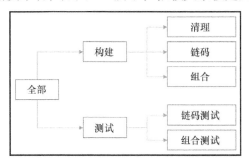

图　8-2

在下面一节，我们将利用 make build 和 make test 命令来执行流水线。

2. 配置 Travis CI

开始使用 Travis CI 非常直接。读者基本上只需要点开浏览器访问 www.travis-CI.org 网站，使用读者的 GitHub 身份认证，授权 Travis 访问 GitHub 账户，Travis CI 将会为读者建立一个档案并且使用读者的 Git 账户同步。这些完成后，读者将会看到一系列的 Git 工程。读者只需要打开我们项目的开关，Travis CI 将会开始跟踪读者 GitHub 代码库中的事件，如图 8-3 所示。

图　8-3

3. 使用 .travis.yml 定制流水线

虽然 Travis CI 现在可以跟踪我们的 Git 代码库，但它还不能聪明到当事件发生时知道该做什么来应对。为了告诉 Travis CI 该做什么，我们需要在库的根目录下创建一个特殊的文件。每当一个 Git 事件发生时（例如，一个 Git pull 请求），.travis.yml 文件将会被处理，用来协调流水线的执行。

在智能合约的例子中，我们在 Git 代码库的根目录下有如下的 .travis.yml 文件：

```
sudo: required
services:
- docker
dist: trusty
cache:
  directories:
  - node_modules
script:
- make build
- make test
```

由于我们的 Makefile 是利用 Docker 容器来完成构建，而不依赖于它的运行环境，所以需要让 Travis 知道这些。因此，文件中头三行提供了一个指示，构建过程将会利用 Docker。dist: trusty 用来固定 Linux 发行版本来确保系统行为的一致性。

后面重要的几行代表流程中两个主要的步骤：

1）Cache：这是对构建的一种优化，确保 node_modules 不会在每次构建时一直重新加载。

2）Script：这是 build 命令使用的地方。在这个例子中，包括下面步骤：

① make build：构建 chaincode BNA 和 composer BNA。

② make test：执行单元测试。

链码的详细任务在之前的章节中已经讲述。我们将会关注 Composer 的构建，探索 package.json 文件中的一段：

```
[...]
"scripts": {
  "prepare": "mkdirp ../dist && composer archive create --sourceType dir --
sourceName . -a ../dist/trade-finance-logistics.bna",
  "pretest": "npm run lint",
  "lint": "eslint .",
  "test": "nyc mocha -t 0 test/*.js && cucumber-js",
  "coverage": "nyc check-coverage",
  "posttest": "npm run coverage"
},
[...]
```

读者可以在 composer 文件夹的 trade-finance-logistics 代码库下找到 package.json 文件。

让我们快速浏览一下当 composer 工程生成时创建的默认命令：

1）prepare：这个命令将会把我们的工程打包进一个 BNA 文件。这个脚本在 install 命令前运行并且使用 Hyperledger Composer 命令行接口来创建档案。我们对该任务所做的唯一修改是在 dist 和输出的 BNA 文件路径前加入了子目录。

2）lint：运行 eslint 工具，该工具用来在我们寻找模式时分析代码。这个工具使用的规则可以通过 .eslintrc.yml 文件调整。

3）test：mocha 单元测试框架将会运行位于工程测试目录下的测试，并且会被 nyc 工具调用。nyc 工具用来衡量 mocha 测试的覆盖范围。

读者接下来需要向 package.json 中添加下面两个任务：

1）posttest：这个任务是在测试完成后启动的一个触发器。在这个例子中它将会调用 coverage 任务。

2）coverage：以 reporting 模式运行 nyc 工具。这个任务会评估是否有足够的单元测试来覆盖代码。如果在 package.json 中 nyc 段落定义的最小值没有被满足，任务会使构建失败。下面是这个最小值配置的一个例子：

```
"nyc": {
  "lines": 99,
  "statements": 99,
  "functions": 99,
  "branches": 99
},
```

通过修改 package.json 文件我们现在有了进行测试覆盖范围和代码质量验证的"门槛"，如果没有达到最小值构建就会失败。

8.2.2　发布智能合约包

此时在传统部署中，可以考虑自动化部署应用来将其产品自动化。然而，在区块链网络场景中，允许一个单独的流程将产品代码推到多个机构和地区可能会是整个网络的致命弱点。

相比于将产品代码推到多个机构，我们将 BNA 文件发布到一个可信赖的存储中（在这个例子中是 GitHub release），让每个机构拉取这个归档文件。

幸运的是，Travis CI 在 deploy 步骤里有一个功能可以允许我们自动地添加智能合约包到一个打了标签的 release 中。这个功能要求在我们的 GitHub 账户上配置 OAUTH_TOKEN，它需要被添加到 Travis 配置中，以允许 Travis 添加智能合约到 release 中。

虽然这个配置可以手动完成，有一个针对 Travis 的简单命令行接口，它可以自动地将口令推到 GitHub 上并且将 deploy 段落添加到 .travis.yml 文件。

我们可以使用下面的命令安装 travis CLI（命令行工具）：

gem install travis

当命令行工具安装完成，我们执行下面的命令：

```
$ travis setup releases
Username: ldesrosi
Password for ldesrosi: ********
File to Upload: ./dist/network.bna
Deploy only from HyperledgerHandsOn/trade-finance-logistics? |yes|
Encrypt API key? |yes| no
```

这个工具会询问一些信息：我们的 GitHub 用户 ID、密码，将要上传的文件位置（BNA），是否只是从我们的代码库中部署，是否加密 API 密钥。最后这个问题回答是重要的，原因我们很快会解释。

这个工具将会在 .travis.yml 文件的最后添加类似下面一段：

```
deploy:
  provider: releases
  api_key: 3ce1ab5452e39af3ebb74582e9c57f101df46d60
  file_glob: true
  file: ./dist/*
  on:
    repo: HyperledgerHandsOn/trade-finance-logistics
```

我们首先要做的是将 API 密钥复制到剪切板，然后返回到 Travis CI 网站。在主界面，读者应该看得到自己的代码库，在右边将会看到一个"More Options"按钮。单击该按钮然后选择"Settings"，读者将会看到一个划分成几个段落的界面。

下拉一些读者会发现 Environment Variables 段落。执行下面几步：

1）在 Name 框中输入 OAUTH_TOKEN。

2）在 Value 框中粘贴在 .travis.yml 文件中复制的 API 密钥。

3）单击"Save"按钮。

结果应该如图 8-4 所示。

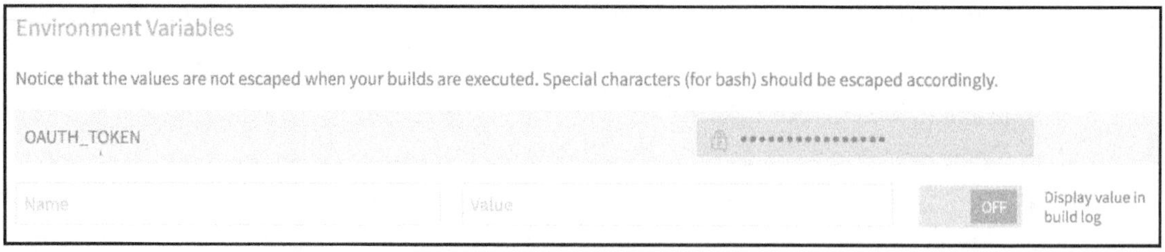

图 8-4

虽然可以在 .travis.yml 文件中存放加密的 OAUTH_TOKEN，但它会存放到 GitHub 代码库中被所有人看到。通过将密钥编程环境变量，我们避免了此事发生。

现在可以修改配置文件来使用刚才定义的环境变量：

```
deploy:
 provider: releases
 api_key: ${OAUTH_TOKEN}
 file_glob: true
 file: ./dist/*
 on:
 repo: HyperledgerHandsOn/trade-finance-logistics
 tags: true
```

on：段配置提供了将发布流程限制到代码库中的 tag 事件的能力。

修改了 package.json 和 .travis.yml 文件，我们只需要通过提交和推送变更到主分支来更新代码库。流水线现在全部配置完成了！在接下来的内容里，我们将会看到网络成员如何被通知到有新的发布和如何检索归档文件，但是现在，先来了解 Git 中需要哪些配置。

8.3 配置 Git 代码库

在本节中，我们将会介绍如何通过下面措施合理地保护 Git 代码库：

1）设置智能合约的代码所有者。

2）保护主分支。

3）为提交的签名和验证配置 Git。

4）提交 pull 请求来测试流程。

8.3.1 设置智能合约的代码所有者

我们将会以定义智能合约的代码所有者开始。理想情况下，在一个大的联盟中，代码所有者和代码修改者不应该在同一个组。记住，这些步骤意味着强化网络中的信任。

代码所有者被定义在一个叫 CODEOWNERS 的文件中，位于根目录或者 .Github 目录下。GitHub 允许我们根据文件模式定义不同的代码所有者，所以虽然我们可以变得很有创意，但我们仍将聚焦在来自 Hyperledger Composer 工程的一些工件：

1）package.json：当它控制了构建和打包流程时，它代表了控制的一个关键文件。

2）header.txt：文件包含了证书。因此，读者可能想要有一个特殊的人群来监管它（想一想律师）。

3）JavaScript files：文件包含了智能合约的核心逻辑。根据复杂度不同，可以依赖于文件进一步拆分，但是我们将保持在高层级。

4）*.cto files：应该与 JavaScript 的所有者一致。

5）*.acl files：应该与 JavaScript 的所有者一致。

6）*.qry files：应该与 JavaScript 的所有者一致。

7）*.md files：文件代表智能合约的文档。根据作用范围，可以与 JavaScript 的所有者一致，或者是一个不同的人群。

CODEOWNERS 文件的示例内容

下面的内容代表了基于本书作者的 CODEOWNERS 文件里的一个基本规则集合。读者可以自由修改成自己的团队。重要的是要注意最后一行的匹配将会用来确定需要进行代码审者的所有者。因此，我们必须要注意这些规则的顺序：

```
# In this example, documentation and Header.txt are part # of the default
match. Default owners if nothing else

# matches.
*         @ldesrosi
# Code related should be validated by Rama.
# JavaScripts files could have been separated
# into tests versus logic by using folder's structure
*.qry    @rama
*.acl    @rama
*.cto    @rama
*.js     @rama
# Package.json should be reviewed by everyone
package.json    @ldesrosi @rama @ODOWDAIBM
```

> 相比于在规则中列出团队的每一个成员，我们可以使用 GitHub 团队的概念来指派代码所有权。

定义了 CODEOWNERS 之后，现在可以聚焦在将它提交到主分支。使用命令行提示符，完成下面的步骤：

1）进入到读者复制代码库的目录中。

2）创建一个名为 .Github 的新文件夹。

3）将目录更改为新创建的目录。

4）创建 CODEOWNERS 文件，内容为之前段落中定义的内容。

5）提交新的文件和目录：

```
Git add -A
Git commit -m "Setting initial code ownership."
```

6）将提交推送到主分支：

```
Git push
```

8.3.2 保护主分支

如之前讨论的，由于主分支代表了智能合约的稳定版本，这里需要合理地控制代码如何变更。

现在将配置代码库来确保只有 pull 请求可以调整主分支的内容。为了实现这一目标，第一步是打开浏览器进入到读者的 Git 代码库。

网页加载完成后，完成下面的步骤：

1）观察 Git 网页的上方标签，读者应该可以找到 Setting 标签。

2）读者单击之后，网页左边会出现侧方菜单栏。

3）选择 Branches 目录项，读者应该可以看到 Protected branches 段落。

4）从下拉菜单选择主分支。

之后会打开一个网页，包含了用来合理保护主分支需要设置的所有选项。
内容设置如图 8-5 所示。

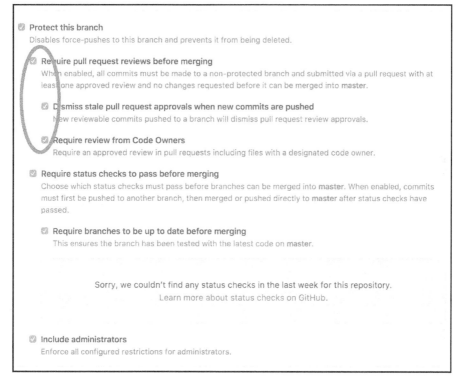

图　8-5

第一个选项的设置，用深色圈出来的，确保主分支的每一个变更均是通过 pull 请求来完成，并且批准流程只能是代码所有者在最新的代码上完成。

我们将此段用深色突出显示是因为这些设置虽然在团队协作时非常重要，但是在我们的例子中应该被禁用。实质上，GitHub 不会让读者检视自己的 pull 请求，并且会阻止读者完成接下来的步骤。

第二个选项的设置提供了定义 checks 的能力，这些 checks 在允许代码合并之前进行。我们将会在下一段添加其中的一项 check。

最后一个选项是确保即使是代码库的管理员在修改代码时也需要遵循 pull 请求的流程。

8.3.3　配置 Git 以进行提交签名和验证

此时，我们拥有了一个受保护的 Git 分支并且确定了谁应该来检视代码变更。我们也知道了对开发者来说为提交签名是证明他们是一个代码变更的作者的一个好的方式。然而，除非每个人都会为他们的提交签名，否则如何能够确定没被签名的提交是有效的？

幸运的是，已经有一些 GitHub 应用程序来解决这个问题。我们将会使用其中一个名为 probot-gpg 的应用，获取地址是 https://probot.Github.io/apps/gpg/。

通过浏览器进入网页，读者可以单击"Install"按钮。读者将会进入到下一个网页，允许读者选择想要这个应用选择哪一个代码库。在我们的例子中，我们将会选择 yourID/trading-smart-contract/ 代码库。单击"Install"，应用将会被授权访问读者的代码库。

在本地工作站配置 GPG

为了确认一切工作正常，我们现在将会在本地工作站设置 GPG，通过提交一个 pull 请求来测试我们的代码库。在这里，我们将会做下面的事：

1）安装 GPG，生成 gpg 私钥和公钥。

2）在我们的 GitHub 配置文件里导入 gpg 公钥。

3）向主分支提交一个带有已签名的提交的 pull 请求。

gpg 的客户端程序可以在 www.gnupg.org 网站找到。从这个网站，读者可以下载源代码或者预编译的二进制文件。根据读者的操作系统和选择的选项（源代码或是二进制文件），按照网站上提供的指示安装客户端。

为了配置系统来使用 gpg 密钥签名我们的 Git 提交，下面将需要做如下事情：

1）生成 gpg 密钥。

2）导出公钥。

3）导入私钥到 Git。

4）配置 Git 客户端使用 gpg 密钥。

首先打开一个终端，键入如下命令：

```
gpg --full-generate-key
```

gpg 工具将会询问关于密钥特征的几个问题：

1）密钥种类：选择默认（RSA）。

2）密钥大小：选择最大值（4096）。

3）密钥有效期：确保密钥不会超期。

提供了密钥的特征之后，gpg 工具将会询问与密钥关联的身份信息：

1）真实姓名。

2）电子邮箱。

3）评论：读者可能想要使用评论框来指出这个身份信息的用途（签名 GitHub 提交）。

 确保电子邮箱与读者的 GitHub 配置文件登录名一致，否则系统将不能使提交的身份一致。记住和 GitHub 有关的例子：yourID@email.com 和 yourID@email.com 不是同样的邮箱。

最后，这个工具会请求一个口令来保护私钥，并要求读者通过随便移动鼠标生成信息熵。经过几秒后，读者应该会看到比如下面的输出：

```
gpg: key 3C27847E83EA997D marked as ultimately trusted
gpg: directory '/Users/yourID/.gnupg/openpgp-revocs.d' created
```

```
gpg: revocation certificate stored as '/Users/yourID/.gnupg/openpgp-
revocs.d/962F9129F27847E83EA997D.rev'
public and secret key created and signed.
pub    rsa4096 2018-02-03 [SC]
       962F9129FC0B77E83EA997D
uid    Your Name (GitHub Signing Identity) <yourID@email.com>
sub    rsa4096 2018-02-03 [E]
```

gpg 生成之后，我们现在需要将密钥导出成一个 GitHub 能够识别的格式。为此，我们运行下面的命令：

gpg --armor --export <<email-you-use-to-generate-the-key>>

这个工具会在控制台直接输出公钥，应该看起来如下：

```
-----BEGIN PGP PUBLIC KEY BLOCK-----
mQINBFp1oSYBEACtkVIlfGR5ifhVuYUCruZ03NglnCmrlVp9Nc417qUxgigYcwYZ
[...]
vPF4Gvj2O/l+95LfI3QAH6pYOtU8ghe9a4E=
-----END PGP PUBLIC KEY BLOCK-----
```

复制整个公钥到粘贴板，包括头部。使用浏览器进入到读者的 GitHub 配置文件页面，从左边侧方菜单选择 SSH and GPG keys 标签。

读者应该看到两段——SSH 和 GPG。单击 "New GPG Key" 按钮，在输入区复制粘贴板的内容。最后，单击 "Add GPG Key" 按钮，如果一切正常，GitHub 应该会显示一个类似的入口，如图 8-6 所示。

图　8-6

记录和复制 Key ID 到粘贴板。我们将还会用到那个密钥来配置我们的 Git 客户端。回到控制台，输入下面的命令：

git config --global user.signingkey 3C27847E83EA997D

此时，读者应该拥有了一个完全配置的流水线和受保护的代码库。我们已经准备好开始测试我们的配置。

> 为了帮助下一章里的测试步骤，我们还没有在 Git 客户端激活 gpg 签名配置。下面将会在下一章激活它。

8.4 测试端到端流程

所有配置完成后，通过一个简单的场景来测试我们的配置，确保一切工作正常。

测试场景是添加一笔新的交易。为了发布这个新特征，我们将会进行下面的步骤／测试：

1）为业务网络创建一笔新的交易。一旦完成编码，我们将会试着做：

① 直接向主分支推送一个提交。

② 提交一个拉取请求，该请求带有一个没有签名的提交。

2）添加测试用例来覆盖我们新的交易：

① 修改我们的提交，为提交签名。

② 添加我们的测试用例，提交一个额外的带签名的提交。

3）发布业务网络的新版本。

① 将 pull 请求合并到主分支。

② 创建一个新的发布，确认 BNA 文件被发布。

8.4.1 创建一笔新的交易

为了我们测试的目标，将让新的交易相对简单：我们的交易将把两笔资产合为一笔，在流程中将它们的值相加。

为了声明这笔新的交易，我们将会编辑模板文件，在其中添加新的声明：

```
transaction MergeAssets {
--> Asset mergeFrom
--> Asset mergeTo
}
```

创建了这个定义之后，我们在 /lib/logic.js 文件中添加逻辑：

```
/**
 * Sample transaction
 * @param {org.example.biznet.MergeAssets} tx
 * @transaction
 */
function onMergeAssets(tx) {
  var assetRegistry;
  var mergeFromAsset = tx.mergeFrom;
  var mergeToAsset = tx.mergeTo;
  mergeToAsset.value += tx.mergeFrom.value;

  return getAssetRegistry('org.example.biznet.SampleAsset')
    .then(function(ar) {
      assetRegistry = ar;
      return assetRegistry.update(mergeToAsset);
    })
    .then(function() {
      return assetRegistry.remove(mergeFromAsset);
    });
}
```

这就是要做的一切！当然，有些读者会评论说我们并没有遵循一个良好的方法——关于这些代码的单元测试在哪？让我们继续下去。别担心，这些都是计划的一部分。

1. 直接 push 一个提交到主分支

代码修改完成后，我们试着添加源代码到 Git 代码库。为此，我们将进行下面的步骤：

1）进入到克隆代码库的目录中。

2）提交这个新文件和目录：

```
git add -A
git commit -m "Testing master branch protection."
```

3）将这个提交推送到主分支。

```
git push
```

push 命令会失败，并伴随一个如下的错误消息：

```
$ git push
Counting objects: 3, done.
Delta compression using up to 8 threads.
Compressing objects: 100% (2/2), done.
Writing objects: 100% (3/3), 367 bytes | 367.00 KiB/s, done.
Total 3 (delta 0), reused 0 (delta 0)
remote: error: GH006: Protected branch update failed for refs/heads/master.
remote: error: Waiting on code owner review from ldesrosi.
To https://github.com/HyperledgerHandsOn/trade-finance-logistics.git
 ! [remote rejected] master -> master (protected branch hook declined)
error: failed to push some refs to
'https://Github.com/yourID/trading-smart-contract.Git'
```

如果读者得到相似的消息，说明在正轨上。如果 push 命令成功，读者应该要回顾保护主分支那一章节。

2. 提交一个 pull 请求，该请求带有一个没有签名的提交

从之前的尝试继续，我们知道需要一个单独的分支来在提交 pull 请求到主分支之前存储我们的工作。现在我们已经提交了代码的变更，需要小心以免丢失掉完成的工作。接下来要做的第一件事就是通过下面的命令撤销我们的提交：

```
git reset HEAD^
```

为了保存我们的工作，我们将使用 Git 里的一个函数来暂时存储：

```
git stash
```

我们的代码变更保存后，可以通过运行 Git checkout 命令创建一个新的本地分支。对于不太熟悉 Git 的读者，-b 选项指定了新分支的名字，最后的参数表明新的分支是基于主分支：

```
git checkout -b Feat-1 origin/master
```

新的本地分支创建后，我们可以使用下面的命令重新存储代码变更：

```
git stash pop
```

最后，我们可以提交代码并将它推送到 Feat-1 分支：

```
git add -A
git commit -m "Testing commit signing."
git push
```

这些命令执行后，我们的 Feat-1 分支应该包含了额外的交易代码。让我们切换到浏览器并且在 GitHub 上创建 pull 请求：

1）选择 Feat-1 分支，单击"New pull request"按钮。

2）确保分支可以合并，单击"Create pull request"按钮。

结果会像是 pull 请求没有通过 gpg 校验和 Travis 构建。构建的细节应该显示测试覆盖范围不能满足我们之前设置的阈值，如图 8-7 所示。

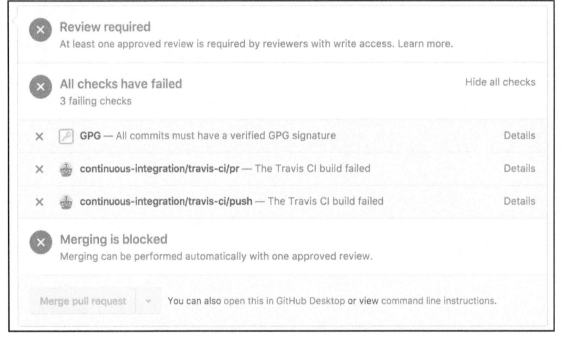

图　8-7

如果读者得到相同的结果，那么做得好！如果读者的 pull 请求没有这样的校验错误，那么应该确保自己了解 8.3.3 节。

我们现在更正构建，添加必要的测试。

8.4.2　添加测试用例

在添加测试用例之前，我们将首先激活 gpg 签名，并为我们之前的提交添加签名。这些操作将会使我们完成一个没有问题的 pull 请求。

1. 提交一个 pull 请求，该请求带有一个有签名的提交

我们现在可以完成和激活 gpg 签名。在控制台界面，输入下面的命令：

git config --global commit.gpgsign true

现在，相比于不得不创建一个单独的分支并且从头再执行一遍同样的步骤，我们选择简单地使用 amend 来为提交添加签名：

```
git commit --amend -S -m "Testing commit signing."
```

当读者试图修改提交时可能会得到下面的错误：

```
error: gpg failed to sign the data
fatal: failed to write commit object
```

如果遇到这种情况，读者可能需要设置下面的环境变量：

```
export GPG_TTY=$(tty)
```

这个命令将会委托 GPG 来签名，读者应该会被询问 gpg 口令。一旦完成，我们可以使用下面的命令将代码变更 push 到我们的测试分支：

```
git push origin test --force
```

我们需要对变更使用 --force 因为我们只是在修改提交。

如果读者回到浏览器查看 pull 请求，应该可以看到如图 8-8 所示的内容。

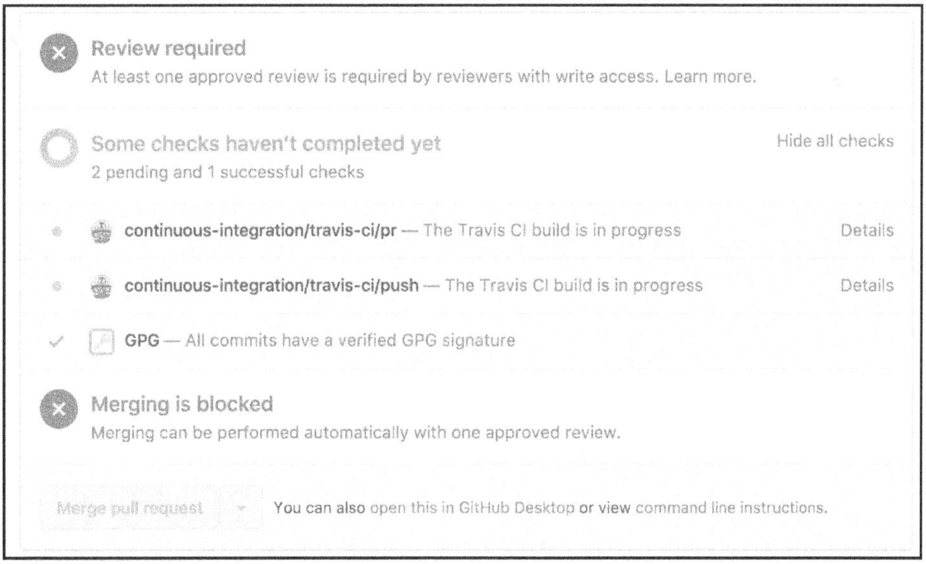

图 8-8

现在应该已经解决了一个问题——为提交签名。如果读者得到了同样的结果，说明一切配置合理。读者可以接着关注通过为新交易添加测试来修正测试的覆盖范围。

2. 添加 mergeAssets 单元测试

让我们向 test/logic.js 文件添加额外测试用例的内容：

```
describe('MergeAssets()', () => {
it('should change the value to ' + assetType + ' to 200', () => {
const factory =
businessNetworkConnection.getBusinessNetwork().getFactory();
// Create the asset 1
const asset1 = factory.newResource(namespace, assetType, 'ASSET_001');
asset1.value = 100;
// Create the asset 2
const asset2 = factory.newResource(namespace, assetType, 'ASSET_002');
asset2.value = 100;

// Create a transaction to change the asset's value property
const mergeAssetTx = factory.newTransaction(namespace, 'MergeAssets');
mergeAssetTx.mergeFrom = factory.newRelationship(namespace, assetType,

asset1.$identifier);
mergeAssetTx.mergeTo = factory.newRelationship(namespace, assetType,
asset2.$identifier);

let assetRegistry;
return businessNetworkConnection.getAssetRegistry(namespace + '.' +
assetType).then(registry => {
  assetRegistry = registry;
  // Add the asset to the appropriate asset registry
  return assetRegistry.add(asset1);
}).then(() => {
  return assetRegistry.add(asset2);
}).then(() => {
  // Submit the transaction
  return businessNetworkConnection.submitTransaction(mergeAssetTx);
}).then(() => {
 // Get the asset
 return assetRegistry.get(asset2.$identifier);
}).then(newAsset => {
 // Assert that the asset has the new value property
 newAsset.value.should.equal(200);
});
});
});
```

我们不会涉及这个测试用例的细节，因为它在之前的章节中已经涉及。然而，如果读者想要知道测试是否成功完成，运行下面的命令：

npm test

让我们将新的测试提交到 Git：

```
git add -A
git commit -S -m "Added new test case"
git push origin Feat-
```

这将自动触发我们的构建流水线，构建流程应该会成功完成并且使我们的 pull 请求状态如图 8-9 所示。

图　8-9

这将允许读者合并 pull 请求。单击"Merge pull request"按钮，确认合并，然后做好准备创建第一个发布！

 如果读者的 pull 请求不是绿色的并且要求代码检视，读者可能忘了去掉勾选 Require pull request reviews before merging 选项，正如保护 master 分支章节中提到的。

8.4.3　发布新版本

我们现在准备好发布我们新的业务网络归档文件。进入读者的浏览器并且查看 Git 代码库的 Code 标签。读者应该在上方导航栏看到一个 x releases 选项，如图 8-10 所示。

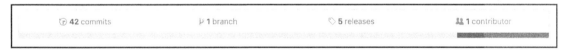

图　8-10

单击"releases"然后单击"Draft a new release"按钮，参考图 8-11 填充表格。

v1.1.0　　　　@　　⑂ Target: **master** ▾

Excellent! This tag will be created from the target when you publish this release.

Added new MergeAsset Transaction

Write　　Preview　　　　　　　　　　　　　　　　　　　　　　　Markdown supported

The release of this business network introduces the new transaction, allowing the merge of two assets.

Attach files by dragging & dropping, selecting them, or pasting from the clipboard.

图　8-11

单击表格底部的"Publish release"（发布版本）按钮。这将最后一次触发读者的构建流水线，几分钟之后，读者将拥有一个附属于和读者的发布相关联的资产列表中的 BNA 文件，如图 8-12 所示。

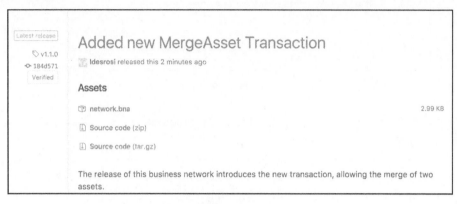

图　8-12

做得好！我们已经使用 Travis CI 和 GitHub 配置了一个完整的流水线，并且我们探索了如何合理地签署和保护我们的智能合约。最后一步将是研究众多的网络参与者如何能够自动化业务网络归档文件（BNA）的检索，以及部署智能合约的更新。

8.5　更新网络

发布了 BNA 文件，并为其添加了标签，我们现在来了解在联盟中安装 / 更新业务网络的流程。特别的，我们将了解下面的步骤：

1）发布的通知。

2）业务网络的升级。

8.5.1　通知联盟

有几种方式和技术可以被应用来确保每个机构被通知业务网络准备好更新了。

可以确定的一件事是人工通知不是一个选项；由于智能合约和参与方的数量在增加，读者需要一个可靠的通知流程。

图 8-13 描述了用来在交付一个新的版本后部署业务网络的一个可能流程。

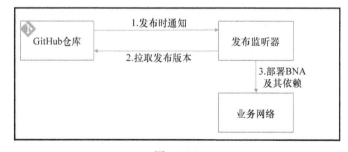

图　8-13

如我们之前讨论的，我们不分发 BNA 文件，因为这样会给某些人篡改归档文件的机会。取而代之，通知仅仅告诉每一个机构存在一个新发布和让联盟检索和部署这个归档文件。

这实际上就是发布监听器的概念：监听通知然后向 GitHub 发起一个请求来检索新发布的归档文件。

 发布监听器是一个概念，如果联盟坚持使用这种方式，它需要被联盟实现。不要寻找源代码——到目前还不存在。

发布监听器可以被实现成监听来自下面两种来源之一的事件：

1）GitHub webhooks：通过提供发布监听器的 URL，GitHub webhooks 可以被配置成针对特殊事件发送一个 JSON 消息。在我们的例子中，就是指发布事件。

2）Travis CI notification：在 Travis CI 中也有一个类似于 webhook 的概念。还有其他方式，比如 Atom feed 和 Slack integration，可能更适合于读者的团队。

方式的选择实际上依赖于读者的业务需求，但是一般情况下，GitHub webhooks 的使用更受青睐，因为它们被我们所真正感兴趣的事件触发：智能合约的一个新版本的发布。

 即使有人打算发送一个失败通知到发布监听器，由于它只从 GitHub 检索发布了的二进制文件，第三方没有可能注入一个恶意归档文件。

8.5.2　升级业务网络

此时，我们假设已经收到了一个通知并且我们负责部署这个新版本。记住业务网络可以被部署到多个通道内。所以，虽然不是每一个 peer 节点上都需要 BNA 部署，但期望运行那些交易的每一个通道都需要部署。

我们的部署将包括两个简单的步骤：

1）下载新版本。

2）更新业务网络。

1. 下载新版本

假定我们刚刚发布了新版本并且流水线已经向发布中添加了二进制文件，我们可以简单地使用 curl 命令下载归档文件：

```
curl
https://Github.com/HyperledgerHandsOn/trade-finance-logistics/releases/down
load/v1.1.0/network.bna -L -o network.bna
```

-L 选项用来告诉 curl 跟随链接的重定向。随着这个命令的执行，BNA 文件应该在读者的本地文件系统中。

2. 更新业务网络

由于 BNA 文件的内容实际上存储在区块链数据库，可以从任意取得管理认证的客户端提交业务网络更新。

因此，为了更新网络，读者应该提交下面的命令：

```
composer network install -a ./network.bna -c <card-name>
composer network upgrade -n trade-finance-logistics -v 0.0.1 -c <card-name>
```

注意其他依赖组件如 REST 网关和应用程序，在产品化部署中同样需要被考虑。

8.6　总结

希望本章可以给读者一个关于联盟围绕升级流程所面临的挑战和考虑因素的整体概览。

持续交付流水线是提供联盟速度、移除人工流程并且确保每一个机构可以在代码变更生效之前检视和批准的一个必要部分。我们了解了一些关键事件，例如 pull 请求和 tag 发布。

通过本章的内容，读者已经完成了一个完整的持续集成流水线的配置，包括测试和发布业务网络归档文件。进一步的，我们已经了解如何通过保护主分支和确保每一次变更受到来自机构的关键参与方的代码检视来保护产品化的代码。我们也了解了如何使用 gpg 签名来保证维护每一个 Git 提交的出处。最后我们回顾了用一种可信任的方式部署更新的流程。

有一件事情是确定的：自动化是敏捷性的关键——通过减少重复的人工任务和提供一个如何修改代码的框架结构，我们让机构能够更敏捷和更快速地响应，不管是对缺陷还是新的请求。本章当然只是对这种方式和其相关概念的简单介绍；这些主题中部分主题可以单独成书。

第 9 章
区块链网络中的生活

你的 Fabric 网络现在应该建立并运行通过智能合约连接不同的实体的应用程序，并通过 Web 接口为用户服务。此外，为了帮助你的开发人员和系统管理员维护代码、推送更新和管理网络配置，你应该建立一个程序，使系统测试和维护能够在安全的情况下进行，并且不会中断服务。

然而，这将不是你的应用程序的终端状态。需求和期望在不断变化，对于涉及多个协作实体的应用程序尤其如此，所有这些实体在不同的时间点都有不同的需求。此外，即使应用程序的性质和功能保持不变，软件本身也会不断变化和发展。最后，任何面向服务的分布式应用程序（一种可以应用于任何 Hyperledger Fabric 的描述）都必须为终端用户的特性和数量做好准备，它们可能会随着时间的推移而增加或减少，这就有必要对硬件和软件资源分配进行更改。

因此，在区块链应用程序的生存期内，你将看到有许多需要对代码和配置进行更新和更改的地方。对于 Fabric 网络甚至一般的区块链，前面列出的需要更改的种类并不是唯一的，但是我们需要使用的机制和选择这些机制时的考虑因素都是平台所特有的。因此，这些将是本章的重点（虽然不是唯一的）。首先检查你的 Fabric 应用程序可能需要修改的不同方式，并通过示例代码和系统升级的指南来说明具体的场景。然后，我们将讨论应用程序和网络成员的变化，以及适用于工业规模的区块链应用程序的相关的考虑因素。在本章的后半部分，将深入研究系统维护：监视应用程序和系统资源的健康状况，设计或升级系统以确保高性能。

本章将覆盖以下部分：

1）修改或升级 Hyperledger Fabric 应用程序；

2）Fabric 区块链和应用程序生存周期；

3）向网络中添加新的组织；

4）链码逻辑的修改；

5）链码中的依赖项的升级；

6）背书策略的更新；

7）系统监控和性能；

8）分析容器和应用程序；

9）测量应用程序性能。

9.1 修改或升级 Hyperledger Fabric 应用程序

第 5 章中介绍的通用 Hyperledger Fabric 应用程序的设计提供了关于在其生命周期中可能需要的升级类型。让我们研究 Fabric 网络及其用户的需求随时间变化的各种方式：

1）软件更新：更改和升级是软件维护的一个组成部分。更常见的情况是，需要进行修改以修复 bug、性能低下和安全缺陷（例如，考虑 Windows Update Service）。虽然几乎不可避免，也不太频繁，但必须对软件进行主要的设计更改，以应对意想不到的挑战。此外，由于大多数应用程序依赖于其他（第三方）软件，后者的任何升级都会触发前者进行相应的更改。可以把 Windows Service Packs 看作一个类比。

在 Hyperledger Fabric 世界中，作为应用程序开发人员或系统管理员，你必须同时支持应用程序级升级和平台级升级。前者涉及 bug 修复、应用程序逻辑和 bug 修复中的更改，后者涉及底层 Fabric 软件的更改。软件更新过程是众所周知的，其中一些技术在第 5 章中讨论过；用于测试及适用于 bug 修复和一般维护的可靠的故障转移。

如果你还记得我们规范的 Fabric 应用程序的 3 层体系结构，上层 [由中间件（Fabric SDK）、Web 服务器和用户界面组成] 通常是由单个组织控制，因此可以通过在该组织内建立相应的流程来更新它们。但是，正如我们在第 8 章中所看到的，区块链网络、智能合约或链码的敏捷性是一个特例，因为它是由所有参与组织的个体共同商定而开发的软件。因此，对链码的任何更新也必须是协商一致驱动的，而且它并不是测试后仅仅通过更新来升级那样简单。我们将通过本节后面的示例来描述链码升级过程。最后，对 Fabric 软件的升级可能会影响其功能和数据，因此必须小心进行。我们将在本节后面描述机制和陷阱。

2）更改资源需求：你在应用程序生命周期开始时分配运行的资源，就像应用程序代码一样，不太可能满足不断变化的用户需求。随着时间的推移，你的应用程序很可能会收到越来越多的用户流量，并且没有任何软件改进能够弥补硬件上的限制。类似地，如果我们回顾 RAS 的需求（请参阅第 5 章），分布式应用程序的正常运行需要冗余、故障转移和跨系统资源的负载平衡。

在 Fabric 术语中，这意味着你可能需要向网络中添加更多的节点。你可能需要更多的节点来处理交易背书请求，整个网络可能需要更多的排序节点来处理和平衡当前的排序服务的负载瓶颈（另一方面，如果流量太轻，则可以删除节点以节省成本）。否则，你可能需要该组织额外的节点用来背书协作，或者额外的排序节点以获得更可靠的分布式共识（尽管这可能会带来成本的节省）。不管添加和删除网络中节点的原因是什么，作为 Fabric 开发人员或管理员，你必须支持这种性质的升级，我们将在本节后面介绍如何做到这一点。

3）更改用户成员身份：随时间的推移，除了用户流量的变化外，还必须为系统访问的用户成员身份的更改做好准备。在 Fabric 术语中，这意味着添加或删除允许向应用程序发送请求和查看应用程序状态的用户或客户端。在组织中，总是需要添加或删除允许访问区块链的用户并提升或减少授予现有用户的权限。我们已经在第 5 章中讨论了成员创建和授权的示例，在本节的后面，我们将看到如何使用运行时配置更新通道策略。

4）更改应用程序策略：一方面，Hyperledger Fabric 应用程序中的交易（链码调用）必须满足由参与者集体决定的背书策略。由于各种不同的原因，这类策略可能会随着时间的推移而改变，包括性能（我们将在本章的后半部分讨论）。例如，批准每个组织成员的背书策略可能会放宽到只需要两个组织背书的要求。另一方面，可以制定更严格的策略，以克服区块链参与者之间缺乏信任的问题。修改背书策略的机制将在本节后面的示例中讨论。

5）改变网络配置：最后，总是需要修改块链网络本身，以满足不断变化的需求。随着时间的推移，更多的组织可能希望参与到应用程序中，特别是如果应用程序的初始版本证明了它的价值。一些组织也可能因为一些原因想离开。即使在某一组织内部，也可能需要重新平衡用于所涉应用程序的资源。现在，尽管大多数分布式应用程序都面临这些需要资源重新配置的情况，但由于其独特的特性，区块链应用程序有特殊的需求。回想一下，区块链是一个共享的账本，必须由每个参与的网络节点使用共同的、一致同意的规则进行验证和接受区块。因此，网络本身的结构和性质必须共同商定并记录在账本上。

6）在 Hyperledger Fabric 术语中，应用程序构建在一个或多个通道（区块链实例）上，其规则和内容对于应用程序参与者是私有的。因此，网络上的任何更改都需要应用于通道的配置更改。添加自己节点集的新组织或删除组织都需要将通道重新配置，节点地址、排序节点地址及组织内锚节点的选择也需要改变。其他示例包括通道的核心属性，例如块大小和超时；用于读、写和管理操作的通道访问策略；散列（hashing）机制；以及用于排序服务的共识模式。虽然对通道配置用例的全面介绍超出了本章的范围，但我们将通过本节后面的示例了解如何在 Fabric 网络中进行重新配置。

总之，对 Fabric 应用程序的更改不仅需要通常的软件维护过程，如代码和配置更改、测试和更新，还需要针对区块链的共识机制的操作。在本节的其余部分中，将重点介绍 Hyperledger Fabric 支持的两种主要应用程序更新模式。

1）通道配置更新：这包括组织的添加和删除、资源的更改（节点和排序节点的添加、删除或修改）、通道属性的更改（区块创建规则、散列和共识机制）。

2）智能合约更新：这包括对链码和交易背书策略的更改。

稍后，我们将简要介绍 Fabric 平台软件的升级。

为了实现这样的升级，我们需要用合适的机制来增强我们从第 3 章到第 7 章创建的应用程序和工具集。幸运的是，Fabric 平台的设计者预见了我们在本章中讨论过的发展类型，和我们用于构建交易应用程序初始版本的 SDK（见第 5 章），它提供了构建这些机制所需的功能。在讨论实现细节之前，让我们重新讨论 Fabric 交易管道，并修改它以合并更新。

9.1.1　Fabric 区块链和应用程序生存周期

考虑一下我们用 Fabric 应用程序实现的交易场景，如图 5-3 所示，图 9-1 所示是包含通道和链码的更新修改：区块链应用程序生命周期中的各个阶段（为了方便起见，我们省略了图表中的账本和事件，因为它们不需要在应用程序阶段解释）。

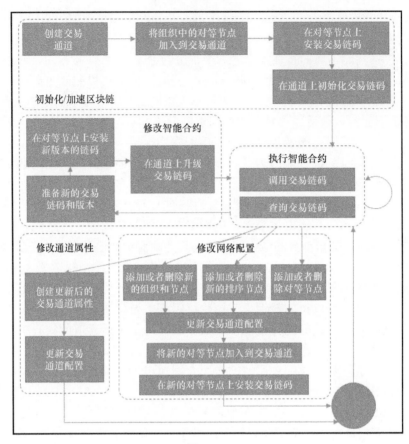

图　9-1

TIP

此图表并不是对 Fabric 应用程序的所有可能阶段的详尽表示，而是最突出的阶段。

　　正如我们所看到的，某些类型的更新比其他的需要更多的操作。在现有组织中或在新添加的组织中，任何背书节点的添加都需要将这些节点明确地连接到通道上，并随后在这些对等节点上安装当前版本的链码。在这些节点上不需要显式实例化；网络节点之间的 gossip 协议最终将同步添加新节点的共享账本的最新副本。不过，智能合约的修改过程将需要在节点安装新版本的链码之后，进行显式的全通道升级。这个升级步骤相当于最初的实例化，尽管它是在当前状态下运行的，而不是在空的账本上运行的。在某些情况下，链码和背书策略的升级可能会立即遵循通道的重组，以增加一个新的组织；在这种情况下，可以跳过在新的节点上安装当前版本的链码，并可直接安装升级的链码版本。我们将在下一节描述如何增强我们的交易应用程序，以实现这样的系统升级。

　　在我们继续之前，先来了解当系统经历不同类型的变化时，区块链是什么样子的。图 9-2 说明了为不同的应用程序操作添加了不同类型块的区块链的各个部分：

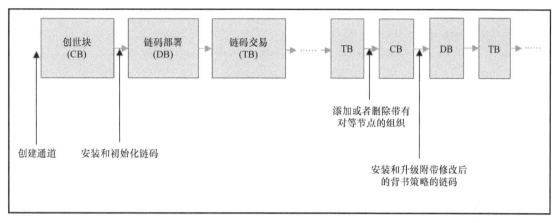

图　9-2

正如我们所看见的，我们的区块链（换句话说，共享账本交易日志）是由创世块（通道上的第一个配置块）开始的，创世块包含通道的初始配置。下一步是部署和实例化链码的初始版本，随后进行一些常规操作（链码调用）。在某种程度上，可以添加具有节点的新组织，这会导致将另一个配置块添加到链中，从而覆盖以前的配置块。同样地，可以创建和升级新版本的链码，并将升级版本记录在块中。在这些配置块和部署块之间，可以发生常规的链码交易，根据配置块的大小，可以将一个或多个交易捆绑在块中并附加到链中。现在让我们看看如何扩展我们的交易应用程序，以实现我们在本章中讨论过的功能。

9.1.2　通道配置更新

正如本章前面提到的，通道配置可能需要更改的原因有很多。由于通道行为完全由其配置决定，任何更新都会记录在区块链上，因此重写了先前的配置是一个非常敏感的操作，这必须仅限于具有特权的用户，就像我们的应用程序创建步骤的初始部分一样，如通道创建和加入（参见第 5 章）。对通道配置更改的详尽讨论和演示超出了本书的范围，但我们将展示更新机制以及将这些机制包装在我们的应用程序中的方法；这种机制和过程可以应用于任何配置的更改。

为了进行演示，我们将使用新组织和节点必须添加到应用程序中的常见情景。考虑到我们的交易场景，到目前为止，出口商（Exporter）和它的银行已经共享了一个组织，其MSP 和节点由后者维护。进口商（Importer）及其银行也属于一个单一的组织，其逻辑是，银行有更多的激励和资源来维持节点和 MSP。但这种逻辑可能不会永远站得住脚。假设我们的出口商最初是一个小规模的经营者，随着时间的推移，由于诚信和质量他们获得了更高的利润和声誉。现在，大规模的原材料出口商在市场上拥有巨大的现金储备和影响力，存在一个激励措施使他们作为区块链中的一个节点加入到交易网络中，而不是依赖银行。它还维持着不同银行的银行账户，因此，有需要并有可能同时参与多个区块链（通道）。它也希望继续参与交易通道和包装应用程序，但在自己的组织中运行自己的 MSP 和自己的节点独立于银行。

我们必须创建的结果网络如图 9-3 所示：为出口商 exporter（或 exporting entity）提供的包括组织、MSP 和节点的扩大的交易网络。

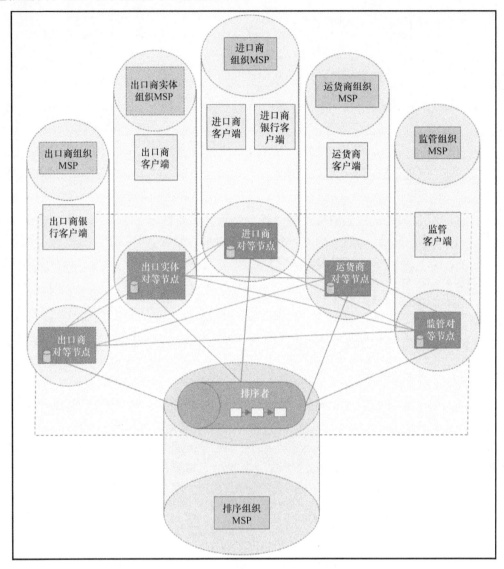

图　9-3

我们将新的组织命名为 ExportingEntityOrg，它的 MSP 命名为 ExportingEntityOrgMSP，以及它的节点为 exporting entity。

1. 将新组织添加到网络的前提

升级网络所需的工具类似于第 3 章中使用的工具，即用业务场景设置平台：

1）克隆 Fabric 源代码库。

① 运行 make docker 为对等节点和排序节点建立 Docker 镜像。

② 运行 make configtxlator 以生成运行本节中描述的网络创建命令所需的工具（当我们将注意力转向中间件代码时，我们将使用 configtxlator）。

2）此外，我们假设读者遵循了第 3 章中描述的过程，并且已经为含有 4 个组织的网络创建了通道配置和加密文件。

如果你还记得，在第 3 章中，我们为 4 个组织创建了通道文件和加密材料，包括创世块、初始通道配置、每个组织的锚节点配置以及涉及节点、客户端和 MSP 的所有网络操作的证书和签名密钥。配置分别在网络文件夹中的 configtx.yaml 和 crypto-config.yaml 中定义，并使用 configtxgen 和 crypgen 工具进行处理。显然，必须修改这些配置才能添加新的组织，但是更改配置可能会很麻烦。好消息是，我们可以通过创建额外的配置文件并保持原始配置文件的原样就可以来增加我们的网络。这样，管理员就很容易跟踪组织结构和资源的演变。我们的增量配置文件定义在 network/add_org/ 文件夹中。

2. 生成网络加密材料

crypto-config.yaml 文件只包含有关新组织的信息，足以生成证书和签名密钥：

```
PeerOrgs:
  # ExportingEntityOrg
  - Name: ExportingEntityOrg
    Domain: exportingentityorg.trade.com
    EnableNodeOUs: true
    Template:
      Count: 1
    Users:
      Count: 1
```

如我们所见，规范与我们为最初 4 个组织定义的规范相同，只不过 MSP 名称和组织域反映了出口实体组织的性质。只是为该组织生成密码材料，按照第 5 章中的内容运行 cryptogen 命令，但这次使用 add_orgs 文件中定义的配置文件：

```
cryptogen generate --config=./add_org/crypto-config.yaml
```

输出保存在 crypto-config/peerOrganizations 中，这里除了现有组织的文件夹之外，你还会看到一个名为 exportingentityorg.trade.com 的文件夹。此文件夹包含新组织的密钥和证书。

3. 产生通道工件

同样，configtx.yaml 仅包含组织中出口实体组织的规范，如下所示：

```
Organizations:
  - &ExportingEntityOrg
    Name: ExportingEntityOrgMSP
    ID: ExportingEntityOrgMSP
    MSPDir: ../crypto-
config/peerOrganizations/exportingentityorg.trade.com/msp
    AnchorPeers:
      - Host: peer0.exportingentityorg.trade.com
        Port: 7051
```

此规范实质上复制了其他组织和节点的规范；只有名称和路径被修改来标识和设置新的组织（这假定在当前目录中已经生成了一个 crypto-config 文件夹）。要构建增量通道配置，运行以下命令：

```
FABRIC_CFG_PATH=$PWD/add_org && configtxgen -printOrg ExportingEntityOrgMSP
> ./channel-artifacts/exportingEntityOrg.json
```

在这里，我们遇到了与第 3 章所遵循的第一个不同之处，我们不是为配置块、锚节点等构建单独的文件，而是构建一个包含所有相关信息的 JSON 规范，包括管理用户的策略规范和证书、出口实体组织的 CA 根和 TLS 根，并将其保存到通道工件文件夹中。在本节的后面，我们将在通道配置更新过程中使用这个 JSON。

 为了确保 configtxgen 在 add_org 目录中查找 configtx.yaml1，必须临时更改 FABRIC_CFG_PATH 的环境变量。

4. 在一次操作中生成配置和网络组件

你还可以使用 trade.sh 脚本执行前面的所有操作，只需在 network 文件夹中运行以下命令：

```
./trade.sh createneworg
```

 通道名称被隐式地假定为 tradechannel。

此命令除了创建加密材料和通道配置外，还为 add_org/docker-compose-exportingEntity-Org.yaml 中的新组织生成一个 docker-compose 配置。它运行以下服务：

1）exporting entity organization 的 Fabric 节点的一个实例。

2）exporting entity organization 的 Fabric CA 的一个实例。

规范和依赖项就像我们在第 3 章中在 docker- compose-e2e.yaml 中遇到的那样，如下所示：

```
services:
  exportingentity-ca:
    image: hyperledger/fabric-ca:$IMAGE_TAG
    environment:
      - FABRIC_CA_HOME=/etc/hyperledger/fabric-ca-server
      - FABRIC_CA_SERVER_CA_NAME=ca-exportingentityorg
      - FABRIC_CA_SERVER_TLS_ENABLED=true
      - FABRIC_CA_SERVER_TLS_CERTFILE=/etc/hyperledger/fabric-ca-server-
config/ca.exportingentityorg.trade.com-cert.pem
      - FABRIC_CA_SERVER_TLS_KEYFILE=/etc/hyperledger/fabric-ca-server-
config/fc435ccfdaf5d67251bd850a8620cde6d97a7732f89170167a02970c754e5450_sk
    ports:
      - "11054:7054"
    command: sh -c 'fabric-ca-server start --ca.certfile
/etc/hyperledger/fabric-ca-server-config/ca.exportingentityorg.trade.com-
cert.pem --ca.keyfile /etc/hyperledger/fabric-ca-server-
config/fc435ccfdaf5d67251bd850a8620cde6d97a7732f89170167a02970c754e5450_sk
-b admin:adminpw -d'
```

```
    volumes:
      - ../crypto-
config/peerOrganizations/exportingentityorg.trade.com/ca/:/etc/hyperledger/
fabric-ca-server-config
    container_name: ca_peerExportingEntityOrg
    networks:
      - trade

  peer0.exportingentityorg.trade.com:
    container_name: peer0.exportingentityorg.trade.com
    extends:
      file: ../base/peer-base.yaml
      service: peer-base
    environment:
      - CORE_PEER_ID=peer0.exportingentityorg.trade.com
      - CORE_PEER_ADDRESS=peer0.exportingentityorg.trade.com:7051
      - CORE_PEER_GOSSIP_BOOTSTRAP=peer0.exportingentityorg.trade.com:7051
      -
CORE_PEER_GOSSIP_EXTERNALENDPOINT=peer0.exportingentityorg.trade.com:7051
      - CORE_PEER_LOCALMSPID=ExportingEntityOrgMSP
    volumes:
        - /var/run/:/host/var/run/
        - ../crypto-
config/peerOrganizations/exportingentityorg.trade.com/peers/peer0.exporting
entityorg.trade.com/msp:/etc/hyperledger/fabric/msp
        - ../crypto-
config/peerOrganizations/exportingentityorg.trade.com/peers/peer0.exporting
entityorg.trade.com/tls:/etc/hyperledger/fabric/tls
        - peer0.exportingentityorg.trade.com:/var/hyperledger/production
    ports:
      - 11051:7051
      - 11053:7053
      - 11055:6060
    networks:
      - trade
```

此文件使用 YAML 模板 add_org/docker-compose-exportingEntityOrg-template.yaml 生成的, FABRIC_CA_SERVER_TLS_KEYFILE 和命令中的 CA 密钥文件名(由变量 EXPORTINGENTITY_CA_PRIVATE_KEY 表示)替换为 crypto-config/peerOrganizations/exportingentityorg.trade.com/ca/, 在我们前面的示例中是 fc435ccfdaf5d67251bd850a8620cde6d97a7732-f89170167a02970c754e5450_sk.

 此密钥文件名将随 cryptogen 工具的每个执行实例而变化。

此外，要注意环境变量的证书文件名 exportingentity-ca:FABRIC_CA_SERVER_TLS_

CERTFILE 和指定的路径与使用 cryptogen 生成的文件名匹配。ID、主机名和端口值都要与 configtx.yaml 文件中指定的内容相匹配。最后，确保将容器端口映射到唯一的端口（在 11000s 范围内），以避免与旧组织的节点和 MSP 的容器所暴露的端口冲突。

5. 为新组织启动网络组件

要启动新组织的节点和 MSP，只需运行以下命令：

```
docker-compose -f add_org/docker-compose-exportingEntityOrg.yaml up
```

你可以将其作为后台进程运行，并将标准输出重定向到日志文件（如果你选择的话）。否则，你将看到各种容器启动，并在控制台上显示每个容器的日志。在另一个终端窗口中，如果你运行 docker ps-a，你将看到以下两个额外的容器：

```
CONTAINER ID      IMAGE        COMMAND       CREATED       STATUS      PORTS      NAMES
02343f585218      hyperledger/fabric-ca:latest      "sh -c 'fabric-ca-se..."
16 seconds ago    Up 16 seconds      0.0.0.0:11054->7054/tcp
ca_peerExportingEntityOrg
a439ea7364a8      hyperledger/fabric-peer:latest      "peer node start"      16
seconds ago    Up 16 seconds      0.0.0.0:11055->6060/tcp,
0.0.0.0:11051->7051/tcp, 0.0.0.0:11053->7053/tcp
peer0.exportingentityorg.trade.com
```

你可以使用资源库中的脚本文件启动网络，如下所示：

```
./trade.sh startneworg
```

 通道名称被隐式地假定为 tradechannel。

这将在后台启动容器，你可以在 logs/network-neworg.log 中查看日志，现在，我们的网络有 5 个节点、5 个 MSP 和一个排序节点运行在容器中。我们现在准备开始重新配置通道来接受新组织的过程。

 若要停止与出口实体组织关联的容器，只需运行 ./trade.sh stopneworg 即可。

这将不会清除所有存储卷（运行 docker volume 检查），因为初始的 4-org 网络的容器仍在运行。只有你带来自己的整个网络后，才能清除剩余活跃的存储卷。

6. 更新通道配置

现在将注意力转向中间件。在第 5 章中，当我们创建 trade channel 时，使用 configtx-gen 工具创建的创世块初始化区块链。创世块恰好是通道的第一个配置块。随后的通道配置更改涉及向通道添加新的配置块，每个配置块都是唯一版本，而最新的配置块则覆盖前面的配置块。在升级场景中，它将被覆盖的是创世块中的配置，因为我们假设自从创建并准备在第 5 章中使用我们的通道以来，不做任何其他更改。

更新通道配置的逻辑在代码库中间件文件夹中的 upgrade-channel.js 里，并且它是基于

Fabric SDK Node API 的，还需要下列先决条件：

1）configtxlator：这是根据本章前面的 Fabric 源代码构建的。请确保它位于你的系统路径中。

2）jq：这是一个命令行 JSON 处理器，用于创建和解析 JSON 对象。在 Ubuntu 系统上，你可以使用 apt-get install jq 来安装它。请确保它也在你的系统路径中。

在 upgradeChannel 函数中，有创建客户端和通道对象的样板代码，读者应该已经熟悉了这些代码。通道升级过程需要从每个现有组织的管理用户（我们网络中是 4 个）收集新配置上的签名，就像通道创建的过程一样。但是，在生成和收集签名之前，还需要执行许多额外的步骤。首先，我们需要从排序节点中获取最新的配置块。我们在代码中使用以下函数调用：

```
channel.getChannelConfigFromOrderer();
```

这将返回一个块的 configuration_block，其配置字段包含当前通道配置。此配置的版本可以从配置的序列字段中提取，如下所示：configuration_block.config.sequence。整个配置规范在 Fabric 源代码中定义为一个 protobuf（common.Config），它的检查作为练习留给读者。

在代码中，我们现在创建一个文件夹来存储将在后续步骤中创建的临时文件。这些文件是使用 configtxlator 工具创建的，在 Fabric SDK Node API 中没有等效的 API 函数时，我们使用该工具：

```
if(!fs.existsSync('./tmp/')) {
  fs.mkdirSync('./tmp');
}
```

获得配置后，需要以 protobuf 格式来存档：

```
fs.writeFileSync('./tmp/config.pb', configuration_block.config.toBuffer());
```

接下来，需要使用 configtxlator 将此配置解码为 JSON 格式。我们这样做纯粹是为了方便，因为解析 JSON 并将配置更改转换为 JSON 更容易：

```
cproc.execSync('configtxlator proto_decode --input ./tmp/config.pb --type
common.Config | jq . > ./tmp/config.json');
```

这会导致在临时文件夹中创建名为 config.json 的文件。如果你查看此文件的内容，你将看到通道的底层配置结构和可以更新的各种属性。

现在，我们需要将新的出口实体组织的配置附加到它。后者是包含在 exportingEntityOrg.json 中，它是使用本节前面的 configtxgen 工具创建的，并保存到 network/channel-artifacts 文件中。我们使用 jq 工具（如下所示）创建新的附加配置：

```
cproc.execSync('jq -s \'.[0] *
{"channel_group":{"groups":{"Application":{"groups":
{"ExportingEntityOrgMSP":.[1]}}}}}\' ./tmp/config.json ../network/channel-
artifacts/exportingEntityOrg.json > ./tmp/modified_config.json');
```

如果你要查看 modified_config.json 的内容，你将看到它与 config.json 的结构非常相似；不同之处在于，它包含 5 个组织的定义，后者只包含 4 个组织。我们现在将这个新配置转换为 protobuf 格式（modified_config.pb），以便 confightxlator 能够处理它：

```
cproc.execSync('configtxlator proto_encode --input
./tmp/modified_config.json --type common.Config --output
./tmp/modified_config.pb');
```

注意，我们使用相同的 protobuf 模式（common.Config）解码从排序节点获得的配置。

最后，我们将使用 configtxlator 计算原始配置与新配置原型之间的增量（或差异）：

```
cproc.execSync('configtxlator compute_update --channel_id ' + channel_name
+ ' --original ./tmp/config.pb --updated ./tmp/modified_config.pb --output
./tmp/exportingEntityOrg_update.pb');
```

生成的 protobuf exportingEntityOrg_update.pb 包含 exportingentityOrg 和现有 4 个组织的指针的完整定义。

对于通道配置更新来说这就足够了，因为其他组织的完整定义已经包含在上一个配置块中（在我们的示例中，是创世块）。

现在，我们所要做的就是读取增量配置，并从现有的四个组织中的每一个获得管理签名。

```
config = fs.readFileSync('./tmp/exportingEntityOrg_update.pb');
var signature = client.signChannelConfig(config);
signatures.push(signature);
```

我们现在所需要做的就是创建一个更新请求并将其发送给排序节点：

```
let tx_id = client.newTransactionID();
var request = {
  config: config,
  signatures : signatures,
  name : channel_name,
  orderer : orderer,
  txId   : tx_id
};
client.updateChannel(request);
```

> 请求结构可以包含配置字段或信封字段。后者具有 common.Envelope protobuf 格式，是刚创建的配置包装器，Fabric 排序者将接受其中任何一个，使用信封代替配置作为练习留给读者完成。

要推送通道配置，只需运行：

```
node run-upgrade-channel.js
```

> 请确保第 5 章中的起初的 4 个网络已经启动和运行，并且通道创建步骤（参见 middleware/createTradeApp.js 案例）已经执行。

7. 将新组织添加到网络中

新组织逻辑上通过配置更新添加到通道。为了将其实际添加到我们的交易网络中，并使它参与共享的账本交易，我们需要：

1）将出口实体组织的对等节点加入贸易通道。

2）在新添加的对等节点上安装当前版本的链码。

好消息是这里没有什么新的事情要做。我们已经实现了这两个过程的功能（join-channel.js 中的 joinChannel 及 install-chaincode. Js 中的 installChaincode），我们只需要代表新组织的资源来使用它们。在运行这些步骤之前，我们必须要增强中间件所使用的网络配置。之前，我们使用了 middleware 文件夹中的 config. json 来表示 4 个组织网络。现在，我们将用在同一文件夹中的 config_upgrade. json 替换它。这个文件所包含的是交易网络中名为 exportingentityorg（中间件代码如何识别我们的新组织）的额外属性，如下所示：

```
"exportingentityorg": {
  "name": "peerExportingEntityOrg",
  "mspid": "ExportingEntityOrgMSP",
  "ca": {
    "url": "https://localhost:11054",
      "name": "ca-exportingentityorg"
  },
  "peer1": {
    "requests": "grpcs://localhost:11051",
    "events": "grpcs://localhost:11053",
    "server-hostname": "peer0.exportingentityorg.trade.com",
    "tls_cacerts": "../network/crypto-
config/peerOrganizations/exportingentityorg.trade.com/peers/peer0.exporting
entityorg.trade.com/msp/tlscacerts/tlsca.exportingentityorg.trade.com-
cert.pem"
  }
}
```

请注意，前面所指示的端口与用于启动此组织的 MSP 和节点的 docker-compose-exportingEntityOrg.yaml 文件中指定的端口相匹配。证书的路径与本节前面使用 cryptogen 生成的内容相匹配，名称与 configtx.yaml 中指定的名称匹配。如果组织中只有一个节点，需要在后面的文件中指定。

为了确保中间件函数加载正确的配置，我们需要更改从 config.json 到 config_upgrade. json 的 constants. js 中的变量 networkConfig 的值。我们需要在文件 new-org-join-channel.js 中做以下工作：

```
var Constants = require('./constants.js');
Constants.networkConfig = './config_upgrade.json';
```

现在，我们准备运行属于出口实体组织的单节点的通道连接过程。new-org-join-channel.js 中该代码如下所示：

```
var joinChannel = require('./join-channel.js');
Client.addConfigFile(path.join(__dirname, Constants.networkConfig));
var ORGS = Client.getConfigSetting(Constants.networkId);
joinChannel.joinChannel('exportingentityorg', ORGS, Constants);
```

joinChannel 所起的效果是添加一个节点，其详细说明在 tradechannel 的 config_upgrade.

js 的 trade-network:exportingentityorg:peer1 部分。要执行此操作，只需运行以下命令：

```
node new-org-join-channel.js
```

新的节点现在是通道的一部分，并最终将通过 gossip 协议与现有网络节点同步共享账本的内容。

类似地，我们可以通过调用 install-chaincode. js 中的 installChaincode 函数在节点上安装链码。碰巧我们现在需要演示链码的升级能力。因此，我们可以直接在所有 5 个对等节点上安装新版本，而不是运行两次安装过程。我们将在下一节中描述这一过程。

9.1.3　智能合约和策略更新

正如我们在本章的前面所观察到的，智能合约绑定共享通道上的节点可能会因为从代码修复到参与者不断变化的需求等各种原因而发生变化。不管是什么原因，Hyperledger Fabric 提供的机制和变化的语义保持不变。我们将在本节中说明该机制。

与智能合约密切相关的（至少在区块链的 Fabric 视角看）是必须满足的背书策略，以便将交易的结果提交给共享账本。我们将会看到，同样的机制，可以升级智能合约，也可以用来修改背书策略。

1. 链码逻辑的修改

让我们首先考虑一个需要更新（或升级）我们的交易链码的场景。添加一个新的组织，这是我们在上一节中进行的需要对链码进行某些更改。例如，让我们考虑以下代码片段中位于 chaincode/src/github.com/trade_workflow/tradeWorkflow.go 中的 acceptTrade 函数：

```
// Accept a trade agreement
func (t *TradeWorkflowChaincode) acceptTrade(stub
shim.ChaincodeStubInterface, creatorOrg string, creatorCertIssuer string,
args []string) pb.Response {
  // Access control: Only an Exporter Org member can invoke this
transaction
  if !t.testMode && !authenticateExporterOrg(creatorOrg, creatorCertIssuer)
{
    return shim.Error("Caller not a member of Exporter Org. Access
denied.")
  }
```

前面的访问控制逻辑规定，只有出口组织的成员才能接受交易。在我们早期的 4-organization 网络中这是有意义的，因为 exporter 和 exporter's bank 都是一个组织的一部分，我们依靠更高层次的进一步访问控制来从他们的客户中区分出银行，以便执行链码操作。但是，既然我们增加了一个组织来满足出口商（exporter）的需求而独立于它的银行，我们应该相应地改变访问控制逻辑。这并不是唯一需要修改访问控制逻辑的函数。

因此，我们需要生成一个新版本的链码。在我们的代码库中，可以在 chaincode/src/github.com/trade_workflow_v1/ 中找到。在代码的内容上，除了其中一些访问控制规则外，它看起来几乎与原始版本相同。让我们看看 chaincode/src/github.com/trade_workflow_v1/tradeWorkflow.go 中 acceptTrade 函数中类似的代码片段：

```
// Accept a trade agreement
func (t *TradeWorkflowChaincode) acceptTrade(stub
shim.ChaincodeStubInterface, creatorOrg string, creatorCertIssuer string,
args []string) pb.Response {
  // Access control: Only an Exporting Entity Org member can invoke this
transaction
  if !t.testMode && !authenticateExportingEntityOrg(creatorOrg,
creatorCertIssuer) {
    return shim.Error("Caller not a member of Exporting Entity Org. Access
denied.")
  }
```

注意函数 authenticateExporterOrg 已经被 authenticateExportingEntityOrg 替代，如果查看 accessControlUtils.go 文件的内容，你就会发现后者函数的定义已经添加了进去。

 在涉及不同组织的现实应用程序中，链码的更改必须通过合作和协商进行，并通过一种带外机制传递给不同的利益相关者，然后再进行检查、审查和测试，然后才能被认为可以部署到网络中。

2. 链码中的依赖项升级

访问控制逻辑并不是链码中唯一需要更改的。我们使用了一个有些人为的场景，当只有早期版本的 Fabric（比如 v1.0）可用时，就会创建链码的初始版本。如果检查发出交易的组织的 MSP 的逻辑以及颁发给链码交易提交者的证书中的公共名称，则使用标准的 Go libralries 手动完成。下面位于 chaincode/src/github.com/trade_workflow/accessControlUtils.go 中的 getTxCreatorInfo 函数中的代码片段说明了这一点：

```
creatorSerializedId := &msp.SerializedIdentity{}
err = proto.Unmarshal(creator, creatorSerializedId)
......
certASN1, _ = pem.Decode(creatorSerializedId.IdBytes)
cert, err = x509.ParseCertificate(certASN1.Bytes)
......
return creatorSerializedId.Mspid, cert.Issuer.CommonName, nil
```

当 Fabric 平台升级到 v1.1 时，实现了一个名为 cid 的新包来执行前面的操作并隐藏 Protobuf 结构和证书解析的详细信息。为了使我们的链码更干净，更符合 Fabric 变化，有必要对前面的逻辑进行升级以使用新的包。

这就是我们在 chaincode/src/github.com/trade_workflow_v1/accessControlUtils.go 中升级版本的链码中所做的。

```
import (
  ......
  "github.com/hyperledger/fabric/core/chaincode/lib/cid"
  ......
)
......
func getTxCreatorInfo(stub shim.ChaincodeStubInterface) (string, string,
error) {
```

```
......
mspid, err = cid.GetMSPID(stub)
......
cert, err = cid.GetX509Certificate(stub)
......
return mspid, cert.Issuer.CommonName, nil
}
```

3. 账本重置

链码升级类似于实例化，两者都会导致 Init 函数的执行。在链码的初始版本中，许多分类账值被初始化，但除非我们更改逻辑，否则这些初始值将覆盖分类账的当前状态。因此，我们在 chaincode/src/github.com/trade_workflow_v1/tradeWorkflow.go 中的 Init 函数中添加代码来仿真 no-op，我们还保留了原来的逻辑，以确保如果有业务需要，可以在升级期间覆盖值，如下面的代码片段所示：

```
func (t *TradeWorkflowChaincode) Init(stub shim.ChaincodeStubInterface)
pb.Response {
  ......
  // Upgrade Mode 1: leave ledger state as it was
  if len(args) == 0 {
    return shim.Success(nil)
  }
  // Upgrade mode 2: change all the names and account balances
  if len(args) != 8 {
    ......
```

4. 背书策略更新

我们传统的交易背书策略需要每 4 个组织背书（签署）一个链码调用交易。既然已经添加了一个新的组织，就需要来自这 5 个组织成员的签名，在 middleware 文件夹中，这个新策略是在 constants.js 中定义的，如下所示：

```
var FIVE_ORG_MEMBERS_AND_ADMIN = [{
  role: {
    name: 'member',
    mspId: 'ExporterOrgMSP'
  }
}, {
  role: {
    name: 'member',
    mspId: 'ExportingEntityOrgMSP'
  }
}, {
  role: {
    name: 'member',
    mspId: 'ImporterOrgMSP'
  }
}, {
  role: {
    name: 'member',
    mspId: 'CarrierOrgMSP'
```

```
    }
  }, {
    role: {
      name: 'member',
      mspId: 'RegulatorOrgMSP'
    }
  }, {
    role: {
      name: 'admin',
      mspId: 'TradeOrdererMSP'
    }
  }];

var ALL_FIVE_ORG_MEMBERS = {
  identities: FIVE_ORG_MEMBERS_AND_ADMIN,
  policy: {
    '5-of': [{ 'signed-by': 0 }, { 'signed-by': 1 }, { 'signed-by': 2 }, {
'signed-by': 3 }, { 'signed-by': 4 }]
  }
};
```

要在中间件中切换背书策略，只需要将 constants.js 中的变量 TRANSACTION_EN-DORSEMENT_POLICY 的 值 从 ALL_FOUR_ORG_MEMBERS 更 改 到 ALL_FIVE_ORG_MEMBERS 即可。

5. 在交易通道上升级链码和背书策略

现在我们准备执行升级过程时，需要两个步骤：

1）在网络节点上安装新的链码。

2）通道上的链码和认可策略的升级。

执行这些步骤的代码可以在 middleware/upgrade-chaincode. Js 中找到，并且仅仅简单涉及调用我们之前实现的函数（见第 5 章）。以下代码段显示了需要为安装执行的操作：

```
var Constants = require('./constants.js');
var installCC = require('./install-chaincode.js');
Constants.networkConfig = './config_upgrade.json';
Constants.TRANSACTION_ENDORSEMENT_POLICY = Constants.ALL_FIVE_ORG_MEMBERS;
installCC.installChaincode(Constants.CHAINCODE_UPGRADE_PATH,
Constants.CHAINCODE_UPGRADE_VERSION, Constants);
```

值得注意的是，在上面的代码中使用了 5 个组织的网络配置，因此也采用了 5 个组织的背书策略。链码的新路径和版本在 constants.js 中设置如下：

```
var CHAINCODE_UPGRADE_PATH = 'github.com/trade_workflow_v1';
var CHAINCODE_UPGRADE_VERSION = 'v1';
```

该路径是相对于库中的 chaincode/src 文件夹，因为 GOPATH 被临时设置为 chaincode/ 文件夹被复制到的位置（请参阅 constants.js 和 install-chaincode .js）。版本设置为 v1 而不是初始版本，即 v0。

链码的版本 ID 必须在链码的生命周期内是唯一的；也就是说，它不能用在任何以前的版本中。

下一步是触发升级操作，从开发人员的角度来看几乎与实例化步骤相同：

```
var instantiateCC = require('./instantiate-chaincode.js');
instantiateCC.instantiateOrUpgradeChaincode(
  Constants.IMPORTER_ORG,
  Constants.CHAINCODE_UPGRADE_PATH,

  Constants.CHAINCODE_UPGRADE_VERSION,
  'init',
  [],
  true,
  Constants
);
```

正如我们前面所看到的，我们通过传递一个空参数列表来执行选择，使其保留当前所在的分类账状态。在 instantiate-chaincode.js 中的函数 instantiateOrUpgradeChaincode 中，在建立提议之后，调用 channel.sendUpgradeProposal（request，300000）而不是 channel.sendInstantiateProposal（request，300000）来将请求发送到排序节点。与实例化的情况一样，我们注册事件监听器来通知我们请求是否成功。

要执行链码升级，请运行：

```
node upgrade-chaincode.js
```

要测试新的链码，请运行：

```
node five-org-trade-scenario.js
```

这将执行一系列的交易操作（对链码的调用和查询），涉及从交易请求到交付货物的最终付款的各方。

9.1.4　升级平台

你的分布式区块链应用程序必须考虑并支持对平台组件所做的更改。主要集中在我们的示例交易网络中创建和启动的组件，包括 Fabric peer，orderer 和 CA（或 MSP）。就像应用程序链码可能会发生变化以解决错误和应对新的要求一样，平台也会随时间而变化。自2015 年末创立以来，Fabric 已经发生了多次变化，每次变化都推出新版本的升级，目前的版本为 1.1。每当平台组件升级时，你都需要在运行的系统中替换这些组件而不中断应用程序的生命周期。在本节中，我们将演示如何做到这一点。

你可以以不同的配置运行网络组件，其中一种方式是使用 docker 容器，这也是我们在本书中演示的方法。要升级在 docker 容器中运行的平台组件，你需要做的第一件事就是为各种组件生成新的容器镜像。这可以通过从 Docker Hub 下载相关镜像或下载源代码并使用创建 docker 构建本地镜像来完成；后一种方法就是我们在本书中所遵循的方法。要查看下载到系统的 Hyperledger Fabric 镜像的完整列表，你可以按如下方式运行：

```
docker images | grep hyperledger/fabric
```

你将看到一个镜像列表，其中大多数是重复的，最新的标记是指向具有特定标记名称的镜像之一。由于我们网络文件夹中的 docker-compose YAML 文件（docker-compose-e2e.yaml, base / docker-compose-base.yaml 和 base / peer-base.yam1）仅依赖于 fabric-peer、fabric-orderer 和 fabric-ca 的镜像，让我们检查一下：

```
hyperledger/fabric-peer     latest     f9224936c8c3     2 weeks ago     187MB
hyperledger/fabric-peer     x86_64-1.1.1-snapshot-c257bb3     f9224936c8c3
2 weeks ago     187MB
hyperledger/fabric-orderer     latest     5de53fad366a     2 weeks ago
180MB
hyperledger/fabric-orderer     x86_64-1.1.1-snapshot-c257bb3     5de53fad366a
2 weeks ago     180MB
hyperledger/fabric-ca     latest     39fdba61db00     2 weeks ago     299MB
hyperledger/fabric-ca     x86_64-1.1.1-snapshot-e656889     39fdba61db00     2
weeks ago     299MB
```

运行 docker images 命令时，你将看到类似上面的内容。此处列出的 Docker 镜像是从 Fabric 和 Fabric CA 源代码的 release-1.1 分支本地构建的。如果你下载不同版本的源代码并使用 make docker 构建镜像，你将看到上述每个组件的第三个镜像入口，并且你的最新镜像标签将链接到你刚刚创建的镜像。

我们将通过以下示例来升级交易网络的 orderer 和 peers。我们会将升级 fabric-ca 作为练习留给用户。要在正在运行的应用程序中执行此操作，你需要执行以下一系列步骤：

1）下载或构建平台组件镜像的新版本。

2）停止组件的运行。

3）（可选）为了安全起见，备份你的账本内容。

4）停止正在运行的链码容器。

5）从系统中删除链码容器镜像。

6）确保 docker-compose YAML 文件中引用的镜像标签链接到组件的新版本。

7）启动组件。

你还可以选择依次停止、升级和启动每个组件而不是一次完成。在进行升级时，你将需要停止所有传入的系统请求，这应该是关闭应用程序 Web 服务器类的简单问题。

在代码库的 network / trade.sh 中的 upgradeNetwork 函数中有一些示例代码可以以这种方式升级交易网络。我们假设用户将：

1）使用 -i 选项将新镜像标签（例如前面提到过的 x86_64-1.1.1-snapshot-c257bb3）作为命令行参数传递。

2）将最新标记链接到新镜像。

在调用这个函数之前，必须停止 orderer 和 peers：

```
COMPOSE_FILE=docker-compose-e2e.yaml
......
COMPOSE_FILES="-f $COMPOSE_FILE"
......

docker-compose $COMPOSE_FILES stop orderer.trade.com
......
for PEER in peer0.exporterorg.trade.com peer0.importerorg.trade.com
peer0.carrierorg.trade.com peer0.regulatororg.trade.com; do
  ......
  docker-compose $COMPOSE_FILES stop $PEER
  ......
done
```

正如前面的代码，用于启动网络的 docker-compose YAML 文件也必须用于停止单个组件。

上述示例假设前 4 个组织是网络的一部分。

一旦容器停止，我们可以选择如下方式去备份账本的数据：

```
LEDGERS_BACKUP=./ledgers-backup
mkdir -p $LEDGERS_BACKUP
......

docker cp -a orderer.trade.com:/var/hyperledger/production/orderer
$LEDGERS_BACKUP/orderer.trade.com
......
for PEER in peer0.exporterorg.trade.com peer0.importerorg.trade.com
peer0.carrierorg.trade.com peer0.regulatororg.trade.com; do
  ......
  docker cp -a $PEER:/var/hyperledger/production $LEDGERS_BACKUP/$PEER/
  ......
done
```

如上，账本中 peers 和 orderer 的数据已经被备份到本地机器中的 ledgers-backup 文件夹中。

现在我们需要移除所有的链码镜像，因为新的 fabric-peer 镜像会创建新的链码镜像，如果不删除旧的镜像则会阻碍这一创建过程。

```
for PEER in peer0.exporterorg.trade.com peer0.importerorg.trade.com
peer0.carrierorg.trade.com peer0.regulatororg.trade.com; do
  ......
  CC_CONTAINERS=$(docker ps | grep dev-$PEER | awk '{print $1}')
  if [ -n "$CC_CONTAINERS" ] ; then
    docker rm -f $CC_CONTAINERS
  fi
  CC_IMAGES=$(docker images | grep dev-$PEER | awk '{print $1}')
  if [ -n "$CC_IMAGES" ] ; then
    docker rmi -f $CC_IMAGES
  fi
  ......
done
```

注意首先要检查链码容器是否在运行中，如果是则需要先停止运行，否则镜像无法被移除。

现在我们可以重启已经被停止运行的 orderer 和 peer 容器，当运行 docker-compose up 的命令时，orderer 和 peer 容器会使用新的镜像来启动。

```
docker-compose $COMPOSE_FILES up --no-deps orderer.trade.com
......
for PEER in peer0.exporterorg.trade.com peer0.importerorg.trade.com
peer0.carrierorg.trade.com peer0.regulatororg.trade.com; do
  docker-compose $COMPOSE_FILES up --no-deps $PEER
  ......
done
```

你可以通过以下任一方式运行脚本，一次性运行整个升级过程。

```
./trade.sh upgrade [-i <imagetag>]
```

如果没有指明 <imagetag> 这个标签，则会像之前提到的一样默认被设置为最新版本。

现在你可以继续运行你的分布式交易应用程序。需要注意的是伴随着平台的变化可能还有链码和 SDK API 的变化，这可能需要升级链码或中间件或两者都需要升级。正如前面的示例，读取程序不应该完全具备在应用程序和网络生命周期的任何一个时间点升级应用程序和底层区块链平台的能力。

9.2 系统监控和性能

你现在已经构建了应用程序，并设置了各种流程和机制以预测其生命周期内的变化。另外不得不提一下的是，你必须间隔性地执行监控和性能测量。你为实际用户和机构建所构建的任何生产型应用程序都必须满足某些性能指标，这样对其用户以及应用程序的利益相关者来说这才是一个有实际作用的应用程序。因此，了解应用程序的执行方式并尝试提高其性能是一项关键的维护任务；任何在这方面的懒怠都可能导致你的有效使用期限变短。

系统性能测量和分析的艺术（和科学）是一个范围很广的主题，我们并不打算在本书中深入或详尽地介绍这些主题。为了覆盖这一方面的阅读，我们鼓励感兴趣的读者阅读关于该主题的其他参考资料。

同时，我们将提供性能测量的预览和深入了解区块链应用程序所需的内容，并提供有关开发人员或系统管理员可用于上述目的的工具和技术的一些提示和建议。

从广义上讲，系统性能维护涉及三个大致顺序排列的任务类别，尽管这些任务可以在系统的整个生命周期内共同重复：

1）观察和测量。

2）评估（或分析）并获得洞察力（或理解）。

3）重组，重新设计或重新实现以进行改进。

我们在这一部分的讨论将主要集中于以下几个方面：

1）Fabric 应用中什么值得测量。

2）Fabric 应用程序开发者或者管理员用来测试的机制。

3）应用程序设计人员和开发人员应该注意的 Fabric 的性能瓶颈层面。

9.2.1 测量和分析

在讨论 Hyperledger Fabric 之前，先了解一下分布式系统的测量和分析意味着什么，其中区块链应用就是一个例子。分布式系统的测量和分析过程首先需要全面了解系统的体系结构，其各种组件以及这些组件之间耦合的程度和性质。下一步是建立机制来监控各种组件，并收集与性能有关的连续的或者是有周期性间隔的数据属性。这些数据必须被收集并传送给一个分析模块，然后这个模块可以对其进行分析以生成有意义的系统性能数据表示，并且有可能可以更深入地了解应用程序的工作情况以及存在的一些低效率工作的情况。分析的数据还可用于确保系统在正常的性能水平下工作，并检测何时出现异常情况，这对于面向用户的系统来说具有很高的重要性。

这些技术和过程在分布式系统分析领域以及移动分析（可以被认为是前者的特殊情况）中是众所周知的。可以通过配置代理的方式主动或被动地观察或监视系统的组件：在前者中，可以对系统进行配置（例如通过插入特殊数据收集代码）使得系统自我监控其活动并收集信息，而在后者中，数据收集可以通过一个外部的软件来完成。数据通过管道被连续或定期地传送到中央存储库。可以累积数据以供稍后处理，也可以立即处理。管道可以修改数据以便为分析进行读取。在数据分析的说法中，此管道通常称为 extract-transform-load（ETL）。如果数据生成的数量和频率非常高，并且如果数据源的数量非常大，则此类分析也称为大数据分析。

ETL 处理或大数据分析超出了本章和本书的范围，但对于专业的区块链开发人员或管理员而言有一些现有的用于此类分析的框架可以用，像是用于在后端配置服务器和数据库的分布式系统（Fabric 区块链应用就是一个例子），例如 Splunk 或 Apteligent，或用于移动应用程序的 Tealeaf 和 Google Analytics。这些框架可以被直接使用或调整后用来监视和分析区块链应用程序。

9.2.2 应该在 Fabric 应用程序中测量或理解什么

基于 Hyperledger Fabric 和相关工具构建的应用程序实际上是分布式交易处理系统。

1. 区块链应用程序与传统的交易处理应用程序相比

传统的交易处理系统是什么样的？在后端有一个数据库来存储、处理和提供数据，这个数据库可能是集中式的或分布式的。在后一种情况下，维护副本或分区。基于数据库，你将拥有一个或多个 Web 服务器或应用程序服务器来管理和运行你的应用程序逻辑；基于此，你将拥有一个或多个用户交互界面。

类似地，Fabric 区块链应用程序由 peers 来维护共享的复制分类账作为数据库的等价物。

智能合约代码类似于传统数据库管理系统中的存储过程和视图。我们为我们的交易应用程序演示了中间件和应用程序服务器的架构和工作方式，它们可以是传统应用程序服务器的等价物或甚至直接以传统应用程序服务器的形式存在。最后，我们可以像传统的交易处理应用程序一样为用户交互设计 Web 界面。我们使用 curl 来测试我们的交易用例。

2. 性能分析指标

因此，影响区块链应用程序的性能因素与影响传统的基于 DBMS 的交易处理应用程序的因素类似。首先我们必须不断监视托管应用程序组件的硬件资源的运行状况。对于运行 peers 或 orderer 或 CA 的每台计算机，都需要跟踪基本的健康指标，例如 CPU 使用率、内存使用率、磁盘 I/O 速度、网络带宽、延迟和抖动以及可用存储空间（以及其他指标）。这些因素，尤其是计算密集型系统的 CPU 使用率，决定了应用程序是否以最佳性能水平运行。

正如我们在本书中所看到的，Fabric 网络可以以各种配置启动，从给每个 peer 和 order 分配单个专用机器（物理或虚拟）到在单独的 docker 容器中运行每个组件的单机设置（如我们的本书中的贸易网络设置）。在后一种情况下，你不仅需要监控机器的运行状况，还需要监控每个容器的运行状况。还要记住，每个 Fabric 链码实例始终在 docker 容器中运行，而不是在专用机器上运行。此外，在理解（或分析）应用程序时，应用程序组件的 CPU，内存和 I/O 使用情况是最相关的。我们将在本节后面介绍一些测量容器和应用程序性能的工具。

从外部因素的角度到应用程序本身，Fabric 应用程序的性能（就像任何其他交易处理应用程序一样）由两个特征指标定义：

1）吞吐量：这是系统可以处理的每单位时间的交易数。由于 Fabric 是一个松耦合的系统，并且一个交易有多个阶段的状态（参见第 5 章，我们的交易场景中的示例），我们可以测量不同阶段的吞吐量。但总吞吐量，即从客户端（client）构建背书事务提案的时间到接收到指示账本提交的事件的时间之间的吞吐量，提供了应用程序执行的最佳整体状态。另一方面，如果我们只想测量 orderer（排序者）吞吐量，我们需要收集仅 client 向 orderer 发送背书事务信封并获得回复的部分统计数据。

2）延迟：由于大多数 Fabric 应用程序最终都将面向用户，因此在实际场景中不仅仅是处理能力或数量很重要，而且还包括每个交易的处理时间。与吞吐量一样，我们可以测量不同的延迟：链码执行和背书，排序和创建块，交易验证和账本承诺，甚至是事件发布和订阅。我们还可以测量组件间通信延迟，以便了解通信基础架构的局限性。

还有其他重要的因素需要测量，例如在 peers 之间同步账本状态所花费的时间（使用 gossip 协议），但从交易处理的角度来看，上述两个指标是最重要的。当我们测量这些因素时，会了解整个应用程序的执行情况，以及它的组成部分，例如 peer 中的 ESCC 和 VSCC 以及 orderer 中的 Kafka 服务。

9.2.3 Fabric 应用程序中的测量和数据收集

现在我们知道应该测量什么，让我们看一些实际测量和数据收集的例子。我们将使用

single-VM（Linux）、multiple-docker-container 贸易网络进行演示，并且读者可以将这些方法（借助更全面的测量文本）推广到其他设置。

1. 收集健康和能力信息

获取有关系统上 CPU、内存和其他活动信息的标准方法是检查 /proc 中的信息。此外，Linux 中还提供了一系列工具来获取特定的信息。sysstat 包中包含许多工具，例如，iostat 收集 CPU 和 I/O 统计信息，pidstat 收集每个进程的健康统计信息，以及 sar 和 sadc 收集类似 cron 作业的统计数据。举个例子，在运行整个交易网络和链代码的 VM 上运行 iostat 会为两个虚拟硬盘驱动器生成以下 CPU 信息和 I/O 统计信息：

```
Linux 4.4.0-127-generic (ubuntu-xenial)    05/28/2018    _x86_64_    (2
CPU)

avg-cpu:  %user    %nice    %system    %iowait    %steal    %idle
          0.31     0.01     0.26       0.11       0.00      99.32

Device:            tps    kB_read/s    kB_wrtn/s    kB_read    kB_wrtn

sda                1.11   16.71        11.00        688675     453396
sdb                0.00   0.05         0.00         2014       0
```

vmstat 工具同样提供了 virtual-machine-wide 信息的摘要，如下所示：

```
procs -----------memory---------- ---swap-- -----io---- -system-- ------
cpu-----
 r  b   swpd    free    buff   cache   si   so    bi     bo    in   cs us sy id
wa st
 0  0      0 2811496 129856 779724     0    0     7      5    127   342  0  1 99
 0  0
```

对于连续的每个进程的统计信息，你还可以使用众所周知的 top 命令以及 dstat，它还可以生成 CSV 格式的输出以便于使用。如果你想将测量机制连接到 ETL 分析管道，那么以众多格式进行全面性能数据收集和报告的 nmon 工具可能是最合适的工具。

但我们还必须专门分析运行应用程序组件的容器。perf 工具作为 Linux 性能计数器和分析工具，它可以在每个线程、每个进程和每个 CPU（或处理器）的粒度上收集分析数据。通过使用带有不同选项的 perf report 命令完成数据收集，数据被收集并存储在运行命令的文件夹中的名为 perf .data 的文件中。可以使用 perf report 命令对这些数据进行分析。此外，bindfs 可用于将 perf 报告中的符号映射到 docker 容器内运行的进程。最后，perf stat 可用于收集系统范围内的统计数据。perf Wiki 提供了有关如何使用此工具的更多信息。

2. 分析容器和应用程序

我们的应用程序组件也必须进行分析，以生成指令级信息和调用堆栈供我们分析，这不仅可以跟踪性能，还可以调试应用程序的问题。strace 工具可用于记录由正在运行的 docker 容器发出的系统调用。例如，获取我们的 orderer 容器的进程 ID，如下所示：

```
docker inspect --format '{{ .State.Pid }}' orderer.trade.com
```

回想一下，我们的容器在 docker-compose YAML 文件中命名为 orderer.trade.com。
输出将是进程 ID，我们称之为 <pid>。现在在该进程中运行 strace。

```
sudo strace -T -tt -p <pid>
```

持续输出如下：

```
strace: Process 5221 attached
18:48:49.081842 restart_syscall(<... resuming interrupted futex ...>) = -1
ETIMEDOUT (Connection timed out) <0.089393>
18:48:49.171665 futex(0x13cd758, FUTEX_WAKE, 1) = 1 <0.000479>
18:48:49.172253 futex(0x13cd690, FUTEX_WAKE, 1) = 1 <0.000556>
18:48:49.174052 futex(0xc420184f10, FUTEX_WAKE, 1) = 1 <0.000035>
18:48:49.174698 futex(0xc42002c810, FUTEX_WAKE, 1) = 1 <0.000053>
18:48:49.175556 futex(0x13cd280, FUTEX_WAIT, 0, {1, 996752461}) = -1
ETIMEDOUT (Connection timed out) <1.999684>
```

要分析输出，请阅读 strace 文档。请注意此工具仅适用于 Linux 系统。此外，在 docker-compose YAML 文件中，你可以配置容器以在内部运行 strace。例如，采用容器定义 network/base/docker-compose-base.yaml 中的 peer0.exporterorg.trade.com。你可以配置信息以启用 strace，如下所示：

```
peer0.exporterorg.trade.com:
  container_name: peer0.exporterorg.trade.com
  cap_add:
  - SYS_PTRACE
  security_opt:
    - seccomp:unconfined
```

最后，有关 Fabric 平台以及你在其上开发的应用程序的更具体的信息，可以使用 Go 分析。Fabric 组件（peers、orderer 和 CA）是用 Golang 编写的，链代码也是如此，并且发现程序的哪些部分使用更多计算时间和资源对于提高应用程序的质量至关重要。对于这样的分析，我们可以使用 pprof，或 Golang 的内置分析器（请确保在运行分析工具的系统上已安装 go）。要捕获由各种函数的调用图和调用频率（相当于 CPU 使用率）组成的应用程序配置文件，pprof 需要运行 Go 应用程序来运行 HTTP 服务器如下：

```
import "net/http"
http.ListenAndServe("localhost:6060", nil)
```

要获取分析文件，可以使用 go tool 来访问此服务器并获取数据。例如，如果你的应用程序在端口 6060 上运行服务器，则可以通过运行以下命令获取堆分析文件：

```
go tool pprof http://localhost:6060/debug/pprof/heap
```

你可以使用主机名或 IP 地址替换上述命令中的 localhost。要获得 30s 的 CPU 分析文件，请运行：

```
go tool pprof http://localhost:6060/debug/pprof/profile
```

Hyperledger Fabric 为此类分析提供内置支持，至少在 Fabric peer 上。要启用性能分析（或运行 HTTP 服务器），我们需要适当地配置 peer（或者在我们的例子中，配置运行 peer 的 docker 容器）。回想一下，我们的示例交易网络中每个 peer 的核心配置是在 network/base/peer-base.yaml 中定义的。请注意以下几行：

```
services:
  peer-base:
    image: hyperledger/fabric-peer:$IMAGE_TAG
    environment:
      ......
      - CORE_PEER_PROFILE_ENABLED=true
      ......
```

还记得我们的 peer 在容器和主机之间的端口映射是在 network/base/docker-compose-base.yaml 中定义的。exporter 和 importer 组织 peers 的示例如下：

```
peer0.exporterorg.trade.com:
  ......
  ports:
    ......
    - 7055:6060
    ......
peer0.importerorg.trade.com:
  ......
  ports:
    ......
    - 8055:6060
    ......
```

虽然在其容器内，分析文件服务器在端口 6060 上运行，但 pprof 将会访问 7055 端口以捕获 exporter 组织的 peer 的分析文件，和端口 8055 以捕获 importer 组织的 peer 的分析文件。

例如，让我们捕获 exporter 组织的 peer 的 30s 间隔期内 CPU 分析文件。我们可以使用 middleware/createTradeApp.js 启动交易网络并运行通道创建和链代码安装步骤。在另外一个终端窗口，我们可以运行：

```
go tool pprof http://localhost:7055/debug/pprof/profile
```

这最终会在 ~/pprof 文件夹下生成一个文件，并返回一些信息：

```
Fetching profile over HTTP from http://localhost:7055/debug/pprof/profile
Saved profile in /home/vagrant/pprof/pprof.peer.samples.cpu.006.pb.gz
File: peer
Build ID: 66c7be6d1f71cb816faabc48e4a498bf8052ba1b
Type: cpu
Time: May 29, 2018 at 5:09am (UTC)
Duration: 30s, Total samples = 530ms ( 1.77%)
Entering interactive mode (type "help" for commands, "o" for options)
(pprof)
```

最后该工具留下一个 pprof 控制台来运行各种分析命令，以分析获得的信息。例如，要获得前五个最活跃的函数或 goroutine：

```
(pprof) top5
Showing nodes accounting for 340ms, 64.15% of 530ms total
Showing top 5 nodes out of 200
      flat  flat%   sum%        cum   cum%
     230ms 43.40% 43.40%       230ms 43.40%  runtime.futex
/opt/go/src/runtime/sys_linux_amd64.s
      30ms  5.66% 49.06%        30ms  5.66%  crypto/sha256.block
/opt/go/src/crypto/sha256/sha256block_amd64.s
      30ms  5.66% 54.72%        30ms  5.66%  runtime.memmove
/opt/go/src/runtime/memmove_amd64.s
      30ms  5.66% 60.38%        30ms  5.66%  runtime.usleep
/opt/go/src/runtime/sys_linux_amd64.s
      20ms  3.77% 64.15%       110ms 20.75%  runtime.findrunnable
/opt/go/src/runtime/proc.go
```

命令 tree 用文字显示出所有的调用图，如下所示：

```
(pprof) tree
Showing nodes accounting for 530ms, 100% of 530ms total
Showing top 80 nodes out of 200
----------------------------------------------------+-------------
      flat  flat%   sum%        cum   cum%  calls calls% + context
----------------------------------------------------+-------------
                                            70ms 30.43% |    runtime.stopm
/opt/go/src/runtime/proc.go
                                            50ms 21.74% |
runtime.notetsleep_internal /opt/go/src/runtime/lock_futex.go
                                            40ms 17.39% |    runtime.ready
/opt/go/src/runtime/proc.go
     230ms 43.40% 43.40%       230ms 43.40%            | runtime.futex
/opt/go/src/runtime/sys_linux_amd64.s
----------------------------------------------------+-------------
                                            30ms   100% |
crypto/sha256.(*digest).Write /opt/go/src/crypto/sha256/sha256.go
      30ms  5.66% 49.06%        30ms  5.66%            |
crypto/sha256.block /opt/go/src/crypto/sha256/sha256block_amd64.s
----------------------------------------------------+-------------
```

你也可以以图片化的方式来显示调用图，可以是在网页上或者显示在图片文件中：

```
(pprof) png
Generating report in profile001.png
```

图 9-4 显示了调用图的一部分。

这是函数调用图的一部分，其中每个框表示一个函数，框的大小表示该函数的频率（即该函数运行的概要样本数）。有向图边表示从一个函数到另一个函数的调用，边表示进行此类调用所花费的时间。

关于更多 pprof 选项和分析工具，建议读者阅读相关文档。

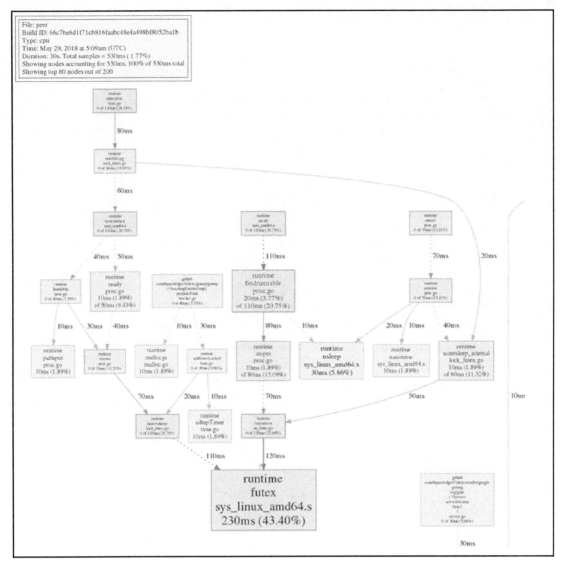

图 9-4

3. 测量应用程序性能

测量应用程序的吞吐量和延迟比先前描述的许多工具更为神秘，它将涉及检测你的代码以收集和记录时间信息。在你的代码中，你需要添加日志记录（或远程通信报告）指令以记录执行特定操作的时间，或添加可根据要求启用或禁用数据收集的相应选项。

测量延迟相当简单，你可以记录各种操作的时间，例如客户提案提交，背书返回，orderer 确认请求，分类账承诺时间以及收到事件的时间。收集大量交易的数据将使你能够获得总体交易延迟，以及单个操作中产生的延迟。

要获取吞吐量信息，你需要生成不同数据量和不同频率的交易负载。然后可以增加应用程序的负载，直到观察到的交易承诺（或接收事件）频率降低到交易负载生成频率以下。除此之外，你还需要按照衡量交易延迟的方式来编写代码。你可以更改不同的应用程序参数和特征，并运行此类吞吐量测量，以确定应用程序和资源的特性，以获得最佳性能表现。

基于我们可以使用本节中描述的工具收集的所有信息，应用程序或网络设计人员可以进行高级分析，以确定系统的哪些部分（例如从 pprof 调用图）表现良好，以及哪些部分是瓶颈。然后，可以通过向"瓶颈"组件添加更多资源或重新实现系统以使这些组件更高效来尝试弥补性能限制。跨不同冗余资源的负载平衡是另一种广泛使用的技术，用于维持高性能表现。瓶颈检测和分析本身就是一个非常重要的主题，鼓励读者学习学术论文以获得更好的理解。

9.2.4　Fabric 工程性能指南

我们现在将从一般转向具体。在本节中，我们将对 Hyperledger Fabric 性能进行评论，讨论影响性能的平台的显著特征，并为开发人员提供在应用程序中提取最佳性能的指南。

1. 平台性能特征

到目前为止，本书的读者应该非常熟悉 Fabric 架构和交易管道。它是一个复杂的分布式系统，其性能取决于许多因素，从与 Fabric 交互的应用程序架构到共识实现、交易大小、块大小、Fabric 网络大小，以及底层硬件和物理网络介质的能力。

在撰写本书时，性能测量表明 Fabric 可以产生每秒数千个交易的吞吐量。我们的读者需要注意的是，这些测量使用的是操作非常简单的链式代码，并且使用可能不代表典型生产型区块链网络的应用程序和网络配置。结构性能受特定用例和底层硬件的约束。例如，由于优化的 Go 编译器利用硬件加速功能（如加密算法等），在 IBM Z 系统上的性能超过了其他平台。良好的性能取决于是否有足够的资源和适当的配置，我们将在本节后面详细讨论配置。

2. 系统瓶颈

对 Fabric 架构和交易阶段的简单检查有可能会让我们发现存在导致系统瓶颈的组件。orderer 服务是一个重要而明显的例子。每个交易必须使用这项服务，并被包含在一个区块中，以获得一个的账本承诺机会。但请记住，仍然无法保证交易不会在承诺时被拒绝。因此，orderer 服务的性能在某种程度上是应用程序的性能瓶颈。显然，通过添加更多节点或向每个单独节点添加容量来增加 orderer 资源可以带来更好的性能。也可以使用其他 orderer 机制代替当前的 Fabric 默认值，即 Kafka。随着 Fabric 平台的发展，期望看到更好、更快的 orderer 算法。

另一个系统瓶颈在账本的承诺阶段，这是因为必须通过管理读取和写入冲突来评估交易的真实性并强制保证数据库（账本）的一致性。加密计算操作本来就很耗资源，但最近 Fabric 的更新（例如在 v1.1 中）使签名验证更高效。作为开发人员或网络工程师，你可以通过将由于无效签名或交易间冲突导致的交易失败的可能性降到最小，以此来提高性能。对于前者，在背书阶段和 orderer 的请求生成期间更好的验证应该可以减小失败的概率。

为了减少冲突，需要尝试不同的块大小（请记住检查块内交易之间的冲突）。虽然较大的块可能导致更高的吞吐量，但其中的冲突可能产生相反的效果。你还可以设计链代码，以最大限度地减少不同调用交易之间发生冲突的可能性。有关 Fabric 如何检测和处理块中冲突的说明，请参阅第 4 章。

3. 配置和调整

继续我们之前的讨论，你可以配置各种参数以优化应用程序的性能。其中许多参数是系统要求的结果，例如网络带宽大小。但是通过调整 Fabric 中一些核心参数的配置（请参阅第 3 章）以最大限度地提高性能，其中一个是块大小。通过实验（或调整参数直到达到最佳吞吐量和延迟）可以确定应为应用程序设置的精确块大小（以字节和交易数量计）。例如，对称为 Fabcoin 的加密货币应用程序的测量显示最佳块大小为 2MB。但读者必须牢记上一节中讨论的权衡，即一个区块中包含大量交易也可能导致更高的冲突率和交易被拒绝的概率。

你选择的交易背书策略也会对性能产生重大影响。需要从背书节点收集的签名越多，在承诺时验证签名所需的时间就越多。此外，策略越复杂（即具有的条款越多），验证就越慢。对此需要进行权衡。更多的背书者和更复杂的策略通常会提供更高的保证（可靠性和信任），但它也会以性能（吞吐量和延迟）为代价。因此，区块链应用程序管理员必须确定所需的服务级别和信任级别，并相应地调整参数。

还有其他各种因素可能会影响 Fabric 应用程序的性能：这包括在 peer 之间使用的用来同步账本内容的 gossip 协议，在应用程序中使用的通道数以及交易生成率。在硬件级别，性能取决于组件可用的 CPU 的数量和性能。通常来说，增加 CPU 的数量会使组件和整个区块链网络的性能提高。

4. 账本数据可用性和缓存

你可以通过优化存储在分类账中的数据的可用性（即获取时间）来进一步提高分布式 Fabric 应用程序的性能。有几种策略可以做到这一点，我们将在这里概述其中两个。

（1）冗余的承诺节点

为了提高客户端应用程序的数据易获取性，可以在拓扑结构上更靠近客户端应用程序或访问数据的中间件中部署额外的提交 peer（或多个 peers）。提交节点接收新创建的块并维护最新的分类账。它不参与背书过程，因此不接受来自客户的交易提案请求。因此，peer 节点的性能完全用于维护账本并响应数据请求。在网络性能和系统安全配置方面的一个重要考虑因素是选择和设置位置，使得提交节点可以畅通无阻地连接到通道，并且网络吞吐量被设置为允许接收具有低延迟的新创建块。

（2）数据缓存

从 peer 上获取的数据可以存储在应用程序缓存中，以便可以更快地提供对该数据的未来请求的响应。为了使缓存中的数据保持最新，应用程序必须监视底层分类账中数据的更改，并使用新的状态修改数据来更新缓存的数据。如前所述，peer 将有关新提交交易的事件通知发送到分类账，客户端可以拦截该通知，并且通过检查交易的内容客户端可以确定是否应该使用新值更新缓存。

5. Fabric 性能测量和基准测试

我们希望本书的这一部分让读者理解为什么性能测量和基准测试很重要，以及让读者

知道如何使他 / 她的应用程序可以有较好的服务质量。最后我们将向读者指出 Hyperledger 框架中存在的一些使用示例基准测试应用程序来衡量性能的性能测量工具（主要测量延迟和资源利用率）。至于深入而全面的性能测量工具套件，你应该试试 fabric-test。特别是像 PTE 这种灵活的工具可用于使用示例链代码驱动的参数化交易负载。

Hyperledger Cello 不是一个性能测量工具，而是一个区块链配置和管理系统，可以在不同平台（虚拟机、云和容器集群）上启动网络。在尝试生产部署之前，它可以用作启动、测试和测量示例网络的辅助工具。

Hyperledger Caliper 是另一个目前正在开发基准测试框架的项目，允许用户使用一组预定义的用例来衡量特定区块链的性能并生成报告。读者应该记住，这些项目是正在进行中的，并应密切关注区块链性能基准测试领域的研究所带来的进一步发展。

9.3 总结

维护和扩充区块链应用程序可能比创建和建立它更具挑战性，因为需要熟练掌握监控和分析技巧以及需要评估变化带来的影响。

在本章中，我们描述了 Hyperledger Fabric 应用程序会在其生命周期内不可避免地发生变化的各种方式。我们使用我们的规范交易应用程序作为示例详细描述了如何将组织和 peers 添加到正在运行的网络，如何扩充通道配置，如何升级平台以及如何修改智能合约（链代码）同时不会对应用程序状态产生负面影响。

在本章的后面部分，我们概述了系统管理开发人员可以用来衡量、分析和改进 Fabric 区块链应用程序的性能的工具。我们还提供了如何获得更好系统性能的指南。

通过进一步的研究和开发，Hyperledger 套件无疑将通过更多更好的系统改进和监控机制得到增强。本章应该是典型的 Fabric 开发人员或管理员维护其生产环境下应用程序的便捷指南。

第 10 章
治理——管制行业不可避免的弊端

对于那些经历过没有明确决策过程的项目的人来说，他们会感受到混乱的痛苦，由于不同的利益相关者影响决策，决策不断地被质疑和修改。由于政策的阻碍，项目的目标受到质疑，预算削减，长期的愿景丢失或混乱。

尽管这种事情也可能发生在传统的 IT 项目上，但区块链项目有着更多的利益相关者。一个典型的业务网络由许多不同的组织组成，它们有时竞争，有时合作。在这种情况下，不难看出它们很有可能存在冲突的看法、观点和利害关系。

无论你是开发者还是 CIO，理解你对项目的愿景，明白什么样的治理模型能缓解项目中的一些问题，这也许会帮助你为未来做准备。

本章会展示一些我们在不同的行业中所看到的一些模式，探索区块链业务网络是如何构成的，并研究治理模型是如何潜移默化地起作用的。

本章会给出对以下话题的看法：

1）什么是治理；

2）许多不同的商业模型；

3）业务网络中治理的作用；

4）典型的管理架构和其中的各个阶段；

5）需要考虑的角色和流程；

6）治理在 IT 解决方案中的影响。

10.1 去中心化和治理

有些读者可能想知道为什么我们会在一本区块链书籍中提到治理。毕竟，区块链网络不应该是去中心化，免于单个实体的控制吗？尽管从技术角度来说这是对的，但事实上，我们是人，为了商业级的区块链网络的成功，在其生命周期中我们需要做很多决策。

即使是比特币——这个去中心化、匿名、无需许可（permissionless）的网络，也需要经历一些重要且艰难的决策。关于比特币区块大小的讨论就是一个例子。在比特币的早期，块大小被设置为最高 1MB，随着网络的扩大，这个限制产生了许多问题。许多提议被提出，但因为需要整个比特币网络节点的共识，做出改变是一件很困难的事。相关讨论始于 2015

年，但比特币社区直到 2018 年 2 月才等来一个部分解决方案——SegWit，它被部分采用。我们说 SegWit（segregated witness，中文是隔离见证）是部分的解决方案是因为它只是通过将签名信息从交易数据结构中分离出来来缓解这个问题，从而允许一个区块中包含更多的交易——这是一个用了许多讨论和权衡才达成的部分答案。

此外，考虑到区块链业务网络是为了在不能互相完全信任的参与者中创造信任，他们是怎样在治理网络上达成共识的呢？

既然我们知道会存在冲突和不同的观点，我们怎样解决呢？我们需要一个能让每个关键组织中的重要决策者都参与进来的流程。这个流程需要参与者都同意跟进并且尊重这个流程的产出。我们需要一种方式去治理这个网络——我们需要治理。

那么，治理只是关于决策吗？不完全是。治理是提供一个能指导决策流程的框架。治理通过提供对于各种角色与其责任的清晰阐述和确保有一个流程让各方去接触并沟通决策来完成。我们一直讨论的是广义上的决策，但具体哪种类型的决策需要在治理过程中被处理呢？我们会在 10.4 节中回答这个问题。现在只要说任何与资金、功能路线图（functionality roadmap）、系统升级和网络扩张有关的决策都是重要的话题，需要被治理流程所涉及就够了。

商业与 IT 治理是被充分讨论过的话题。因此，你会发现许多 IT 治理标准都旨在定义一个被验证过的架构去指导 IT 行业中的实践，一些 IT 治理标准的例子如下：

1）IT 基础设施库（ITIL）：ITIL 主要聚焦于 IT 如何让服务商用，并且旨在定义一个用于支持 IT 服务管理的流程模型。根本上来说就是将 IT 服务表达为能带来商业利益的功能，而不是内部的技术细节。

2）信息及相关技术的控制目标（COBIT）：这个标准被拆分成两部分，即治理和管理。COBIT 的治理部分聚焦于确保企业目标能通过一系列的关于评价、方向和监控的控制目标来达成。

无论如何，标准总是需要根据不同的商业模型和环境来调整和适应。

10.2　探索商业模型

商业模型聚焦于创建一个结构，这个结构描述一个组织在市场中如何创建价值与抓住价值的流程。在业务网络的背景下，观察价值产生的过程和理解价值的起源是很有趣的事。是什么让区块链网络从金融的视角来看如此有吸引力呢？正如我们在第 1 章看到的一样，区块链技术提供机会去解决时间与信任的问题，从而提高效率和降低经营费用。

10.2.1　区块链的好处

解决时间与信任的问题有什么好处呢？让我们在接下来几节看几个例子，这些例子描述了好处在哪里实现的，以及怎样实现的。

1. 供应链管理

供应链由许多角色组成，从生产商到物流服务提供商、港务局、加工商，一直到最后的顾客。一个行业需要应付一系列的管制。尽管在不同的组织间有许多数据交换，得到同一版本的事实是不可能的。

供应链中信任的缺乏是由相关组织害怕数据泄漏给竞争者而造成的。可以简化为以下几个问题：

1）可见性：订单在哪？集装箱在哪？如果没有信息的透明，生产商的预测会受到影响，可能会导致生产的延期。

2）管理费用：数据需要被多次输入，这要求人力和核对的过程。

3）争论：无法接触到相同来源的信息会导致不同角色间看法的矛盾，这些矛盾会引发争论。

4）调查：为了消除争论，相关参与者必须要努力去收集事实并解决问题。

在这种背景下，一个去中心化、需要许可（permissioned）的账本意味着每个订单和每批货物都能被实时追踪。同时，还可以避免竞争者接触到敏感信息。这个模型有利于消除冗余数据，减少人工错误并加快调查的进程，每笔交易的来源都可以很方便地被查到。

如果能在全球广泛使用，不难想象这能节约多少成本。设想这样一种情况：能通过需要许可的账本得到的同一来源的事实，所有相关的角色都可以接触到这些信息，我们可以立马看到它给供应链带来的好处。

2. 医疗

医疗行业有许多值得探索的案例，包括药品供应链、临床试验和电子病历。我们将着重于电子病历，因为它离我们的心脏（字面意义的）更近。

电子病历的前景非常吸引人，首先看上去就有很多好处：

1）能完整地看到病人的病史：通过抛弃原来的多份纸质病历，病人可以得到更准确的治疗，并且可以得到一致的、长期的关照，而不是短期的。

2）减少重复：无论是不同医生所要求的重复的化验还是每个诊所或医院都必须对同一个病人维护一份记录，都可能在医疗系统中造成资源的浪费。

3）避免欺诈行为：无论是黑心诊所的双重计费还是开出错误的处方药，存在着许多场景导致多份病历为欺诈行为创造机会。

尽管好处显而易见，但是当前的电子病历项目提示出它们的价格昂贵并且不能马上达到预期的好处。一些研究发现如下几点：

1）数字化地记录医生与病人的对话会为医生造成额外的工作。

2）电子病历系统会使得在信息技术方面的支出增加。

3）需要花费额外的努力来管理病历修改和人员培训。

不过，最近的研究表明这种解决方案从长期来看会有正面的投资回报（大概要花5年时间才能做到）。

尽管广泛/标准化地采用电子病历技术会带来前述的价值与好处，但考虑到各个国家医疗网络有着许多差异，不难看出这种尝试充满了政治复杂度。

区块链网络能改进一个长期被吹嘘为对中心化技术的首要创新领域吗？虽然从技术上来说，我们可以预见到诊所与医院都接入网络并能看到病人的病历，这是一个优美的区块链解决方案，但真正的挑战在于治理吗？

3. 金融—信用证

在这一部分，你需要熟悉信用证的概念。无论如何，让我们快速地概括一下其背后的概念，用图 10-1 说明。

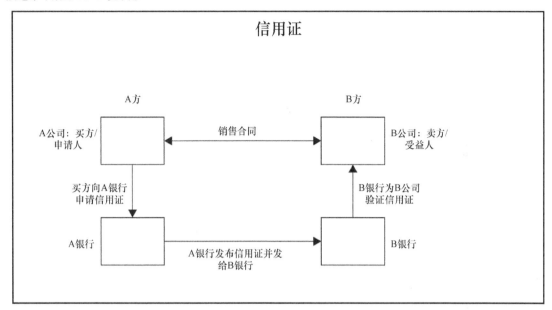

图　10-1

信用证就是一种支付工具，在买方的请求下，银行会发布一个信用证给卖方，声明如果条款满足，支付将会完成。这种方法在国际贸易中根深蒂固，信用证的使用是一种非常老的方法。

现代的信用证是一种很复杂的流程。尽管我们举的例子中只牵涉到了两个银行，但事实上会有很多参与者。这将会成为一个代价高的流程，且会受到执行时间的限制。

区块链网络有机会去优化这个流程。使用区块链网络，信用证可以存储在账本中，这可以避免信用证持有者重复兑现的情况发生。好处是可以通过时延和费用的减少量来衡量，它的一个主要好处是减少了交易中潜在的风险。最后，银行可以考虑提供一个新服务，比如给卖方的增量支付（incremental payments）。

账本上的交易不可更改使得它对银行有吸引力。它也使我们能从较小的网络开始，尽早得到价值，并且随着解决方案得到验证而扩展，从根本上降低对建立网络时早期的各方协调的要求。

10.2.2　从好处到利润

无论是市场还是商业模型，投资都必须要有收益，适用于以下公式：

$$区块链创造的价值 - 网络运营成本 > 0$$

从根本上来说，如果有正向回报，出于共同的商业利益，一个网络级的商业模型就会出现。显然，目标是最大化价值并最小化成本，借以提高利润。不难明白，如果网络能提高利润，各类组织会成群结队地加入网络。除非这个商业模型对小部分组织有利而对大部分组织不利。

因此，选择一个对大多数成员公平且合适的商业模型会成为决定网络成败的关键因素。

10.2.3 网络商业模型

让我们看一下迄今为止用到的各种商业模型：

1）创始人主导的网络。

2）基于财团的网络。

3）基于社区的网络。

4）混合模型。

接下来讨论以上的每种网络。

1. 创始人主导的网络

创始人主导的网络在很多情况下是有价值的，我们将会简要概括。一个普通的创始人主导的网络有如图 10-2 所示的结构。

然而，首先要说的是一个警告：创始人主导的网络不应该成为一种避免与潜在网络参与者进行艰难讨论的方式。

自从我们在这个领域工作开始，我们与一些组织讨论过，他们深信区块链网络的价值，但对网络的去中心化感到不可接受。他们最终创建了这样一个路线图：开始阶段深入讨论技术，商业讨论推迟到之后的阶段。最终结果通常是一个基于创始人的基础设施的网络架构，通过 API 来接触网络。在某些情况下，甚至不会给参与者提供不同的身份标志（私钥或证书）。风险在于：虽然从技术上来看这种解决方案是可行的，但它没有通过区块链的理论创造价值。

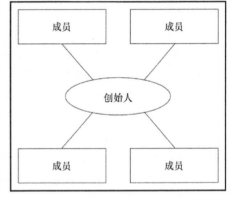

图　10-2

这并不是说组织不应该用一个阶段性的路线图去采用创始人主导的网络，但在建立网络时尽早得到潜在参与者的加入是很重要的，这可以避免方案得不到采用或者方案采用后被再次修改。

创始人主导的网络通常会受到以下几种组织的影响：

1）创业公司：他们通常对于其所处行业有着独特的观点并且会带来创新和新想法。他们的商业模型通常面向于给行业提供额外的价值服务。尽管创新会带给他们行业认可，但他们的成功取决于信誉和资金。

2）行业领导者：从其行业视角来看，行业领导者对建立网络有重大影响。他们有供应商和其他组织的支持，从而可以去设定议程和使用案例去支持网络的建设。

3）跨部门的区块链项目：考虑到这个模型为了组织内部的协调，它可能一开始不够格作为一个商业模型。但在这里提到它的原因是因为这些项目可以使得其出现超出组织边界的进化。

作为网络的创始成员，这些组织有机会去定义网络的策略和焦点。因其网络而成功的组织可以得到领导者的地位并且有希望得到网络的价值。

然而，这些优点需要冒着风险说服其他组织的加入才能获得。项目启动需要启动资金，解决方案的实现需要专家，他们需要承担这些负担。如果其他的行业领导者在加入后要求改变，他们也将会面临方案修订的风险。

2. 基于财团的网络

财团就是两个或多个组织组成的组合，他们有着共同的商业目标，通过这种业务网络来实现。网络的架构如图 10-3 所示。

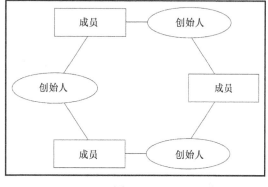

这些组织通常在同一个行业或关联行业。关键是他们的联系源于流程中的协调和财团合作中的共同价值。

财团的一个关键特征是每个成员持有合法的实体和身份。在财团的创建过程中，他们通常会达成基于合同的和法律上的协议，协议会指导为了使财团着眼于现实所要求的管理、活动和投资。

我们对创始人和成员加以区别是因为在基于财团网络中的创始人通常与实施创

图　10-3

始人主导网络模型中的创始人面临着相似的情况。他们将面对相似的问题、风险和益处，但在基于财团的网络中，创始人会通过扩张行业参与者来抵消风险。财团创始人会随着其他组织的加入选择将网络货币化。

而且，财团的成员可能会有税收优惠，对行业监管立场做出改善，并发出有影响力的声音。然而，因为不同的创始人做出的贡献可能不同，成员们也会暴露潜在的依赖性和不履行相关义务。

3. 基于社区的网络

基于社区的网络本质上是一个非正式的财团，他们是由志趣相同的组织组成的。他们一起构建商业生态网络，这个网络旨在培养不同行业的合作，从而创造新的商业机会。这个网络的架构如图 10-4 所示。

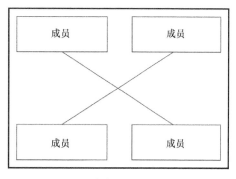

在这个模型中，网络可能进化为一个每个成员为了提供额外价值服务而工作的市场。这个模型的威力源于内在的自由结构，从而会使得最好方案出现。这自然是支持去中心化的网络和治理概念的最好的模型。然而，如果成员的贡献不能

图　10-4

很好的协调且潜在的责任被忽视，它会遭受和基于财团的网络同样的问题。

4. 混合模型

商业模型并不是静态的，它会随时发展。因此，尽管网络始于一个社区，它也有可能进化成为一个财团。此外，这些模型中的任意一种都会受益于我们接下来讨论的两种混合模型。

（1）合资企业

在合资企业模型中，一些组织同意去构建一个共同拥有的法人实体。每个组织都可以为资金和股票做贡献，收入和经营花费由所有组织共同承担。合资企业的控制权取决于组成其的每个部分，而并不是合资企业本身。

（2）新公司

新公司模型本质上与合资企业模型相似，但它基本上是企业或财团的衍生物。新公司为促成其产生的组织提供服务，但盈亏完全由新公司负责。

10.3　业务网络中治理的作用

在回顾了各种商业模型后，我们可以看到每种模型下参与者的控制权都有很大不同。通过了解模型和每个部分的利益后，我们可以创建一个对每个人有意义的决策过程。

尽管我们知道治理大致是一个达成决策的过程，但是否每个商业 / 经营 / 技术决策都需要被治理流程所处理和追踪呢？一些人会说只有重要的话题才需要被治理过程所囊括，但哪些话题是重要话题呢？这就是治理模型的作用：定义每个决策的领域并且确保每个人都知道每种决策的重要程度。对于智能合约的漏洞修复不需要太多关注，但对区块链技术的升级需要高度的关注。提前对每种决策会如何被处理达成一致会帮助现在或将来的参与者明白会对其造成什么影响。

不考虑流程的复杂度，另外一个需要考虑的问题是决策中的中心化和去中心化。分散决策的权力使得整个流程看起来公平，且减少过度控制的风险，并鼓励自由的思想。但如果这样做，会推迟一致同意的达成。

尽管这在社区驱动的网络情况下有意义，但它在创始人主导的网络中会有效吗？

可能不会。如果创始人投入了资金和资源，他可能不想与网络中的其他人共享控制权。记住这并不是绝对的准则。决策的重要程度会对控制权的大小产生很大的影响。回到我们之前智能合约上漏洞修复的例子，可以预见到，关于何时部署修复的决定需要去中心化，但关于下一个实施的新特性的决策应该中心化。

图 10-5 展示了治理与商业模型之间的关系，并简要说明了商业模型是如何驱动管理架构的。我们可以看到，在表中都去中心化的那一格是基于社区的网络，它是一个完全去中心化的商业模型，因此只能在去中心化的治理下存活下来。

一方面，对治理进行中心化的尝试可能会威胁到其存在，因为社区成员要么会拒绝控制，要么会推进财团的产生。另一方面，我们有创始人主导的网络，它自身倾向于将控制权保留在创始组织中。财团商业模型在不同的行业中有区别，非常依赖于其行业的性质。一个高度有序的行业可能需要一个相等高度的中心化去确保每个成员都遵守制定好的标准。

另外，一个财团可以通过强加规则或采用一个关于决策的共识机制达成去中心化的管理。

		商业模型	
		去中心化	中心化
治理	去中心化	基于社区的网络	基于财团的网络
	中心化	基于财团的网络	创始人主导的网络 基于财团的网络

图　10-5

为了得出我们关于业务网络中治理的作用讨论的一些结论，让我们快速看一下业务网络需要重视的一些决策种类：

1）成员生命周期：与参与者加入和退出网络有关的决策。

2）资金与费用：关于网络如何接受资金支持的决策。这可能包括中心化的基础设施、通用服务和人力等。

3）规则：大多数行业需要满足一些特定的规则。因此需要一些确保规则被满足并实施的决策。

4）教育：对于成员和外部组织提供的培训的一些决策，这些培训是关于如何使用网络和加入网络。

5）服务生命周期：关于 IT 组成部分的所有决策，包括新智能合约的部署和系统升级等。

6）争论：因为争论是不可避免的，这些决策用于解决争论。

在下一节，我们将深入讨论上述决策种类和它的复杂程度。然而，讨论每种决策是没有意义的，因此要在以下几个方面达成平衡。

1）代价与风险。

2）竞争与合作。

3）死板与灵活。

10.4　商业领域与流程

在本节，我们将看到一个治理模型需要处理哪些流程。每个网络都需要认真考虑本节的每种决策，从而避免意料之外的事发生。并不是每种决策都需要经过正式的流程，但考虑这些决策可以避免今后出现意料之外的事。

10.4.1　成员生命周期

正如我们所知，区块链网络注定是要完全去中心化的，因此在一个健康的网络中，参与者的数量增加是一件正常的、我们希望看到的事。

然而，因为这是一个企业级的网络，需要遵循规则，因此需要一些在网络构建和新参与者加入之前要做的事。

1）谁有权去邀请组织加入网络？

这应该包括关于谁能提议创建新组织的考虑，但是也应该包括频道级的（channel-level）邀请的考虑。隐私和信任约束应该在加入的过程中说明吗？

2）组织需要满足哪些最小安全要求？

无法恰当地保证成员安全的组织有风险会泄漏出他们的账本数据，使私钥陷入危险。处理欺诈交易将会导致混乱和痛苦的调查。清晰地阐明安全需求将会帮助新的参与者了解他们需要的投入。

3）什么是参与者需要接受的标准契约？

正如我们在前几章提到的一样，智能合约应该被当作网络中的法律一样被接受。但这需要通过契约来限制，契约不仅阐明事实，而且阐明了参与者的期望和讨论流程。

4）什么是参与者需要遵循的 IT 服务级的协议？

正如我们在第 8 章看到的一样。在升级智能合约的频率和整合层隐含的进化（the implicit evolution of the intergration layer）达成一致是很重要的。虽然这是一个例子，但从服务级的协议看来，有许多其他方面，如可用性、性能、吞吐量。这都会影响网络。

在加入过程中，一个组织需要部署其自己的基础设施，将交易整合到其自己的企业系统中，并在交易实际开始前完成一轮测试。在参与者在网络中的整个过程中，主管者需要进行一些在参与者基础设施上的审计，从而去展示参与者对条款的遵守。

一个经常被忽略的情况是组织离开网络的事件。有两种事件会导致这种情况发生：

1）参与者在网络中的利益有变化，他们不再想进行交易。

2）违反合约或者争论导致参与者被移除。

无论原因是什么，如果对这些事件没有提前准备，这会导致对组织数据所有权的问题发生。尽管交易数据在法律协议下共享，各方可能会同意存在一个分布式账本存储在每个人手里，但一旦协议终止，会发生什么呢？

10.4.2　资金与费用

网络并不能自行运转。有智能合约需要开发，通用的基础设施需要部署（例如规则的网络节点），法律协议需要撰写等。

需要采用的模型根据选择的商业模型的不同将会有很大的变化。创始人主导的网络会花费资金，相应地，也会收取一些费用，这些费用不仅用来抵消花费，还用来产生利润。另一方面，社区驱动的网络会选择让参与者承担公共项目的花费。

无论如何，治理不应该只定义资金和费用的结构，还应考虑监控它们的使用方式和账单形成的方式。

10.4.3　规则

规则很大程度上取决于网络所在的行业和布局，但在这个程度上，需要确认参与者应遵守的合规性要求和规则。

一个很好的例子是最近实施的通用数据保护规则（GDPR）。GDPR 是由欧盟委员会提议的规则，它的目的是加强数据隐私规则。在新法律下，用户可以要求他们的个人数据从任何组织中永久删除。忽略这个规则会导致存在一个永久存储个人信息的智能合约。当一个删除数据的请求出现时，这会对网络中的所有参与者造成困扰。

在规则方面，下面是一些需要关注的要点：

1）找出相关的规则。

2）审查智能合约和其适用的参与者去确保规则被满足。

10.4.4　教育

这可能不适用于所有的商业模型。例如，社区驱动的模型可能会选择不提供教育服务，而是让参与者自己去管理。然而在创始人主导的网络中，会去投资教育以加快参与者进入的过程从而更快地弥补教育投资的花费。

10.4.5　服务生命周期

服务生命周期与网络中的技术方面有关。从最开始的网络设计和部署到网络的运营，有许多需要提前进行讨论的事。

在网络的开始阶段，有如下关键决策：

1）设计的权限和标准；

2）数据治理；

3）配置管理；

4）密钥管理；

5）测试流程。

一旦网络开始运行，运营方面的问题很快会出现：

1）基础设施管理（网络，服务器，存储）；

2）调整、更新、发布管理、维护；

3）商业持续性计划，存档，备份；

4）安全，控制，策略实施；

5）容量、扩展性、性能；

6）故障管理。

10.4.6　争论

相比于退出的过程，没有人更喜欢讨论争论。然而，设立一个讨论这些争论的过程是重要的。在这种情况下，治理包含如下领域：

1）提出不满：问题应该在哪被提出？我们将会在下一节讨论治理架构，但如果你在一个真正分布式的模型中工作呢？你有一个可以用于提出问题的论坛吗？

2）调查：怎样找出事实？问题怎样被记录？如果智能合约交易的输出被质疑，它和相关的用户会从账本中提取出来吗？

3）解决问题：争论不总是有一个好的结果，但解决争论的流程是什么呢？是否有能对问题做出决定的一部分用户？争论应该转化为法律起诉吗？

10.5　治理架构

迄今为止，我们讨论了多种商业模型，看到了中心化与去中心化的不同影响，并探索了多种决策和支持这些决策所需的角色和责任。

我们将看到组织怎样去重组他们自己，为了去提供一个条理分明的方法，这个方法是为了解决决策者根据其角色的不同有着不同关注点的问题。

尽管中心化和去中心化的管理所展示出来的结果彼此不同，但在各种实际应用中，仍有些功能中心化，而另一些去中心化。此外，许多都与商业模型和驱动网络的必不可少的事有关。

10.5.1　中心化的治理

尽管网络可能采用中心化的治理也可能采用去中心化的治理，每个组织也都有其自己的机制去控制谁能做决策。通常，组织内部依赖于中心化的治理。这意味着我们不仅需要考虑网络治理，也需要考虑每个组织的结构，如图 10-6 所示。

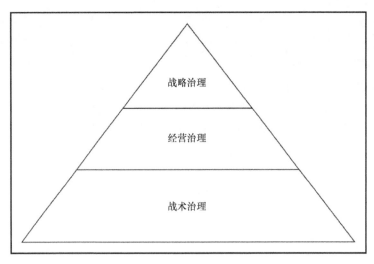

图　10-6

在中心化的模型中，决策通常是自上而下的，只有在组织底层未解决的问题才会流传到高层。这创造了一个有清晰流程的框架，可以用来解决问题、扩展视野，但没有给结构改变留有空间。

在这个模型中，我们可以看到治理的主要层次：

1）战略治理。

2）经营治理。

3）战术治理。

接下来内容将会阐释它们的定义并探索每层中决策者的种类。

1. 战略治理

战略治理是决策金字塔的顶端。这一层需要由每个组织 / 商业单位的管理层组成，需要负责去确保视野和战略与网络的目标协同。它也应该着重于确保商业利益得到实现。

战略治理关注以下几点：

1）创建共同的商业愿景。

2）设定清晰的任期和管理架构（股东驱动的）。

3）设立关于网络中重要事件的议程。

4）确保商业目标满足。

5）开发并发展网络的能力。

2. 经营治理

经营治理着重于将愿景转化为有多个满足网络要求的里程碑的项目。这通常会涉及股东、主管、IT 架构师、律师等。

基于以上的考虑，关键在以下几点：

1）定义所有权。

2）开发并维护标准、隐私要求和规则。

3）创建一个关于服务和智能合约的通用方法。

4）管理一个定义商业和技术要求的通用方法。

5）通用的技术基础设施。

3. 战术治理

战术治理重点在于以网络的运行为中心的日常活动。在这一层面，焦点在于网络的设计、建设和运营。这将会涉及从商业 / 法律 / 技术组里的利益相关者。包含如下重点：

1）加强标准。

2）智能合约代码审查。

3）部署计划。

4）组织加入。

5）安全审查。

6）报告。

10.5.2　去中心化的治理

治理的去中心化是给决策过程带来透明和公平的一种方法。记住，每个组织都有他们自己的治理架构（三层），治理的主体需要对决策达成一致。考虑到每个组织的战略治理有不同要事，这并不是微不足道的。这意味着决策需要通过一种共识的形式来达成—投票过程—公平、透明且使得网络中每个组织的治理机构聚集起来。

这是去中心化的治理也保持了和中心化治理相同的几个层次—战略、经营和战术。但每件事都会以一种开放的方式去完成，所有的话题都会通过社区的活动去讨论。在这样一种模式下，决策的文档甚至比决策本身更重要，从而去确保透明程度。没有了公共审计的追踪，人们怎么样知道决策过程是否公平呢？

应该注意到，尽管这种模型是去中心化的，且更加轻量／灵巧，适当地记录模型和看到参与者的加入依然是重要的。需要注意到去中心化并不是意味着更轻松。事实上，尽管去中心化的网络治理与区块链技术的本质更加一致，但它也引入了一些有趣的挑战。

例如，因为没有控制战略决策的核心主体，一个网络怎么达成一个共同目标？你怎样能避免强制接管或网络断裂？

这种模型在商业目标一致的情况下可以运转得很好。然而，当因为社区中的大多数人为不同的事情而投票导致团体的议程延迟，那势必会产生矛盾、争论和事情被耽误。正如我们在比特币区块大小争论中所看到的一样，达成共识需要时间，而且可能会导致网络的分裂。这并不是说中心化的模式才是最终的解决方案——事实上，中心化的方案也有可能会有这种情况——但去中心化模式的去中心化本质意味着参与者的商业目标是松散关联的。

10.6   治理和 IT 解决方案

本章到目前为止，我们主要关注于治理中人这一方面的问题。我们看过了商业模型在治理上的影响，需要考虑的业务流程，以及多种多样的架构，但技术方面呢？治理模型在技术上的影响有哪些呢？技术如何影响治理？

尽管区块链项目可能主要集中于解决商业和企业问题，但最基础的还是技术。在本节，我们会看到网络生命周期的各个阶段，从开始一直到运营阶段，并看一下其中的部分活动如何通过技术实现自动化。

我们将关注部署网络的话题。正如你所知的，系统账本用于存储组织、策略和组成网络的管道。在账本上存储配置意味着任何修改都需要被签名并验证。从审计角度来看，这是很好的，因为它提供了与区块链性质相符合的配置：

1）共识：根据既定的策略，配置的改变需要经过网络成员的签名和验证。

2）来源：配置的修改由发起人和所有验证者签名，因此保证了可以追溯修改的来源。

3）不可修改：一旦配置块添加到区块链网络上，它将不能被修改，需要一笔随后的交易才能修改配置。

4）最终性：因为交易被记录在系统账本上且被分发给网络中的所有节点，这提供了一个独特且不可更改的地方去声明网络配置。不需要通过查看配置文件就可以知道你需要和哪个节点通信。

尽管这是一个非常有价值的特性，但却有点复杂。修改配置的具体流程如下：

1）提取出最后的一个配置块。

2）解码配置块并相应地改变配置。

3）编码配置块并计算其与初始配置块的差异值，从而建立读写集（RW Set）。

4）签名交易并将其分享给其他参与者，从而他们可以根据网络的策略来签名。

5）将签名后的交易提交给网络。

这些步骤要求对 Hyperledger Fabric 的基础有很好的理解，而且需要了解一种追踪和管理其他节点签名的方法。因为它的去中心化的性质，需要牵涉很多不同的组织。这也是部署过程的计划很重要的原因。

网络应该确保它们定义了这个流程，并且尽早根据要求进行自动化。尽管组织们可能会选择建立它们自己的解决方案，但它们也需要依赖已有的解决方案。在 IBM 的例子中，IBM 区块链平台提供使网络治理管线化的能力。在下一节，我们将会看到怎么使用 IBM 区块链平台完全加入网络的流程。

10.6.1 管理网络加入流程

为了完成以下实践，你需要：

1）在 IBM Could 上注册。

2）将 IBM 区块链平台服务添加到你的账户中。

 启动者计划（the starter plan）应该被选择，并且读者应该阅读条款从而了解可能的费用。

因为网络是去中心化的，邀请可以由网络中的任一组织发起，除非网络的策略有所限制。流程通过以下表单以发起邀请开始，这可以通过控制面板上的成员关系（Membership）菜单进入，如图 10-7 所示。

Members

Below are the members of this blockchain network.

Members   Certificates

Institution Name   Operator Email

＋ Add Member

MEMBERS (2/15)	MSP ID	REQUESTER	STATUS	ACTION
LDDemoOrg ldesrosi@uk.ibm.com	PeerOrg1		Joined	

图　10-7

当提交这个表格的时候，系统将会发送一个独特的 URL 给新组织的操作者。在后台，同时会创建一个针对网络中根据 fabricca 的注册请求。

为了接受邀请，操作者会在平台上注册，并提供组织的名字，一旦接受要求，系统会根据既定的策略自动修改网络的配置，并且加入新组织的定义。从这个角度出发，新组织的操作者可以进入操作面板并可以加入通道并部署新的智能合约。控制面板看起来如图 10-8 所示。

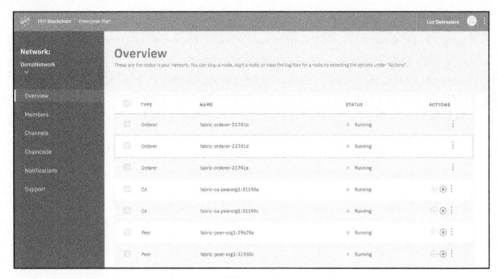

图　10-8

现在，因为网络上的所有交互都需要经过许可，平台提供了一个投票机制，它允许参与者接收和拒绝网络上的改变，如图 10-9 所示。

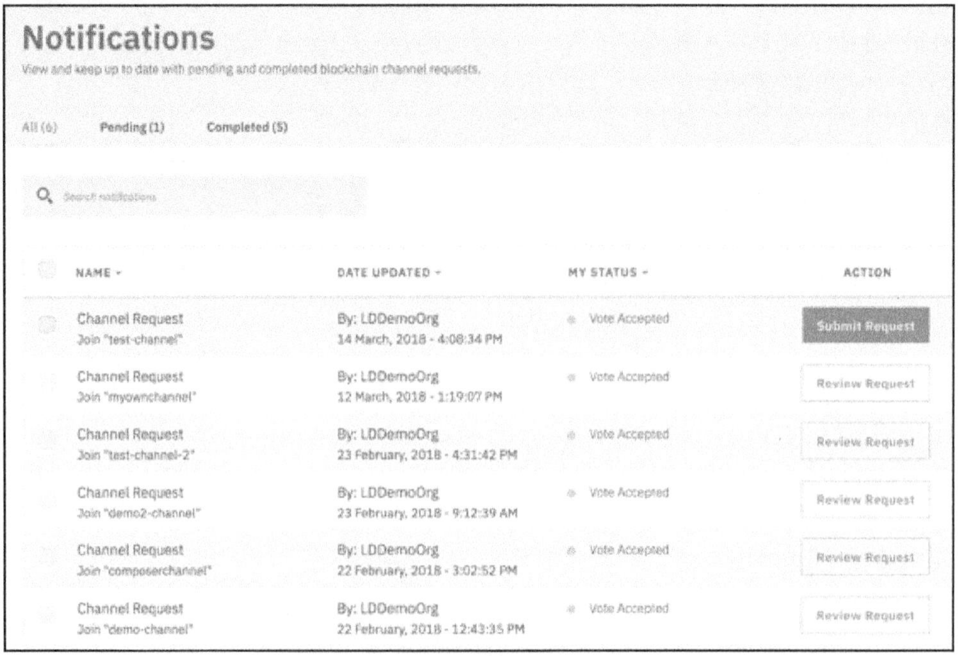

图　10-9

在这个案例中，当新组织被邀请加入通道，其他组织将会投票表决是否接受。他们可以在通知栏看到这个请求，并选择接受或拒绝，如图 10-10 所示。

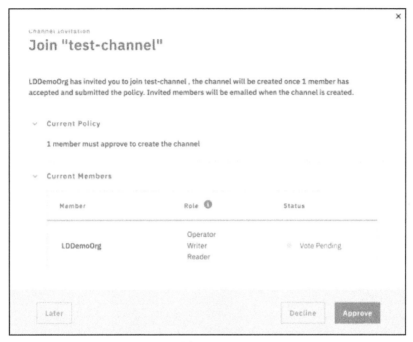

图　10-10

尽管 IBM 区块链平台有许多优点，但这里的目的是展示 IT 解决方案可以支持和促进与组织加入网络相关的关键的治理流程方式。

10.7　总结

在某种意义上，治理是业务网络中人的一端。这关于人们如何聚集并组织决策流程，从而去确保所有相关的人员商讨决策并对决策负责。治理需要包括一系列的话题。

技术话题相比其他话题来说不够令人兴奋，但对于它牵涉到的东西有基本的了解对于理解我们身处的工作环境是有很大帮助的。

总结一下，在本章，我们探索了商业模型是怎样对治理产生深远影响的。使用这些模型，我们可以看到怎样通过阐述关键的商业流程从而得到满足商业需求的架构。我们看到了组织怎样去考虑选择中心化和去中心化的治理。最后我们学到了需要用治理去支持 IT 解决方案，相应地还有 IT 解决方案需要去支持治理过程。

一个最后需要牢记的点是：商业模型可以是易变的东西。尽管网络可能以创始人主导的网络开始，但它也可以发展为基于财团或基于社区的项目。这是很值得注意的，因为尽管我们独立地讨论了每一个模型，事实上它们都会随着时间发展而演化，但仍需保持与网络提供的商业价值一致。

第 11 章
Hyperledger Fabric 的安全性

Hyperledger Fabric 是一种模块化的区块链系统。它允许一组已知的参与者参与，且参与者允许在区块链网络中执行操作（即所谓的许可区块链）。由于其模块化特性，它可以部署在许多不同的配置中。Hyperledger Fabric 的不同部署配置对网络运营商及其用户产生了不同的安全隐患。

Hyperledger Fabric 的核心是公钥基础设施（PKI）系统，因此它继承了与此类系统相关的安全性（和复杂性）。在撰写本书时，Hyperledger Fabric 的 1.1 版本已经发布。

 设计和实现区块链网络的安全性方面已在前面的章节中讨论过，在本章中，我们将提出与 Hyperledger Fabric 安全特征有关的更广泛且更深入的观点。

我们将在本章中介绍以下主题：

1）设计目标影响安全性；

2）Hyperledger Fabric 的架构概述；

3）网络的引导和治理——迈向安全的第一步；

4）强身份——Hyperledger Fabric 网络安全的关键；

5）链码的安全性；

6）常见的安全威胁及 Hyperledger Fabric 如何减轻这些威胁；

7）Hyperledger Fabric 和量子计算；

8）通用数据保护条例（GDPR）的考虑因素。

11.1 Hyperledger Fabric 的设计目标影响安全性

想要理解 Hyperledger Fabric 的安全性，说明影响安全性的关键设计目标是非常重要的。

1）现有成员应确定如何在网络中添加新成员：网络中新实体的许可必须经过网络中的现有实体的同意。该原则是创建许可区块链的基础。网络成员不必允许任何实体下载软件并连接到网络，而是必须就接纳新成员的政策达成一致（例如，通过多数投票），然后再由 Hyperledger Fabric 强制执行。投票成功后，新成员的数字凭证可以被添加到现有网络中。

2）现有成员应确定如何更新配置 / 智能合约：与第一项类似，网络配置的任何更改、部署或实例化智能合约都必须由现有网络成员商定。合起来看，第一点和第二点使 Hyperledger Fabric 能够执行许可的区块链。

3）账本及其相关的智能合约（链码）可以限定在相关节点中，以满足更广泛的隐私和保密性需求：在公共区块链网络中，所有节点都有区块链账本的副本，且都能执行智能合约。为了维持保密性和范围，有必要创建一组节点来存储与交易相关联的账本（Hyperledger Fabric 中的通道和通道私有数据）。更新此账本的智能合约（Hyperledger Fabric 中的链码）将仅限定于此组成员。

只有参与了某一通道的成员才能确定如何更新该通道的配置。

4）智能合约可以用通用语言编写：Hyperledger Fabric 的主要设计目标之一是允许使用如 Go 和 JavaScript 等通用语言来编写智能合约。显然，如果在执行合约之前没有适当的治理和流程来验证和部署智能合约，那么允许智能合约执行的通用语言会使系统面临一系列安全问题。即使这样，用通用语言编写的智能合约也应该被合理隔离，以限制它们可能无意中造成的伤害。

5）必须确保交易完整性：交易是智能合约的一次执行。必须以某种方式创建和存储交易，以防止交易被其他节点篡改，或是使交易很容易地检测到任何篡改。通常，确保交易的完整性需要使用加密原语。

6）应利用行业标准：系统应利用行业标准来维护数字身份（例如，X509 证书），以及节点之间的通信（例如 TLS 和 gRPC）。

7）与交易执行和验证的共识分离：现有的区块链网络将交易执行和验证与区块链网络的节点之间达成共识相结合。这种紧密耦合使得区块链网络难以实现共识算法的可插拔性。

8）无处不在的可插拔性：系统应采用模块化设计，每个模块都应通过标准接口插拔。插入特定于网络的模块的能力使 Hyperledger Fabric 可以灵活地应用于多种设置。然而，这种可插拔性还意味着基于 Hyperledger Fabric 的区块链网络的两种不同实例可能具有不同的安全属性。

为了理解这些原则如何影响 Hyperledger Fabric 的安全性，我们将简要介绍 Hyperledger Fabric 的架构。有关深入架构的内容，请参阅前面的章节。

11.2 Hyperledger Fabric 的架构

Hyperledger Fabric 架构说明如图 11-1 所示。

11.2.1 Fabric CA 或成员服务提供商

成员服务提供方（MSP）负责为组织中的节点和用户创建数字身份。节点的数字身份必须在现有网络中配置，以便新实体能参与该通道。

Fabric CA 是 MSP 的一种实现，且它提供了一种机制，用于从网络成员中来注册用户并为他们发布数字身份（X509 证书）。Fabric CA 通常在 Docker 容器内运行。每一个 Fabric

CA 都配置有后端数据库（默认为 SQLite，也有其他选项，如 PostgreSQL 或 MySQL），用于存储已注册的身份以及它们的 X509 证书。Fabric CA 不存储用户的私钥。

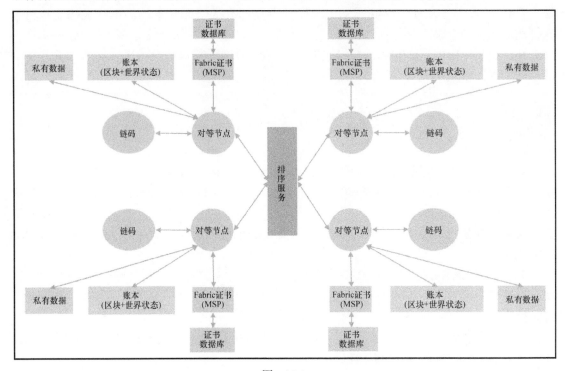

图　11-1

11.2.2　对等节点

对等节点是参与 Hyperledger Fabric 网络的实体。它的身份由其相应的成员服务提供商确定。节点负责部署和实例化链码、更新账本、与其他节点进行交互以共享与交易相关联的私有数据，并与排序服务以及它运行的智能合约（链码，在前面的图中）进行交互。与 Fabric CA 类似，节点通常也在 Docker 容器内运行。

11.2.3　智能合约或链码

智能合约（SC）是应用程序逻辑，使用高级语言编写，例如 Go 语言或 JavaScript；当智能合约成功执行后，它会读取或写入最终提交到账本的数据。智能合约无法直接访问账本。一个节点可以部署零个或多个在 Docker 容器中运行的智能合约。一个节点还可以部署一个智能合约的多个版本。

11.2.4　账本

每个节点都维护一个数字账本，其中包含节点已收到的所有已提交的交易记录。账本中的实体以键 / 值对的形式存储。对同一密钥的更新将使用新值替换该密钥的当前值。当然，旧的值将保留在账本中。为了有效地查询密钥的最新值，节点可以将每个密钥的最新值存储在数据库中，如 CouchDB。这样的数据库在 Hyperledger Fabric 中称为世界状态。

 请注意，节点只接收从其参与的通道中提交到其账本的块。

节点可以是零个或多个通道的一部分——上面显示 Hyperledge Fabric 架构的图中未显示通道。

11.2.5　私有数据

通过 1.1 版本的 Hyperledger Fabric，节点可以选择通过链私有数据实验的特征来有选择地与通道中的部分节点共享私有数据。账本上的块仅包含此类数据的哈希值，而私有数据则存储在私有状态数据库中的账本中。

11.2.6　排序服务

排序服务负责从节点中接收执行的交易，将它们组合成块，并将它们广播给同一通道上的其他节点。然后接收交易块的节点在将交易块提交到它们的账本之前对其进行验证。排序服务的责任不是将用于一个通道的块混合在另一个通道上。

在 Hyperledger Fabric 1.0 版本中，节点将向排序服务发送一个交易（密钥和相关值，以及读 / 写集）。因此，排序服务可以查看与交易相关的所有数据，这从保密性的角度来看具有一定影响。在 Hyperledger Fabric 1.1 版本中，客户端可以在将与交易有关的数据直接传输到相关节点的时候，同时将交易数据的哈希值（输入和读 / 写集）发送到排序服务。

目前，排序服务是使用 Kafka 实现的，是故障容错（CFT），但不是拜占庭容错（BFT）。但这是一个时间点声明，因为 Hyperledger 声称是可插拔的，包括共识服务。可插拔性意味着将来可能会有其他共识模型。

虽然现在描绘 Hyperledger Fabric 架构的图中显示，普通节点、排序节点和 fabric 使用可插拔加密服务提供商，即允许它们插入新的加密算法以及用于管理加密密钥的硬件安全模块（HSM）。

11.3　网络引导和治理是迈向安全的第一步

当一些组织决定使用 Hyperledger Fabric 来构建一个带权限的私有区块链网络时，他们需要考虑一些治理方面的问题，这些问题最终将决定网络的整体安全状况。这些治理方面的问题包括但不限于以下内容：

1）怎样引导网络并验证成员创建网络？网络引导是创建区块链网络的第一步。不同的实体可以聚集在一起来创建网络。这些实体可以通过带外通信与第一组成员达成一致，并制定治理策略，这将在下面讨论。

2）新实体加入网络（或通道）的流程是什么？在网络中定义接纳新成员的策略是至关

重要的，且这个策略受网络业务需求的支配。

3）谁可以在网络中的节点上部署和升级链码？定义进程对于防止恶意或错误的链码安装在一个或多个节点上是非常重要的（请参阅第 7 章）。

4）什么是将存储在区块链中的数据模型？成员必须对将存储在区块链中的共同数据模型达成一致；否则，区块链会对其成员无用。还应设计数据模型，使其不违反任何应遵从的规定，例如通用数据保护条例（GDPR）。

11.3.1　创建网络

当实体决定创建网络时，它们必须决定以下内容：

1）谁来运行排序服务？

2）网络中有多少个不同的排序服务实例？

排序服务的作用是至关重要的，因为根据配置，它可以查看交易的哈希值或流经它的所有通道的交易数据。因此，决定形成网络的实体可以选择信任其中一个实体作为排序服务；它们也可能决定信任中立的第三方来运行排序服务。

> 排序服务可以查看它服务的所有通道的所有交易（哈希值或键 / 值对）。因此，如果有必要从排序服务中隐藏交易数据，则只应该在节点之间直接交换数据时，将交易中读 / 写集的哈希值发送到排序服务。

一旦为网络建立了排序服务，就必须使用创始成员节点的数字身份来进行配置。这通常通过在排序服务创世块中配置节点的数字证书来完成。节点还必须配置排序服务的数字身份。

11.3.2　添加新成员

创始成员在创建网络或通道时还必须定义关于如何允许新成员进入网络或通道的策略。默认情况下，此策略只是大多数人选择的策略（即两个中的两个，三个中的两个，四个中的三个，依此类推）。当前成员可以决定接纳网络中新成员的任何其他政策。接纳新成员政策的任何变更通常都会通过业务协议来决定。协议一旦达成后，便可以根据当前策略来更新通道配置，以体现接纳新成员的新策略。

> 创建创世块以及后续更新配置的交易都是特权操作，在确认之前必须得到节点管理员的批准。

11.3.3　部署和更新链码

一旦成员决定参与一个通道，他们就可以选择部署和实例化链码（也称为智能合约）。链码定义了如何更新或读取作用于通道的键 / 值对。链码可以定义它的背书策略——也就是说，它可能需要网络中的部分或所有节点的数字签名。由于 Hyperledger Fabric 的带权限特性，必须在节点上安装并实例化需要该节点（背书节点）数字签名的链码。有关部署链码的更多详细信息，请参阅第 5 章及第 7 章。

在通道上部署链码之前，预计网络成员将会想要检查链码来确保其符合它们的策略。此过程可以形式化为链码治理，来要求所有相关的、将在自己节点上实例化链码的成员进行强制性审核。

 建立在你的节点上部署链码的过程，包括手动审核和验证链码作者的数字签名。

11.3.4　数据模型

实体必须就将存储在区块链中的数据模型达成一致，而区块链中的数据模型又由链码决定。网络中的创始成员或部署链码的通道将确定存储在通道中的键 / 值对。此外，该成员将决定他们将与其他成员共享哪些数据，以及他们将对自己或自己的部分成员保密哪些数据。应该设计数据模型，以便它对成员希望完成的业务功能有用，且数据模型应是合理、不会过时的，还不会无意中泄露信息。回想一下可以发现，所有参与通道的节点都存储已提交的交易（及它们的键 / 值对）。

 建立一个过程，来定义将要存储在通道中的数据模型。

上述步骤可归纳如下：
1）确定谁来运行排序服务。
2）在排序服务中配置创始成员的数字身份。
3）创建通道并确定接纳新成员的通道策略。
4）定义编写、分发、部署和实例化链码的治理条例。
5）建立数据模型。

11.4　强身份——Hyperledger Fabric 网络安全的关键

强身份是 Hyperledger Fabric 安全性的核心。创建、管理和撤消这些身份对基于 Hyperledger Fabric 部署的操作安全性至关重要。这些身份由 MSP 发布。如前面的 Hyperledger Fabric 架构图所示，一个逻辑 MSP 通常与一个节点相关联。一个 MSP 可以发布任何适当的加密签名身份。Hyperledger Fabric 附带默认 MSP（Fabric CA），它向经过身份验证的实体发布 X509 证书。

11.4.1　引导 Fabric CA

Fabric CA 可以通过 LDAP 配置或以独立模式运行。在独立模式下运行时，必须使用存储在 Fabric CA 的后端数据库中的引导身份配置它。默认情况下，使用 SQLite 数据库，但是对于生产用途，可以配置 PostgreSQL 或 MySQL 数据库。通常，如果使用独立服务器，则 Fabric CA 服务器与其数据库之间的连接将通过 TLS。

对于本章的其余部分，我们将在运行时没有 LDAP 服务器的情况下（作为 ca-admin 账户）引用引导实体。在没有 LDAP 服务器的情况下运行时，必须在 Fabric CA 的引导程序上提供 ca-admin 及它的密码。

为了使 ca-admin 与服务器交互，它必须向 Fabric CA 的服务器提交证书签名请求（CSR）来获取 X509 证书。此过程称为登记身份，或仅称为登记。拥有 X509 证书后，ca-admin 可以添加其他用户，这部分将在后续的内容中解释。

将 admin 用户的密码保存在安全可靠的位置，因为这是你所在组织的 root 用户。需要像对待 Linux 下有 root 权限用户的密码一样安全地对待它。使用 root 用户来创建具有适当权限的新用户，但从不将此用户用于其他任何操作，除非出现安全漏洞，此用户可用于撤销所有已登记实体的证书。

Fabric CA 在系统中提供两个关键操作，即注册和登记。我们接下来将解释这些操作。

1. 注册

注册操作将由标识符指定的新实体添加到 Fabric CA。注册操作不会为用户创建 X509 证书；创建证书在登记操作中发生。Fabric CA 的管理员可以定义将新用户添加到网络的策略和过程。

注册用户时需要重点考虑以下几点：

1）如果使用的策略是注册电子邮件地址，则在后续登记时，用户的电子邮件地址将编码在证书中。在 Hyperledger Fabric 中，发出交易的用户证书与提交的交易一起存储在账本中。任何人都可以解码证书并确定电子邮件地址。

仔细确定新实体将如何在 Fabric CA 中注册，因为当这些实体发出交易时，它们的数字证书最终将出现在账本中。

2）另一个需要考虑的重点是该用户允许登记的次数。每次登记都会生成一个发给用户的新证书。在 Hyperledger Fabric 中，正在注册的新用户可以登记有限次数，或者可以无限次登记。通常，正在登记的新实体不应配置无限数量的登记。

最好将新用户的最大注册数设置为1。此设置可以确保实体与其数字证书之间存在1对1的对应关系，从而使对实体撤销的管理更加容易。

3）现在使用 1.1 版本的 Hyperledger Fabric，可以在注册时为实体定义属性。然后，这些属性将在实体的 X509 证书中进行编码。

在独立模式下使用时，用户成功注册后，Fabric CA 将创建一个唯一的密码（如果在注册期间未提供）。然后 ca-admin 可以将此密码传递给正在注册的实体，将其用于创建 CSR

并通过登记操作获取证书。

2. 默认 Fabric 角色

要在 Fabric CA 中注册实体，实体应具有一组角色。Fabric CA 配置了以下默认角色：

`hf.Registrar.Roles = client, user, peer, validator, auditor`

Fabric CA 可以注册具有以下角色之一的任何实体：

`hf.Registrar.DelegateRoles = client, user, validator, auditor`

Fabric CA 可以撤销角色：

`hf.Revoker = true`

Fabric CA 还可以注册中间的 CA：

`hf.IntermediateCA`

要在 Fabric CA 中注册标识，实体必须具有 hf.Registrar。角色由逗号分隔列表的值来决定，其中一个值等于要注册身份的类型。

其次，调用方身份的从属关系必须相等或等于正在注册身份的从属关系的前缀。例如，具有 a.b 的从属关系的调用者可以注册具有 a.b.c 的从属关系的身份，但是不可以注册具有 a.c 的从属关系的身份。

3. 登记

拥有 ID 和密码的实体可以使用 Fabric CA 为自己登记。为此，它会生成公钥 / 私钥对，创建 CSR，并将其与 Authorization 标头中的已注册 ID 和密码一起发送到 Fabric CA。验证成功后，服务器会向正在登记的实体返回 X509 证书。发送登记请求的实体负责管理私钥。这些私钥应以安全的方式存储（例如硬件安全模块）。

证书签名请求中允许哪些加密协议？

可以自定义 CSR 来生成 X509 证书和支持椭圆曲线数字签名算法（ECDSA）的密钥。可支持表 11-1 所示密钥大小和算法。

表　11-1

大小	ASN1 OID	签名算法
256	prime256v1	ecdsa-with-SHA256
384	secp384r1	ecdsa-with-SHA384
521	secp521r1	ecdsa-with-SHA521

4. 撤销身份

由于 Hyperledger Fabric 是 PKI 系统，因此需要明确撤销必须从系统中删除的身份。这是通过标准证书撤销列表（CRL）完成的。需要在所有组织之间同步 CRL，以确保每个节点都检测到已撤销的证书。CRL 分发给其他节点需要带外机制。

11.4.2　在 Fabric CA 中管理用户的实际考虑因素

通常，组织具有自己的身份（LDAP）服务器来管理它的员工。一个组织可以选择参与一个或多个 Hyperledger Fabric 网络，但只有一部分员工可以加入每个网络。每个网络的

Fabric CA 管理员可以选择在各自的网络中注册部分员工。

由于员工必须生成并管理私钥才能成功参与 Hyperledger Fabric 网络，因此管理私钥及其相应数字证书的责任在于组织中的员工。管理私钥和数字证书并不简单，这会给员工带来不必要的负担，并可能导致员工无意中暴露密钥。由于员工需要记住其组织发布的凭据（例如，用户名和密码）才能登录组织系统，因此组织可以选择代表参与一个或多个 Hyperledger Fabric 网络的员工管理私钥和证书。根据行业的不同，私钥可以存储在硬件安全模块中，这将使得篡改密钥变得不可行。硬件安全模块的精确配置不在本章的范围之内。

11.5 链码的安全性

在 Fabric 中，智能合约（也称为链码）可以用 Go 语言或 JavaScript 编写。链码必须安装在节点上，才能启动。在启动时，每个代码都在一个单独的 Docker 容器中运行。之前版本的链码也在单独的 Docker 容器中运行。

运行链码的 Docker 容器可以访问虚拟网络以及整个网络堆栈。如果在将链码安装到对等节点之前没有仔细检查链码，并隔离该链码的网络访问，则可能导致恶意或配置错误的节点探测或附加连接到同一虚拟网络的节点。

 操作员可以配置策略来禁用运行链码的 Docker 容器上所有传出或传入的网络流量，白名单节点除外。

11.5.1 如何与其他背书模块的节点共享链码

组织必须与参与 Hyperledger Fabric 网络的其他组织建立共享链码的过程。由于链码必须安装在所有背书节点上，因此有必要在与其他对等节点共享链码时，通过加密机制确保链码的完整性。有关共享链码方法的更多详细信息，请参阅第 8 章。此问题也在 Nettitude 中进行的 Hyperledger Fabric 安全评估中得到强调。

11.5.2 谁可以安装链码

要在节点上安装链码，必须在节点上（存储在本地 MSP 中）安装实体的证书。由于安装链码是一项高权限操作，因此应注意只有具有管理功能的实体才能执行此操作。

11.5.3 链码加密

实体可以选择在链码调用时使用 AES 加密密钥来加密密钥 / 值对。将加密密钥传递给链码，然后在将链码发送到提案之前对其进行加密。需要解密该值的实体（例如，交易背书）必须拥有密钥，并期望这种加密密钥以带外方式与其他节点共享。

11.5.4 基于属性的访问控制

你可能还记得第 4 章，1.1 版本的 Hyperledger 添加的新功能之一就是基于属性的访问控制。在注册实体时，可以为实体指定属性，然后在登记时将其添加到 X509 证书。属性的示例包括角色名称，例如由参与网络的组织商定的"审核员"。执行链码时，它可以在调用或查询操作之前检查标识是否具有某些属性。在简单的层面上，这允许应用程序级的属性通过 X509 证书传递到链码中。

基于属性的访问控制的优缺点

证书中的编码属性有其自身的优缺点。一方面，与身份相关联的所有信息都编码在证书中，因此可以基于属性做出决定。另一方面，如果必须更新属性，例如，用户移动到不同的部门，则必须撤销现有证书，并且必须使用新的属性集发布新证书。

11.6 常见威胁以及 Hyperledger Fabric 如何减轻它们

Hyperledger Fabric 提供针对某些最常见安全威胁的保护，并采用共享责任模型来解决其他威胁。在表 11-2 中，总结了最常见的安全威胁，Hyperledger Fabric 是否解决了这些威胁以及节点 / 网络运营商如何或是否负责解决这些威胁。

表 11-2

威胁	描述	Hyperledger Fabric	节点 / 网络运营商 Operator
Spoofing	使用 token 或其他凭证伪装成授权用户，或危害用户的私钥	Fabric 证书颁发机构为其成员生成 X509 证书	管理网络参与者之间证书撤销列表的分发，以确保被撤销的成员无法再访问系统
Tampering	修改信息（例如，数据库中的条目）	使用加密措施（SHA256，ECDSA）使篡改变得不可行	源自 Fabric
Repudiation	一个实体不能否认谁做了什么	跟踪谁使用数字签名做了什么	源自 Fabric
Replay attacks	重演交易以破坏账本	Hyperledger Fabric 使用读 / 写集来验证交易，由于读取集无效，重演交易将失败	源自 Fabric
Information disclosure	通过故意违规或意外接触暴露的数据	Hyperledger Fabric 支持使用 1.2 版本的 TLS 进行内部加密；它不会在静止时加密账本数据（运营商的责任）。有关系统中所有节点及它们交易的信息将显示在排序服务中	运营商有责任通过遵循信息安全最佳实践以及静态加密来防止信息泄露
Denial of service	使合法用户难以访问系统	这是运营商的责任	运营商有责任防止拒绝向系统提供服务的行为
Elevation of Privileges	获得对应用程序的高级访问权限	发布的身份无法在没有手动审核访问权限的情况下升级其访问权限（例如创建身份）	Hyperledger Fabric 在 Docker 容器中运行链码，节点 / 网络运营商有责任限制访问并适当限制运行链码的容器
Ransomware	使用加密或其他方法来阻止访问文件系统上的数据	这是运营商的责任	运营商有责任确保勒索软件无法阻止访问节点的账本

11.6.1　Hyperledger Fabric 中的交易隐私

Hyperledger Fabric 的主要设计考虑因素之一是提供交易的隐私和保密性。Hyperledger Fabric 提供了许多组件来实现这些目标。

1. 通道

只打算与网络中的一部分节点共享数据的 Hyperledger Fabric 节点可以通过通道来完成共享。在这些情况下，只有参与该通道的节点才能存储交易数据；不属于该通道的节点不具有对交易数据的可见性，因此不能存储交易数据。但是，此数据会向排序服务公开。强大的通道设计将处理参与者之间的隔离、数据隐私和保密性以及具有强大审计功能的受控 / 许可访问。

2. 私有数据

通道中的节点可以选择来确定与其他哪些节点共享其数据。私有交易数据在节点之间以点对点的方式传递，但只有交易数据的哈希值被广播到排序服务以及与之不共享该数据的节点。

3. 加密交易数据

在发送交易数据以进行背书之前，节点还可以选择加密交易数据。但是，进行交易背书的节点可能需要查看数据。必须使用带外机制用来在这些节点之间交换加密密钥。

11.7　Hyperledger Fabric 和量子计算

Hyperledger Fabric 使用椭圆曲线密码算法对交易进行数字签名。椭圆曲线密码算法依赖于可以使用量子计算加速的数学技术。但是，Hyperledger Fabric 提供了一个可插拔的加密提供商，允许将这些算法替换为其他算法用于数字签名。此外，根据 NIST 信息技术实验室主任的说法，量子计算对区块链系统安全性的影响至少需要 15 ~ 30 年才能成为事实依据。

11.8　通用数据保护条例（GDPR）的考虑因素

通用数据保护条例（GDPR）是一项欧盟法律，定义了如何从计算系统中获取、处理和最终删除个人数据。GDPR 中对个人数据定义非常广泛，例如姓名、电子邮件地址和 IP 地址。

根据设计，区块链可以创建不可变的、永久的和可复制的数据记录。基于 Hyperledger Fabric 的区块链网络显然将包含这 3 个属性。因此，从 GDPR 的角度来看，在区块链网络上存储不能删除或修改的个人数据可能具有挑战性。同样地，了解与谁共享个人数据也很重要。

Hyperledger Fabric 的通道和通道私有数据特征提供了一种机制，用于确定共享数据的实体。在通道私有数据存在的情况下，数据永远不会存储在区块链中，但其加密的哈希值存储在链中。虽然是治理流程，但是节点可以确定与其他节点共享此数据。Hyperledger Fabric 中的通道私有数据特征可以提供一种机制，用于存储链中的个人数据，确定与谁共享此数据，同时通过存储在区块链中的加密哈希值来维护此数据的完整性。

Hyperledger Fabric 还存储在数字账本中创建交易实体的 X509 证书。这些 X509 证书可以包含个人数据。在 1.1 版本中，Hyperledger Fabric 提供了一种基于零知识证明来证明身份的机制，同时隐藏了属性的实际值。然后这些基于零知识证明的凭证将存储在账本中，以代替传统的 X509 证书，并可能有助于实现 GDPR 的合规性。

11.9　总结

在本章中，首先介绍了与安全性相关的 Hyperledger Fabric 的设计目标。在其中所描述的论点都被认为是考虑到 Fabric 安全性的。然后简要研究了 Hyperledger Fabric 的安全性，并了解了强大的身份如何成为 Fabric 安全的核心。此外我们还了解了链码的安全性。

Hyperledger 本身就擅长处理威胁。因此我们深入研究了常见的 Hyperledger 安全威胁以及 Fabric 如何减轻它们。

我们还简要介绍了量子计算对 Hyperledger Fabric 的影响。

我们以通用数据保护条例的考虑因素结束了讨论。在最后一章中，我们将介绍 Hyperledger 的后续步骤以及未来的发展方向。

第 12 章
区块链的未来和挑战

作为本书的作者，我们当然希望阅读本书是一次有趣、内容丰富并且具有教育意义的旅程。它不仅为区块链技术项目带来超级账本（Hyperledger）中心概览，还提供了一个全面的商业化视角来解释随之而来的挑战和采用模式。鉴于区块链技术领域和超级账本框架、工具的快速发展和演变，这对我们所有人来说都是一个有趣的项目。我们尽量确保本书内容在提供坚实基础的同时，对区块链业务网络解决方案设计的一些核心元素提出更深入的见解。作为区块链技术社区的活跃成员和技术、思想领导者，我们相信，在解决一些复杂的问题方面依旧任重而道远，例如隐私、机密性、可扩展性以及以网络为中心的代码和基础架构管理方法，从而形成具有可预测交易成本的经济可行的解决方案。在我们看来，这是一个重要的考虑因素，因为运行业务网络的业务模型取决于有关事务网络处理的成本和可预测性。

展望本书所涉及主题的范围和上下文，将当今的集中式管理世界与商业事务完全去中心化的各个方面之间的差距看作一个范围是至关重要的。实现完全去中心化和区块链的全部承诺的过程并不容易。行业领导者和行业协会进行的转型项目应该被看作是理解技术、信任和交易风险的努力。这是在完全过渡到去中心化世界之前完成的，而去中心化世界通常被行业挑战者或初创企业所宣称。这一范围本身就很有趣，创新正在阵营的两边孵化。理解特定行业的创新和采用模式至关重要，因为它可能表明生产级区块链驱动的业务网络的准备情况。

本书中的每一章都经过精心挑选，以确保读者能够在合适的深度阅读合适的内容。它们将有意义地解决更广泛的讨论和实施细节，解决基于区块链的项目业务和技术设计问题，而不仅仅是概念验证（PoC）。作为开发者，我们亲身体验了生产准备的第一手挑战，包括设备核心区块链网络设计所需的业务理解和技术敏锐度，这些设计奠定了内置信任的多方交易网络的基础。敏锐度、分类法和共同设计模式的严重短缺已经成为我们花费大量精力和时间设计该书内容的主要动机。

我们希望通过提供一些重要主题的概要和要点来结束本书，并将各章的主题元素联系起来，以确保读者对技术概况、Hyperledger 项目以及企业驱动的区块链技术与加密资产驱动世界之间的分歧等主要变革有一致的理解。加密资产驱动是每个渴望利用区块链来改造和重塑其产业的行业的挑战者和破坏者。无论走哪条路，作为一个社区，了解双方的动机和技术进步都是至关重要的，因为商业模式的创新和重塑将带来新的经济价值，改变我们所知道的世界。

12.1　主要的 Hyperledger 项目概要

我们想总结和回顾一些关键的 Hyperledger 项目（在写这本书的时候）和它们为区块链技术设计元素所带来的价值。

12.1.1　Hyperledger 框架——业务区块链技术

让我们来看看几个 Hyperledger 框架：

• Hyperledger Burrow：一个模块化的、带有经过许可的智能合约解释器的区块链客户端，它采用了部分以太坊虚拟机（EVM）的技术规范。

• Hyperledger Indy：一个专为去中心化身份而设计分布式账本。

• Hyperledger Sawtooth：它带有一个新的共识算法——流逝时间证明（PoET）算法。该共识算法能够以最小的资源消耗处理大量的分布式验证器。

• Hyperledger Iroha：一个业务区块链框架，设计简单，易于并入到需要分布式账本技术的基础设施项目中。

• Hyperledger Fabric：它的目标是成为开发应用和模块化架构解决方案的基础，允许组件插入即用（如共识和成员服务组件）。

Linux 基金会 Hyperledger Fabric 项目具有增值的企业级功能，例如：

• 会员权限。

• 性能、可伸缩性和信任度。

• 需知基础数据。

• 不可变分布式分类账上的丰富查询。

• 支持插件组件（如安全和身份认证）的模块化架构。

• 数字密钥和敏感数据的保护。

IBM 利用工具（如 Hyperledger Composer 等）扩展该企业级功能，这些工具可以实现自动化、脚本编制、大规模使用（高可用架构）、新版本管理（当可以从 Hyperledger 自动获取更新时）和版本控制以及优化来管理成员关系等功能。

12.1.2　Hyperledger 工具

以下是 Hyperledger 工具列表：

• Hyperledger Cello：旨在将按需应变的服务部署模型带到区块链的生态系统中，以减少创建、管理以及终止区块链所需的工作。

• Hyperledger Explorer：可供查看、调用、部署或查询区块、事务与相关数据、网络信息、链码与事务族，以及存储在账本中的其他任何相关信息。

• Hyperledger Quilt：通过实现分类账间协议（ILP），提供账本系统之间的互操作性。分类账间协议（ILP）是一种支付协议，旨在分布式和非分布式账之间传递价值。

• Hyperledger Caliper：区块链基准测试工具，它允许用户使用一组预定义用例来度量特定区块链实现的性能。

Hyperledger Composer

Hyperledger Composer 是一组协作工具，用于构建区块链业务网络、加速智能合约的发展以及分布式账本的部署。

这组工具简化了希望创建智能合约和区块链应用程序的企业所有人与开发人员解决业务问题的方式。Hyperledger Composer 使用 JavaScript 构建，并扩展了包括 node.js（npm、命令行和流行编辑器）在内的现代工具。Composer 提供了以业务为中心的抽象和易于测试 DevOps 流程的示例应用程序，以创建健壮的区块链解决方案，从而推动业务需求与技术开发之间的一致性。

使用 Hyperledger Composer，业务人员可以与开发人员一起实现以下工作：

1）定义基于区块链的用例的交换资产。

2）定义可以围绕哪些业务进行交易的业务规则。

3）定义参与者、身份和访问控制，以确定哪些角色存在，哪些角色可以执行哪些类型的交易。

开发人员使用 Hyperledger Composer 的现代开放工具集实现以下工作：

1）为业务网络中可重用的核心组件建模（包括资产、参与者、事务逻辑和业务网络的访问控制），然后可以在多个组织中共享这些组件。

2）基于业务网络定义生成可用于与应用程序交互的 JavaScript 和 REST API。

3）集成遗留系统，创建框架应用程序，并在区块链网络上运行分析。

4）首先在基于 Web 的 Composer 平台上进行开发和测试（无需安装任何东西），然后转移到笔记本电脑上进行开发、测试模型，再将业务网络部署到 Hyperledger Fabric 的活动区块链实例或其他区块链网络上。

采用 Hyperledger Composer 的区块链客户可以体验到以下好处：

1）更快地创建区块链应用程序，消除从头构建区块链应用程序所需的大量工作。

2）通过良好的测试和高效的设计来降低风险，使业务和技术分析师之间的理解保持一致，并根据 400 多个客户参与开发的最佳实践创建可重用资产。

3）更大的灵活性，因为更高层次的抽象使得迭代更加简单，包括通过 API 将它们连接到现有应用程序的能力。

Hyperledger Composer 主要包括以下组件：

1）业务网络归档：获取业务网络中的核心数据，包括业务模型、事务逻辑和访问控制。业务网络归档将这些元素打包并部署到运行时。

2）Composer playground：这个基于 Web 的工具允许开发人员学习 Hyperledger Composer，为他们的业务网络建模，测试该网络，并将该网络部署到一个实时的区块链网络实例中。Composer playground 提供了一个示例业务网络存储库，可以为构建自己的业务网络提供基础。

3）REST API 支持和集成功能：开发了用于业务网络的环回连接器，该连接器将运行的网络暴露为 REST API。客户端应用程序和集成的非区块链应用程序可以轻松使用该 REST API。

12.2　区块链未来的道路

现在我们已经回顾了到目前为止的旅程，接下来我们将介绍一些关键领域，这些领域是区块链未来解决方案的挑战和机会。

12.2.1　解决分歧——企业区块链和加密资产驱动的生态系统

加密资产与首次代币发行（ICO）、受监管的传统业务两者之间均存在着巨大的分歧——后者（加密资产与受监管的传统业务）的分歧是由金融机构和银行提高运营效率等共同努力所主导的。然而，双方都利用了区块链的优势来提升市场潜力，推进各自的目标。

区块链生态系统由技术创新、颠覆和新奇的商业模式驱动，在挑战现状的过程中，它有时表现出幼稚的行为和小孩子的脾气。从分歧的双方都可以观察到这种表现。一方面，比特币和其他加密资产的价值大幅增长，ICO 挑战了传统的融资监管框架。另一方面，企业在结算、银行间转账、数字透明化、供应链中信息对称传播、物联网设备间信任产生方式等方面进行了变革。分歧的双方固然存在差异，但它们有一个共同的主题，即区块链不会消失。随着它的成熟，它将继续给各个行业带来变革。区块链将信守提高效率和节约成本的承诺。

随着"无许可区块链"概念的提出，出现了对传统的彻底拒绝，在无许可的世界中，无论是通过新的业务设计还是技术创新，能够加速创新都是重中之重。另外，传统行业试图采用区块链技术跟上周围的变化或是从内部改造他们的行业。无论一个组织机构在哪里遇到这种分歧，区块链的原则都是基础性的，区块链的经济模型将有助于确保其成功。

随着加密资产和 ICO（区块链分歧的颠覆性方面）的发展，人们有强烈的意愿投资于技术和人才，并通过激励经济学，利用市场中的协同效应，促进所需的颠覆和创新。例如，记号组学描述了一种加密货币系统，一种在 ICO 网络中产生价值的方法。价值单元是一个共同创造的、自治的网络，各参与方都可以利用它来造福自己。

ICO 很大程度上是由这些加密资产提供资金的（这些资产现在已经占据了 5000 亿美元的市场份额），挑战了传统的融资方式（例如众筹）。ICO 带来的破坏中，比较值得注意的一个方面是，它试图将安全性与效用代币区分开来。ICO 正在构建的模型强调分散和开放治理、透明、创新等概念。因此，ICO 为加密资产的未来铺平了道路，尽管最初有一些起伏。它展示了授权创新网络所定义的潜在价值。

在传统工业和企业方面，关注点有所不同。目前，人们更关注于理解新技术，以及它如何通过更改业务生态系统和网络来转换业务，影响法规和遵从性问题，以及解决隐私和机密性问题。企业对快速发现用例感兴趣，这些用例将显示技术的结果。然而，大多数业务仍然专注于现有的商业模式和增长计划，因此许多早期项目没有强调区块链原则。此外，企业高度关注法规遵从性，因此较少采用可能对当前业务运营产生负面影响的破坏性模式。

在传统行业中，需要对称的信息传播，提高工作流和业务流程的效率，以及对事务性数据的控制，这些都是区块链可以促进的。但这是一个学习曲线，在分歧的这一边采用速度更慢。我们了解到，企业区块链设计需要认真对待机密性、隐私性、可伸缩性和性能等问题。对于企业区块链网络，这些问题会显著影响成本，因此应该成为网络设计的核心。

最终，在传统行业中实现区块链激发了区块链的创新来应对这些挑战。看到区块链的希望的组织正在为这些问题带来最好的解决方法，因为这都是进步议程的一部分。

我们一直在谈论的受监管的传统企业是在许可的网络中，而不是在无许可的网络中。这些被许可的网络需要继续挖掘潜力，激励其他组织加入它们。由于各种原因，在加密资产/ICO 世界中使用的符号组学不能适用于所有传统业务，因此它们必须找到另一种业务模型，以展示网络中的价值创造、分配和共享，同时促进创新和现代化。

区块链的最近两年的发展强调了颠覆性（2016～2017 年），围绕着技术进行了大量的投资和教育，并设计了合适的商业模式来实现它。2018 年，区块链开始走向成熟，各行业应该开始看到它承诺的好处：一个基于信任、提高效率的系统。从一开始，区块链的目的就是通过去中介化（一个基于信任和透明的共享网络）提高市场效率。现在是重新审视区块链贸易、信任和所有权的基础的时候了。这些基础对于优化区块链项目仍然是必不可少的，我在与世界各地的组织的工作中多次看到这一点。我们必须对数字身份和资产、标记化、结算、所有权定义和验证、治理等问题保持警惕——这也是本章概述的基础。为了与这些基本原理保持一致，我们的重点是如何维护健壮的区块链网络，使之不仅能够防止欺诈，还能在数字时代能激发人们对金融系统的信心。

12.2.2　互操作性——理解业务服务集成

我们已经提到过，区块链保证了多方网络的价值，并且通过将单个业务分解和扁平化为单个流程，从而解决了时间和信任的问题。这些流程由智能合约、事务终结以及作为事务终结记录的通道和分类账等结构启用管理。我们也看到，由于各种各样的原因，例如行业驱动的区域性和上下文网络，可能会出现这样的情况：我们不仅需要连接到平面化网络范围内的业务流程，而且还需要简单地处理网络间的价值传递。

此外，这些网络不一定是在同质的区块链技术平台上，可能还包括以太坊、Corda 等其他框架。为了增加这种复杂性，现有的业务系统是企业出于商业分析、报告、监管和合规系统等方面的考虑而管理的。对于任何企业来说，为了采用和加入区块链驱动的网络而替换这些（遗留）系统都将花费过高的成本。这些新兴的模式导致了两个基本的挑战，即

1）企业：确保无缝且有意义地集成到现有业务系统中。

2）业务网络：跟上技术创新和技术栈的异质性（以及由此产生的信任系统）。

这些挑战必须解决，以确保个体企业内部的互操作性，以及业务网络能够与其他上下文网络互操作。这是我们以及整个社区都需要关注的一个领域，需要在协议级别解决这个问题，因为这是区块链网络成功的必要条件。

12.2.3　区块链解决方案的可伸缩性和经济可行性

对于区块链解决方案的可伸缩性和经济可行性的关注是非常重要的，因为它解决了解决方案的持久性问题。我们已经提到，业务设计依赖于事务处理的成本可预测性，因为它是成本组件，是网络上提供的服务的整体价值的一个因素。此外，对于任何系统，尤其是交易系统，要想在全球范围内普及和采用，速度和成本是不能忽视的两个因素。

由于安全协议（包括加密、密码学、密钥管理等）的存在，计算成本与其对可扩展性的影响之间成反比关系（寻址速度和成本是一个有趣的悖论，这给作为从业者的我们提出了一个有趣的挑战）。为此，我们采用了各种技术，从以硬件为中心的方法（托管、专用 ASIC 处理器、加密加速器卡、硬件安全模块等）到基于软件设计的决策，如块数据，通道，连接优化等。我们已经试图解决其中一些设计原则和结果选择，我们相信，每一个业务网络将有独特的业务需求和集成挑战。这要求专业人士发散思维，将所学基础和基本原则应用进来，同时也可以利用该平台可用的选项反馈给我们，包括我们在书中讨论的框架和工具。

12.3　与 Hyperledger 区块链保持联系

在最后一节中，我们希望读者能够参与区块链的发展历程。有许多方法可以做到这一点，从对各种开源项目的直接贡献到利用 Hyperledger 项目指导您的企业项目朝着正确的业务和正确应用区块链技术方向发展——我们希望本书中的主题有助于增强这种敏锐性。

作为实践者，在与客户和整个行业的接触中，我们做了一些观察。这些观察不仅反映了创新轨迹和后续采用的方法，也反映了挑战（和机遇）。这些观察总结在下列清单中。虽然这个总结并不是一个详尽的列表，但它确实抓住了本书写作时区块链演变状态的精髓。

与业务相关的观察结果如下：

1）尽管目前缺乏统一的定义和标准，区块链技术仍被视为下一代技术。它将打破现有市场基础设施的现状，改变金融机构的日常业务运营方式。

2）区块链将首先在自动化程度较低、监管较少、交易量较小，但清算和结算风险较高的市场（和生态系统）繁荣起来。

3）建立在许可的区块链之上的、注重逻辑优化（增强工作流和业务流程）的系统更适合市场和当前生态系统。

4）清算和结算（大多数基于价值的交易的最后一英里）用例通常被认为是最适合市场和当前生态系统采用的区块链应用程序。我们对资本市场采用区块链技术持谨慎乐观态度，期待未来 IT 支出稳步增长。

5）区块链技术不太可能最终取代整个市场和目前的生态系统（尤其是资本市场）。

6）尽管到目前为止，区块链在市场和当前生态系统中缺乏成功的实施，但所有关于区块链潜在利益的讨论至少产生了一个积极的结果——增加了关于区块链的公众讨论：资本市场的某些部分和行业生态系统是多么地低效；区块链等技术以及行业对现有缺陷的承认和共识，是如何帮助市场主要参与者做出艰难的选择，为未来的增长奠定了坚实的基础。

7）区块链通过对业务网络参与者进行去中介化、优化生态系统和降低风险，为企业聚集在一起并以新的方式创造价值提供了机会。区块链本质上支持网络上交易来源和交易资产的完整视图。这些优点正在应对所有行业的复杂挑战，包括供应链管理、健康信息交换、金融服务和国际贸易。

与技术相关的观察结果如下：

1）使用分布式账本，网络上的任何参与者之间可以共享信息，从而消除了使用中介层互连参与者的成本和复杂性。当这种市场级别的办法能够实现时，就不需要为每个贸易方执行双边交易。

2）技术标准和协议仍在形成中。Hyperledger Linux 基金会（技术标准）、企业以太坊联盟为（行业标准 EEA）、Soverin 基金会（身份标准）和其他几个基金会为社区多样化的技术应用、想法和意识形态结合在一起定义模型铺平了道路，确保演变和后续采用确实是一个社区驱动的过程。

3）企业采用的模式主要是被许可的，而加密资产世界是基于令牌 / 加密资产的，通常是不被许可的，两者之间存在差异。

4）在许可和不许可的区块链网络中底层的技术应用都是相似的。

5）可伸缩性、隐私性和保密性仍然是所有区块链网络和技术中的关键挑战。

6）经济可行性——交易处理成本低且可预测是至关重要的，随着新改进的信任系统和共识协议的出现，降低计算开销和成本的竞赛正在进行。

7）区块链技术技能和人才严重短缺，导致进一步关注协议采用的标准化和规范化。

同意上述业务和技术观察结果有助于理解系统问题。作为一个社区，需要共同努力，促进技术设计的稳定性和业务采用技术，以实现区块链的承诺。在一开始，就讨论了理解业务领域并充分应用该技术来处理我们试图创建的复杂系统的重要性。因此，在领域和技术技能之间取得适当的平衡是至关重要的，并以此作为有效解决区块链项目挑战所需要的解决方案开发技能的一部分，本着这种精神，作为实践者，冒昧地介绍了作为一个社区需要共同关注的领域，使得区块链对企业来说是真实的，并且能充分发挥该技术的潜力。本书介绍的重点领域不包含一个详尽的、可能聚焦于某个特定领域或额外需要的特定技术的列表，但是确实代表了需要重点关注的基本元素，以便解决正试图重新设计的数字交易网络的业务面。

我们的重点应该放在开发以下区块链领域：

1）关注数字身份构建：数字身份构建是其中一个方面，用于处理 tents，如所有权、审计、KYC 和其他与交易相关的业务方面，如交易初始化、合同协议、建立所有权、责任以及跟踪业务和共同创建元素。

2）关注数字资产和数字法令：这对于处理交易的二重性和确保数字化资产与实物资产或非物化资产之间的联系至关重要。数字法令或以抵押品支持的数字资产，对于解决最后一英里的结算问题至关重要。这对于涉及金融机构或金融工具的每笔交易都是正确的。

3）数字资产标记化技术设计：区块链的目标是建立一个可信的数字交易网络，这个网络的设想是创建一个价值网络。数字资产标记化是一个重要的领域，关注该领域可以确保数字表现反映现实资产的运动。这一重点领域也将反映上述的重点领域 2）。数字资产标记化的技术设计是一项重要的技术设计考虑，因为它包含信任、业务模型、激励经济学和治理结构的各个方面。

4）企业区块链系统的安全设计：安全设计成为另一个重要的技术设计考虑事项。这是因为我们正在构建一个具有数字资产和数字身份的数字交易网络 [重点领域 1）、2）和 3）]。区块链业务网络和网络基础设施的安全与信任系统（包含加密人工产品、共识、事务终结和网络通信）成为重要的考虑因素。由于网络入侵的严重后果，网络安全担忧加剧。这不仅是为了解决不可抵赖性、隐私和机密性等业务功能，也是为了解决我们渴望建立的信任网络的基本原则。

5）设计适当的区块链业务模型：适当的业务模型是业务设计的考虑事项。这个焦点领域对于经济可行性、业务增长和区块链支持的业务网络的持久性至关重要。它确保了投资、回报、会员和收益的经济状况，使各生态系统参与者公平参与，促进共同创造模式，产生以前不存在的新商业模式和协同效应。

6）设计适当的治理结构：治理结构确保区块链生态系统和网络参与者的积极公平参与。该重点领域是业务设计方面的考虑，它的根源从自治模型（无许可网络）到联盟或企业实体（JV）定义的准自治治理结构。治理结构还有助于实现业务属性，如审计需求、争议调解和报告需求。

12.4　总结

在为本书进行内容设计时，作者着重呈现均衡且相关的内容，以确保更深入地了解正尝试用区块链解决的系统性问题。本书内容不仅是对技术的深入研究，还关注于试图改造和颠覆的业务网络和生态系统的相关性。

希望读者能从作者们的集体经验中获益。这些作者用他们的专业素养、知识和经验，以及在将这些内容组合在一起之前的所有个人成果，对本书内容做出了巨大的贡献。同时，也希望读者在本书涵盖的主题之外与我们继续交流并逐步参与其中。